室内电磁辐射
Indoor 污染控制与防护技术

Electromagnetic Radiation Pollution Control and Protection Technology

张忠伦　辛志军　主编

中国建材工业出版社

图书在版编目（CIP）数据

室内电磁辐射污染控制与防护技术/张忠伦，辛志
军主编 . —北京：中国建材工业出版社，2016.9（2017.7重印）
ISBN 978-7-5160-1410-3

Ⅰ . ①室…　Ⅱ . ①张…　②辛…　Ⅲ . ①室内—电磁辐
射—污染控制　②室内—电磁辐射—防护　Ⅳ . ①X591

中国版本图书馆 CIP 数据核字（2016）第 058892 号

室内电磁辐射污染控制与防护技术

张忠伦　辛志军　主编

出版发行：中国建材工业出版社
地　　址：北京市海淀区三里河路 1 号
邮　　编：100044
经　　销：全国各地新华书店
印　　刷：北京鑫正大印刷有限公司
开　　本：787mm×1092mm　1/16
印　　张：16.75
字　　数：410 千字
版　　次：2016 年 9 月第 1 版
印　　次：2017 年 7 月第 2 次
定　　价：**68.00 元**

本社网址：www.jccbs.com　微信公众号：zgjcgycbs
本书如出现印装质量问题，由我社市场营销部负责调换。联系电话：(010)88386906

编委会成员

前　言

随着我国电子技术的快速发展，各种自动化设备、家用电器和广播电视发射塔、城市无线网等的应用越来越广泛。电磁技术不仅给人类创造了巨大的物质文明，同时也把人们带进一个充满电磁辐射污染的环境里。世界卫生组织已将电磁辐射污染列为继水、空气、噪声污染之后的第四大环境污染。

电磁辐射污染看不见、摸不着，无处不在，被称为"隐形杀手"。长时间在高电磁污染环境中工作、学习和生活，对人的身心健康具有严重危害。为净化城市电磁环境，防止辐射危害，保护人们身心健康，室内电磁辐射污染控制与防护已经成为一项十分紧迫而重要的任务。本书对电磁辐射污染源、标准、检测方法、检测设备，电磁辐射污染控制与防护原理、电磁辐射防护材料、工艺设计及防护技术等知识做了一个多方面、系统的介绍。

全书共计7章。第1章主要介绍了一些电磁学的基础知识，电磁辐射污染源的种类、危害和电磁辐射现状及发展趋势；第2章介绍了国内外电磁辐射的相关标准和规范，通过全方位地对比分析，提出目前国内外标准存在的一些问题；第3章为电磁辐射检测方法和设备，详细阐述了不同辐射源采用的电磁辐射检测方法及设备，并介绍了国内外现有的电磁辐射检测设备及各自的特点；第4章主要介绍了建筑室内电磁辐射检测设备的设计原理、内部原件设计及设备的软、硬件开发；第5章为电磁辐射现场测试分析，包括高压线、广播电视发射设备、通信基站、家用电器辐射源的检测依据、方法及结果分析；第6章分别介绍了电磁辐射污染控制与防护技术的基本原理、电磁辐射防护材料（包含建筑屏蔽材料和吸波材料）和电磁辐射结构防护技术；第7章主要介绍了电磁辐射污染防护技术的实际工程应用情况。

由于作者水平有限，书中难免存在不妥之处，敬请读者批评指正。

编委会

2016年8月

中国建材工业出版社
China Building Materials Press

我们提供 ▌▌▌

图书出版、图书广告宣传、企业/个人定向出版、设计业务、企业内刊等外包、代选代购图书、团体用书、会议、培训，其他深度合作等优质高效服务。

编辑部 ▌▌▌
010-88386119

出版咨询 ▌▌▌
010-68343948

市场销售 ▌▌▌
010-68001605

门市销售 ▌▌▌
010-88386906

邮箱：jccbs-zbs@163.com   网址：www.jccbs.com.cn

发展出版传媒　服务经济建设

传播科技进步　满足社会需求

目 录

第1章 绪 论

1.1 电磁场及其原理

电磁波，是由同相且互相垂直的电场与磁场在空间中衍生发射的震荡粒子波，是以波动的形式传播的电磁场，具有波粒二象性。电磁波伴随的电场方向、磁场方向、传播方向三者互相垂直，因此电磁波是横波。当其能阶跃迁过辐射临界点，便以光的形式向外辐射，此阶段波体为光子，太阳光是电磁波的一种可见的辐射形态。电磁波不依靠介质传播，在真空中的传播速度等同于光速。电磁辐射量与温度有关，通常高于绝对零度的物质或粒子都有电磁辐射，温度越高辐射量越大，但大多不能被肉眼观察到。

频率是电磁波的重要特性。按照频率的顺序把这些电磁波排列起来，就是电磁波谱，如图 1-1 所示。如果把每个波段的频率由低至高依次排列的话，它们是无线电波、微波、红外线、可见光、紫外线、X 射线及 γ 射线。人眼可接收到的电磁波，称为可见光（波长 380~780nm）。通常意义上所指有电磁辐射特性的电磁波是指无线电波、微波、红外线、可见光、紫外线。而 X 射线及 γ 射线通常被认为是有放射性辐射特性的。

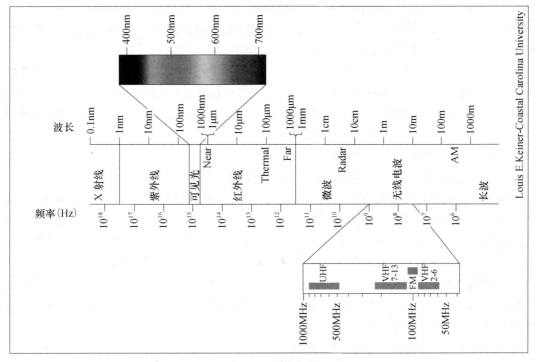

图 1-1 电磁波谱

1.1.1 麦克斯韦方程组

麦克斯韦方程组（Maxwell's equations），是英国物理学家詹姆斯·麦克斯韦在 19 世纪建立的一组描述电场、磁场与电荷密度、电流密度之间关系的偏微分方程。它由四个方程组成：描述电荷如何产生电场的高斯定律、论述磁单极子不存在的高斯磁定律、描述电流和时变电场怎样产生磁场的麦克斯韦-安培定律、描述时变磁场如何产生电场的法拉第感应定律。麦克斯韦方程组的积分形式如下：

$$
\begin{cases}
\oiint_S D \cdot \mathrm{d}S = q_0 \\
\oiint_S B \cdot \mathrm{d}S = 0 \\
\oint_L E \cdot \mathrm{d}l = -\iint_S \dfrac{\partial B}{\partial E} \cdot \mathrm{d}S \\
\oint_L H \cdot \mathrm{d}l = I_0 + \iint_S \dfrac{\partial D}{\partial t} \cdot \mathrm{d}S
\end{cases}
$$

从麦克斯韦方程组，可以推论出电磁波在真空中以光速传播，并进而做出光是电磁波的猜想。麦克斯韦方程组和洛伦兹力方程是经典电磁学的基础方程。从这些基础方程的相关理论，发展出现代的电力科技与电子科技。

1.1.2 静电场和恒定磁场

电场和磁场系由诸如地球磁场、雷暴和使用电等现象产生。当这些场不随着时间而发生变化时被称为静态，所具有的频率为 0Hz。在大气中，静态电场（也称为静电场）在晴天特别是雷阵雨时自然产生。摩擦也有可能分离正电和负电而产生很强的静态电场。静电场是由电荷产生或激发的一种物质，静电场对处于其中的其他电荷有作用力。静电场具有物质性。根据静电场的特点，我们所观察到的两个电荷之间的相互作用力实质上是电场的作用力，库仑力不再是一个恰当反映实际的概念，因此，我们用电场力来称呼电荷在电场中所受的力。电场力的强度以每米伏特为单位（V/m），或以每米千伏特（kV/m）计量。在日常生活中，我们可能经历过接地物体的放电，例如从地毯上走过时由于摩擦而使毛发竖起。使用直流电是产生静态电场的另一个原因，例如铁路系统使用直流电，电视和计算机屏幕带有阴极放射管。在静电场方面开展的研究极少。迄今为止的研究成果表明，静电场只存在着与身体毛发运动和因电火花引起的不适有关的即刻影响，尚未有效地研究静电场造成的长期或延迟效应。

电流或运动电荷在空间产生磁场，不随时间变化的磁场称恒定磁场（静磁场）。它是恒定电流周围空间中存在的一种特殊形态的物质。磁场的基本特征是对置于其中的电流有力的作用。无论是电流与电流之间还是电流与磁铁之间的相互作用都可归结为运动电荷之间的相互作用，即运动电荷产生磁现象。静态磁场以安培每米单位计量（A/m），但是通常以相应的电磁感应单位特斯拉（T）或毫伏特斯拉（mT）表示。地球表面的天然地磁场幅度在 $0.035 \sim 0.07 \mathrm{mT}$ 之间不等，它可被某些动物察觉，用其指导方向。在使用直流电的地方即产生人为的静磁场，例如在电车或诸如铝生产和气焊等工业操作程序中。这些磁场的强度可超过地球天然磁场的 1000 倍。

在麦克斯韦方程组中，当 $\dfrac{\partial B}{\partial t}=0$，$\dfrac{\partial D}{\partial t}=0$ 时，方程组就还原为静电场和稳恒磁场的方程：

$$\begin{cases} \oiint_S D \cdot \mathrm{d}S = q_0 \\ \oiint_S B \cdot \mathrm{d}S = 0 \\ \oint_L E \cdot \mathrm{d}l = 0 \\ \oint_L H \cdot \mathrm{d}l = I_0 \end{cases}$$

若是无场源自由空间中的形式，$q_0 = 0$，$I_0 = 0$，方程组就成为如下形式：

$$\begin{cases} \oiint_S D \cdot \mathrm{d}S = 0 \\ \oiint_S B \cdot \mathrm{d}S = 0 \\ \oint_L E \cdot \mathrm{d}l = -\iint_S \frac{\partial B}{\partial t} \cdot \mathrm{d}S \\ \oint_L H \cdot \mathrm{d}l = I_0 + \iint_S \frac{\partial D}{\partial t} \cdot \mathrm{d}S \end{cases}$$

麦克斯韦方程组的积分形式反映了空间某区域的电磁场量（D、E、B、H）和场源（电荷 q、电流 I）之间的关系。

最近的技术创新导致使用比地球磁场强 10 万倍的磁场。它们用于研究和医疗设施，例如提供脑和其他软组织三维影像的核磁共振。在常规临床系统中，被扫描的病人和机器操作者可能暴露于幅度在 0.2~3T 的强磁场中。在医疗研究应用中，高达约 10T 的较强磁场用于病人全身扫描。对静磁场来说，即刻影响只有在磁场内运动才可能发生，如一个人的运动或身体内部的运动，如血液流动或心脏跳动。一个运动在强度超过 2T 磁场中的人能够感到眩晕和恶心，有时候口中有金属的味道并有视闪烁感。尽管这些感觉是暂时的，但是这种效应可能对进行精细程序的工作人员有安全影响（例如外科医生在核磁共振室进行操作）。目前不能确定即便是暴露于毫特斯拉范围的磁场是否会对健康产生长期影响，因为迄今尚未有效地开展流行病学或长期的动物研究。因此，静磁场对人类的致癌性目前尚无法进行分类。

世界卫生组织（WHO）一贯致力于评估暴露于频率从 0 至 300GHz 的电磁场产生的健康问题。国际癌症研究机构（IARC）于 2002 年评估了静态场的致癌性，世界卫生组织国际电磁场计划最近针对这些场开展了全面的健康风险评估，在评估中确定了知识方面的空白。评估产生了一项今后几年的研究议程，为今后的健康风险评估提供信息。世界卫生组织建议在科学文献提供了新证据时对标准进行审议。

1.1.3　时变电磁场

M. 法拉第提出的电磁感应定律表明，磁场的变化要产生电场。这个电场与来源于库仑定律的电场不同，它可以推动电流在闭合导体回路中流动，即其环路积分可以不为零，成为感应电动势。现代大量应用的电力设备和发电机、变压器等都与电磁感应作用有紧密联系。由于这个作用，时变场中的大块导体内将产生涡流及趋肤效应。电工中感应加热、表面淬火、电磁屏蔽等，都是这些现象的直接应用。

继法拉第电磁感应定律之后，J.C. 麦克斯韦提出了位移电流概念。电位移来源于电介质中的带电粒子在电场中受到电场力的作用。这些带电粒子虽然不能自由流动，但要发生原子尺度上的微小位移。麦克斯韦将这个名词推广到真空中的电场，并且认为电位移随时间变化也要产生磁场，因而称一面积上电通量的时间变化率为位移电流，而电位移矢量 D 的时间导数为位移电流密度。麦克斯韦在安培环路定律中，除传导电流之外补充了位移电流的作用，从而总结出完整的电磁方程组，即著名的麦克斯韦方程组，描述了电磁场的分布变化规律。

麦克斯韦方程组表明，不仅磁场的变化要产生电场，而且电场的变化也要产生磁场。时变场在这种相互作用下产生电磁辐射，即为电磁波。这种电磁波从场源处以光速向周围传播，在空间各处按照距场源的远近有相应的时间滞后现象。电磁波还有一个重要特点，它的场矢量中有与场源至观察点间的距离成反比的分量。这些分量在空间传播时的衰减远较恒定场为小。按照坡印廷定理，电磁波在传播中携有能量，可以作为信息的载体。这就为无线电通信、广播、电视、遥感等技术开阔了道路。

1.1.4 电磁辐射场区划分

电磁辐射场区一般分为远区场和近区场。近区场是以场源为中心，在一个波长范围内的区域，也可称为感应场。近区场内，电场强度 E 与磁场强度 H 的大小没有确定的比例关系，即：$E \neq 377H$。一般情况下，对于电压高电流小的场源（如发射天线、馈线等），电场要比磁场强得多，对于电压低电流大的场源（如某些感应加热设备的模具），磁场要比电场大得多。近区场的电磁场强度比远区场大得多。从这个角度上说，电磁防护的重点应该在近区场。近区场的电磁场强度随距离的变化比较快，在此空间内的不均匀度较大。

远区场则是在以场源为中心，半径为一个波长之外的空间范围，也可称为辐射场。在远区场中，所有的电磁能量基本上均以电磁波形式辐射传播，这种场辐射强度的衰减要比感应场慢得多。在远区场，电场强度与磁场强度有如下关系：在国际单位制中，$E = 377H$，电场与磁场的运行方向互相垂直，并都垂直于电磁波的传播方向。在远区场中，电场和磁场的相位相同，在整个空间二者的振幅比恒定不变。在自由空间，二者的振幅比为 377Ω，这是自由空间的特征阻抗。远区场为弱场，其电磁场强度均较小。

通常，对于一个固定的可以产生一定强度的电磁辐射源来说，近区场辐射的电磁场强度较大，所以，我们应该格外注意对电磁辐射近区场的防护。对电磁辐射近区场的防护，首先是对作业人员及处在近区场环境内的人员的防护，其次是对位于近区场内的各种电子、电气设备的防护。而对于远区场，由于电磁场强度较小，通常对人的危害较小，这时我们应该考虑的主要因素就是对信号的保护。另外，应该对近区场有一个概念，我们最经常接触的是从短波段 30MHz 到微波段的 3000MHz 的频段范围，其波长范围从 10m 到 1m。一些辐射源的近区场与远区场见表 1-1。

表 1-1　一些辐射源的近区场与远区场（1＝c/f）

频率（f）	波长（l）	界限
50/60Hz 电力	6000/5000km	18000/15000km
50kHz 电焊	6km	18km
27MHz CB 广播，透热疗法	11.1m	33.3m
100MHz FM 广播	3m	9m
433MHz 工业应用	0.7m	2.1m
900MHz 移动电话，寻呼机	0.33m	1m

续表

频率（f）	波长（l）	界限
2.45GHz 微波，工业	0.12m	0.36m
6GHz 数字广播	0.05m	0.15m
20GHz 卫星传输	0.015m	0.045m

1.1.5 工频、射频电磁场

1. 工频电磁场

工频电磁场（EMF）是一些围绕在任何一种电器设备周围的人们肉眼所不能看见的"力"线。输电线、电线和电器设备都会产生工频电磁场（EMF）。在人们身边还有很多其他的电器会产生工频电磁场（EMF），如电视机、电吹风、电冰箱、计算机等。

输变电设施产生的是工频电场和工频磁场。在电力或动力领域中，通常将 50Hz 或 60Hz 频率称之为"工业频率"（简称"工频"）。在临近输电线路或电力设施的周围环境中产生工频电场与工频磁场，它们属于低频感应场。其波长达 6000km，按照天线理论，要想成为有效的辐射源，其天线必须具有与波长可比的长度。相对于如此长的"波"而言，输电线路本身的长度远远不足以构成有效的"发射天线"，从而不能形成有效的辐射。

工频电场与工频磁场是分别存在、分别作用的，沿传播方向上电场与磁场无固定关系，而不像高频场那样，电场、磁场矢量以波阻抗关系紧密耦合，形成电磁辐射，并穿透生物体。工频电、磁场不能以电磁波形式形成有效的电磁能量辐射或形成体内能量吸收。工频电场、磁场与高频电磁波相比，在存在形式、生物作用等方面，存在极大的差异。工频电、磁场为感应场，电压感应出电场，电流感应出磁场。它们是可以被看作为两个独立的实体，其特点是随着距离的增大成指数级衰减。我们在生活中使用的家用电器，如电视机、吸尘器、冰箱、电热毯、交流电动剃须刀等均产生工频电、磁场。

2. 射频电磁场

任何交流电路都会向其周围空间放射磁能，形成交变电磁场。交流电的频率达 105 次/s（Hz）以上时，在交流电路的周围便形成了射频磁场。射频电磁场发生源的周围形成以感应为主的近区磁场和以辐射为主的远区磁场，它的划分界限为一个波长。近区电磁场比远区电磁场强度大得多，磁场强度与源的距离平方成反比。远区电磁场以辐射状态出现，场强与源的距离成反比。射频分为特高频（300MHz～3000GHz，波长为 10^{-4}～1m，即微波）、超高频（30～300MHz，波长为 1～10m，即超短波）、高频（3～30MHz，波长为 10～100m，即短波）、低频（3～300kHz，波长为 103～105m，也称长波）和中频（300kHz～3MHz，波长为 100～1000m）。日常生活中，经常接触的电气电子设施设备如发电设备、输电线、变压器、电力铁道、变压器、无线电通讯、电视、雷达的天线、无线电手机、微波炉等，在其运行的时候，会产生不同频率的射频电磁波（图 1-2）。

近年来，随着城市的发展，位于近郊区的中波广播发射台，被扩大的市区所包围，使临近天线的地区成为强场区；移动通讯技术的发展，市区高层建筑上天线林立，增强了高层建筑的顶部环境电磁辐射的场强，部分高层建筑顶部场强超过居民区电磁辐射环境标准。射频辐射频率范围宽，影响区域也较大，能危害近场区的工作人员，已经成为电磁污染环境的主要因素。

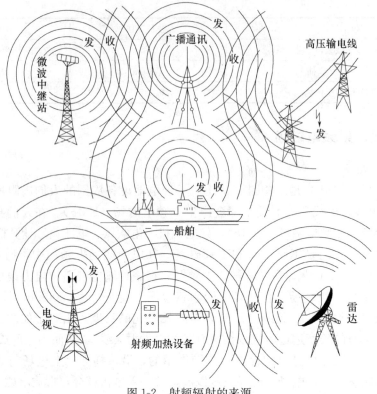

图 1-2　射频辐射的来源

1.1.6　电磁波的传播

交替变化与交替产生的电场和磁场，由近而远的传播，即形成电磁波，如图 1-3 所示。它是物质存在的一种特殊形式，在空间定向移动。交变的电场产生交变的磁场，交变的磁场产生交变的电场，二者互为前提，互为结果，相互依存。在空间上二者相互垂直，同相位变化。一个变化的电场产生一个变化的磁场，此磁场不但存在于变化电场的原范围里，并且还存在于邻近的范围之内。在原范围里变化的场也在它附近的范围里产生新的场。新的场在更大范围的空间产生场，于是能量便被传播到远处，即有一含电磁能量的波向外传播。这种波源释放能量，而能量被电磁波传送的过程就称为电磁波的传播过程。电磁波的传播途径有三种（图 1-4）：

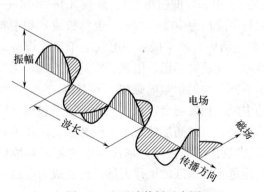

图 1-3　电磁波传播示意图

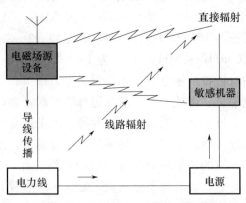

图 1-4　电磁辐射的传播途径示意图

（1）空间辐射。电子设备在电气工作过程中本身相当于一个多向发射天线，不断地向空间辐射电磁能。这种辐射分为两种方式：一种是以场源为核心，半径为一个波长范围内，电磁能向周围传播以电磁感应为主，将能量施加于附近的仪器及人体；另一种是在半径为一个波长之外，电磁能传播以空间放射方式将能量施加于敏感元件，由于输电线路、控制线等具有天线效应，接受空间电磁辐射能，进行再传播而构成危害。

（2）导线传播。当射频设备与其他设备共用同一电源，或两者间有电器联系时，电磁能即可通过导线进行传播。此外，信号输出、输入电路等，也能在该磁场中拾取信号进行传播。

（3）复合传播。同时存在空间辐射与导线传播所造成的电磁辐射，成为复合传播。在实际工作中，多个设备之间发生干扰通常包含着许多种途径的偶合，共同产生干扰，使得电磁辐射更加难以控制。

1.2　电磁辐射污染

1.2.1　电磁辐射污染的来源

电磁辐射是能量以电磁波的形式通过空间传播的现象，在空间中是广泛存在的，世间万物包括人类自身，生来就被电磁场包围着。电磁辐射强度超过人体所能承受的或是仪器设备所能允许的限度时就构成电磁辐射污染。人类生活环境中电磁辐射污染的来源有天然电磁辐射污染源和人工电磁辐射污染源两类。由于电磁辐射能量的大小与波源的频率有关，频率越高，即波长越短，越容易产生电磁辐射并形成电磁波，具体包含的波段见表 1-2。

表 1-2　电磁辐射各波段名称、频率范围及波长

波段名称		频段名称	频率范围	波长
		工频	50/60Hz	
超长波		甚低频（VLF）	3～30kHz	100～10km
长波		低频（LF）	30～300kHz	10～1km
中波		中频（MF）	0.3～3MHz	1～0.1km
短波		高频（HF）	3～30MHz	100～10m
超短波（米波）		甚高频（VHF）	30～300MHz	10～1m
分米波	微波	超高频（UHF）	0.3～3GHz	1～0.1m
厘米波		特高频（SHF）	3～30GHz	10～1cm
毫米波		极高频（EHF）	30～300GHz	10～1mm

1. 天然电磁辐射污染源

自然界的电磁辐射污染源来自于地球的热辐射、太阳热辐射、宇宙射线、雷电等，是由自然界某些自然现象所引起的（图 1-5）。因此，天然的电磁辐射污染源有很多，太阳、雷电等都是天然的电磁辐射源。电磁场看不见、摸不着，却无处不在。地球本身就是一个大的磁场，不同地理位置的地磁场强度并不相同，大部分区域地球表面的静态磁感应强度约为 $(0.5\sim0.6)\times10^{-4}$ 特斯拉（T），一些鸟类和鱼类在迁徙时利用地磁场导航；太阳

7

发出的电磁波也是电磁辐射，其主要能量集中在可见光区和红外区；闪电是频率在几十kHz到几MHz的电磁辐射，会产生强度超过20kV/m的电磁辐射。在天然电磁辐射中，以雷电所产生的电磁辐射最为突出。这些都是自然产生的，人类就是在这种环境中进化，并与自然形成了一种和谐。由于自然界发生某些变化，常常在大气层中引起电荷的电离，发生电荷的蓄积，当达到一定程度后引起火花放电。火花放电频带极宽，可从几kHz一直到几百MHz。另外，如火山喷发、地震和太阳黑子活动都会产生电磁干扰，天然的电磁辐射对短波通讯干扰特别严重，这也是电磁辐射污染源之一。天然电磁辐射污染源分类见表1-3。

极光　　　　　　　　　　　　雷电

火山喷发　　　　　　　　　　台风

图 1-5　天然电磁辐射源

表 1-3　天然电磁辐射污染源分类

分类	来源
大气与空气污染源	自然界的火花放电、雷电、台风、高寒地区飘雪、火山喷发等
太阳电磁场源	太阳黑子活动与黑体辐射等
宇宙电磁场源	银河系恒星的爆发、宇宙间电子移动等

2. 人工电磁辐射污染源

除自然界中存在的天然电磁辐射源外，人们日常生产、生活中还会接触到各种人工电磁辐射源。人工的电磁辐射源主要有伴有辐射的建设项目、电磁辐射设备和家用电器，主要包括广播电视发射系统、雷达系统、通信发射系统、高压送变电系统、电气化铁路、家用电器这几类。

人工电磁辐射产生于人工制造的若干系统、电子设备和电气装置，按其频率不同可分为工频场源和射频场源。工频场源（数十至数百Hz）中，以大功率输电线路所产生的电磁污染为主，同时也包括若干种放电型场源。射频场源（0.1～30MHz）主要指由于无线电设备或射频设备工作过程中所产生的电磁感应与电磁辐射。居住环境中电磁波多为超短波和微波，合称射频波，多来自于雷达、通信、电视广播及某些医疗设备等，其频率较高且频谱范围较宽，电磁辐射的影响范围也较大，对近场区的工作人员能产生危害，是目前电磁辐射污染环境的重要因素。另外，极低频（工频）电磁波多来自于高压输电线、室内电线分布以及各种使用交流电的设备等，这些电磁波来源也与居民的生活相关。世界卫生组织已经把极低频电磁场产生的电磁辐射作为与苯烯电焊烟雾同属一类的致癌物。人工电磁辐射源的频率范围宽，强度大，与人类生存环境密切，已成为电磁污染的主要因素。人工电磁污染的主要污染源及其频率范围见表1-4。

表 1-4　人工电磁波污染源及其频率范围

分类	频率范围	典型污染源
工频及音频污染	50Hz 及其谐波	输电线、电力牵引系统、有线广播
甚低频污染	30kHz 以下	雷电等
载频污染	10～300kHz	高压直流输电高次谐波、交流输电及电气铁路高次谐波
射频，视频污染	30～300kHz	工业、科学、医疗设备、电动机、照明电气
微波污染	300MHz～100GHz	微波炉、微波接力通信、卫星通信、移动通信发射机

民用领域中，手机、电脑、电视、微波炉（2.45GHz）等家用电器的普及以及变电站、电视塔（48.5～960MHz）、手机信号站（1.9～1.92GHz）等的应用给生活带来了便利，但同时也给身体造成了伤害。各种家用电器和仪器设备主要通过电磁波对人体产生危害。电磁波存在于生活的各个角落，无法躲避，只能通过多种高科技手段对其进行屏蔽与吸收，减小其危害。表1-5列出了各种民用设备与家电辐射的电磁波所在频段。

表 1-5　民用设备与家用电器所在频段

频率	波段	波长	传播特性	家电频率范围
3～30kHz	超长波	1～100km	空间波为主	电力公司使用的高压输配电缆、变电站、电磁炉、吹风机、电脑、电视机、洗衣机、电热毯、空调、台灯（50Hz～5kHz）
30～300kHz	长波	10～1km	地波为主	5kHz～500MHz：调频广播、调幅广播、无线电、电视信号、对讲机；500MHz～50GHz：电视塔（48.5～960MHz）
0.3～3kHz	中波	1～100m	地波与天波	
3～30MHz	短波	100～10m	天波与地波	
30～300MHz	米波	10～1m	空间波	
0.3～3GHz	分米波	1～0.1m	空间波	手机信号站（1.9～1.92GHz），微波炉（2.45GHz）
3～30GHz	厘米波	10～1cm	空间波	手机、雷达、GPS、卫星通信（500MHz～50GHz）
30～300GHz	毫米波	10～1mm	空间波	50GHz～2.4PHz：太阳光、电灯泡、红外线、烤箱、炼钢电炉

军事领域中，各国为了各自的军事目的，先后研制开发了各种隐形战机，以及各种隐形掩体。其中，以美国研制的F117、F22、B2等隐形战机为主要代表。除了隐形外形结构设计外，它们通过在机体上涂覆一层具有吸波功能的涂料，对雷达波进行吸收，达到了很好的吸波效果，有效减小了雷达的反射面积。除了要对战机进行隐身外，对地面掩体也要进行隐身，以防止敌军通过扫描雷达对基地进行探测。总之，军事上的吸波主要是针对

各种探测雷达发射的电磁波进行有效的吸收，达到隐形的目的。表 1-6 中列出了军用不同频段雷达波的分类。

表 1-6　军用不同频段雷达波分类

现用名	原用名	频段	用途
HF	HF	3～30MHz	
VHF	VHF	30～100MHz	超视距（OTH）雷达
A		100～300MHz	
B	UHF	300～500MHz	预警雷达
C		0.5～1GHz	
D	L	1～2GHz	中/远程搜索雷达
E	S	2～3GHz	中/远程搜索雷达
F		3～4GHz	
G	C	4～6GHz	中程搜索雷达、跟踪雷达
H		6～8GHz	
I	X	8～10GHz	近程搜索雷达、跟踪/武器射程雷达、导航雷达、导弹寻的器
J	X～Ku	10～20GHz	
K	Ku～Ka	20～40GHz	跟踪/武器射控雷达、导弹寻的器
L	V	40～60GHz	毫米波雷达、导弹寻的器
M	W	60～100GHz	毫米波雷达、导弹寻的器

1.2.2　电磁辐射污染的特点

电磁波作为一种方便快捷的传播载体得到了广泛的应用，在人们的生活环境中充斥着各种各样的电磁波，形成了复杂的电磁环境。电磁辐射超过一定的限值，就会带来电磁辐射污染。现代科学研究发现：各种家用电器和电子设备在使用过程中会产生多种不同波长和频率的电磁波，这些电磁波充斥空间，对人体具有潜在危害。由于电磁波看不见、摸不着，令人防不胜防，因而对人类生存环境构成了新的威胁，被称之为"电磁污染"。联合国已将"电磁污染"作为继水污染、大气污染、噪声污染之后的第四大污染。仅仅是人为因素造成的电磁波辐射就以每年 7％～14％的速度递增，50 年后，环境电磁能量密度将会达到现在的 700 倍以上。长期居住或工作于电磁辐射污染的建筑空间中，将会导致人体的免疫能力下降、新陈代谢紊乱、短暂性或长久性不育，甚至引起各类癌症的发生。

1. 危害性

电磁辐射危害的机理，科学家已经得出了结论，大体上是因为电荷在空间所具有的两重属性导致。由电荷的力量所发生的电波与电荷的运动产生的磁共同组成"电磁"。电磁辐射的危害性主要表现在对环境和对人两个方面，而对人的危害性最值得人们关注。电磁辐射危害对环境的影响主要是表现在电磁干扰危害、具有对危险物品和武器弹药易造成引爆引燃危险和电磁辐射对生态的危害。

在日常生活用品中，许多电器如电视机、微波炉、电脑、荧光灯、电磁炉、手机等都会产生电磁辐射的影响。美国科学家经过 15 年的研究发现，细胞膜对电磁辐射相当敏感，由此会产生生物化学改变，导致细胞的激素、蛋白质等生产速度变化。不管这些细胞自身是否有危害，都对其他细胞的功能导致连锁反应，出现功能障碍。例如，引起眼部其他疾病等；破坏睾丸的生精能力，导致不孕症；引起心血管功能改变。儿童的神经系统娇嫩，若遭受到强大的电磁辐射后，会使大脑发育迟缓，生物钟调节紊乱。

2. 潜伏性

电磁辐射污染属于能量流污染，这一污染很难被人感知，电磁辐射污染的危害还在进一步研究之中，因此仍然存在这种必然可能性，即部分电磁辐射污染的危害性仍然未被人们所认识，因此，其危害性或者说电磁辐射污染的特点存在危害的潜伏性。据《北京青年报》报道：美国一名神经病科医生起诉美国移动电话制造商摩托罗拉公司生产的手机带有辐射，所以才导致他患上恶性脑瘤并不能正常工作。

3. 不可预测性

关于电磁辐射与人体致病之间的致病机理还没有科学上的定论。据《北京晚报》广州专讯报道：2003 年 8 月上午，广州一名装有永久性心脏起搏器的患者险些被手机"害死"。事情经过是这样的，这名王姓患者前年因心跳过缓到医院安装了永久性心脏起搏器。医生经过检查判断，是手机的辐射惹的祸。医生解释说，无线电电子设备的电磁辐射会对医疗设备、器械的控制信号造成干扰，影响其正常工作。此外，电磁辐射污染对人体的作用还没有清楚地得到认识，具有一定的不可预测性。

4. 隐蔽性

日常生活中，辐射源很多，微波炉、电脑、电视机、空调、手机等，都会产生辐射，其中微波炉、手机以高频辐射为主，电视机、空调、电脑等以低频辐射为主。而让很多人想不到的是，电吹风运作时产生的辐射量在家用电器中名列前茅。据调查发现，不同品牌的手机在待机和拨打的时候产生的低频辐射不尽相同。不过在待机状态下，差别不大，在主叫和被叫状态下，也基本在相同的区域内浮动。以微波炉为例，当微波炉投入使用一段时间后，比如半年，由于使用频繁或其他原因，可能出现炉门松动现象，则产生较强微波能量泄露；或由于使用不当，弄脏炉门接触表面，使之接触阻抗变大，极容易产生强大的高强度能量泄露，一般可超标几倍乃至十几倍之多。但这些电磁辐射污染常常被人们所忽视，具有一定的隐蔽性。

1.2.3　电磁辐射污染的危害

电磁辐射污染是天然和人为的各种电磁波的干扰及有害的电磁辐射。在电磁辐射环境管理领域，电磁辐射的影响主要是生物效应和无线电干扰、信息泄露三个方面，前者是与生物机体的健康相关，后两者只与信号相关（图 1-6）。

1. 对人体的影响

电磁辐射污染的生物效应通常是指微波频段（300MHz～300GHz）的电磁波辐射和电力频段（50 或 60Hz）高压输电线路周围环境电磁场对生物体所产生的各种生理影响。电磁辐射对人体健康的影响问题最早是在 1952 年报道了雷达工作人员发生双眼白内障以后逐渐引起重视的。从此，电磁辐射对人体健康影响问题得到了重视，人们也逐步开展了广泛而深入的研究。

有研究表示，长期、低强度的电磁辐射对人体健康有影响，尤其是处于现代城市各频段电磁波同时混合在一个环境中的时候。电磁辐射污染对人体危害的程度与电磁波波长有关。按对人体危害的程度由大到小排列，依次为微波、超短波、短波、中波、长波，即波

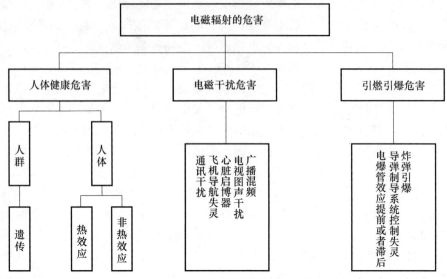

图 1-6 电磁辐射污染的危害

长越短危害越大。电磁辐射污染对人体危害的机理主要表现在以下几个方面：

（1）由于人体是个导电体，暴露于电磁场中时，受到电磁场的作用后人体内部会出现电磁感应现象，会导致人体内非极性和极性电荷发生重新排布，非极性电荷发生重排后会产生极性，极性电荷再分布后生成偶极子。偶极子在电磁场中会发生取向异常，从而使得人体生物膜电位发生变化，造成细胞状态、功能的异常。

（2）电磁辐射影响人体电生理。人体的感受器，比如皮肤、眼睛、耳朵上的冷、热、疼等感受器在接受到外界刺激时会产生神经冲动。通过电信号这些神经冲动才能够进行传播。而当电磁辐射造成生物膜电位异常时也就扰乱了神经细胞的电传导，从而影响到人的电生理的正常活动。长时间受到大剂量的电磁辐射，会出现神经衰弱、神经功能紊乱等临床症状。

（3）生物体是由细胞构成的，在其遗传物质 DNA 的复制过程中，电磁辐射会导致基因突变，或者诱发癌细胞基因的表达，从而对生物体的繁殖造成影响。

（4）电磁波作用于人体时，人体吸收部分的电磁波能量，造成体内原子和分子的运动加速，分子之间发生摩擦而生热，最终导致人体的温度升高，对体内其他组织和器官的正常工作造成干扰。

以上机理（1）到（3）均属于非热效应的范畴，而（4）属于热效应的作用结果，除了热效应和非热效应以外，还存在着积累效应。

（1）非热效应

非热效应是受到低频波产生的影响，在人体被电磁波辐射后，体温并未明显提高，但人体的固有微弱电磁场已经受到干扰，也会对人体造成严重伤害。人体组织和器官都存在微弱的电磁场，它们稳定和有序的运行，有助于维持人体各种生理功能。如果一旦受到外界的电磁波干扰，则体内原有的微弱电磁场即遭到破坏，从而导致体内许多生理功能发生病理性改变而引发多种疾病。在电磁波非热效应的作用下，人体的生物物理和生物化学反应过程受到影响，从而使基因、细胞因子、信号转导通路等发生改变，并引起相应的组织器官和整体的损伤效应。根据 WHO 的文献资料，电磁辐射的生物效应与电磁辐射的频率密切相关。对低频电磁场而言（如工频），其对生物体的主要作用机制是在组织中产生感应电流。例如，工频电场能够影响生物体的表面的电荷分布，导致电流从身体向地面流动；工频磁场能够在生物体内产生环状电流，电流的大小由外部的磁场强弱决定，如果外部场强足够大，则产生感生电流会导致神经和肌肉刺激。

（2）热效应

热效应就是高频电磁波对生物机体细胞的"加热"作用，引起体温升高，由于电磁波是穿透生物表层直接对内部组织作用，往往机体表面看不出什么，而内部组织却已严重"烧伤"。人体 70% 以上是水，水分子受到电磁波辐射后相互摩擦，引起机体升温从而影响到体内器官的正常工作。在超过 100kHz 的电磁场暴露时，活体将从电磁场中吸收能量，从而对人体造成热效应伤害。热效应通常有以下特性：

① 从大约 100kHz 到低于 20MHz 的频率范围，躯干对能量的吸收作用随频率的降低快速减弱，明显的能量吸收出现在颈部和腿部。

② 从大约 20MHz 到 300MHz 的频率范围，全身吸收的能量相对较多，如果考虑身体局部（如头部）的共振，所吸收的能量会更高。

③ 从大约 300MHz 到几 GHz 的频率范围，能量吸收会出现较明显的局部性和不均匀特征。

④ 超过 10GHz 的频率范围，能量吸收主要发生在体表。

（3）累积效应

当电磁波与生物体相互作用后，机体为保持内部的相对稳定，会发生一系列恢复相对稳态的活动，其中包括局部或全身的热效应和非热效应，即自我调理和修复过程。热效应和非热效应作用于人体后，对人体的伤害尚未来得及自我修复之前，再次受到电磁辐射的伤害，则伤害程度会发生积累，久之就会成为永久性病态，危及生命。对于长期接受电磁波辐射的群体，即使功率很小，频率很低，也可能诱发严重的病变，应高度警惕。

国内外学者对电磁辐射的危害性进行了大量的研究，发现当人体长时间处于电磁辐射污染严重的环境内，对人的眼睛、生殖系统、神经系统、心血管、血液及免疫系统均有不同程度的影响。表 1-7 分别描述了各个频率的电磁波对人体各器官的影响。具体表现为：

表 1-7　电磁波与人体各器官之间的关系

频率	器官	生物效应
<150MHz	—	波长较长，可以透过人体
150MHz～1GHz	人体各个器官	身体各组织过热，损伤器官
1～3GHz	晶状体、睾丸等	身体组织加热易受损
3～10GHz	皮肤、晶状体	电磁波轻微加热皮肤
>10GHz	皮肤	皮肤吸收电磁波发生能量转化

（1）对眼睛的影响

晶状体是维持人眼视觉功能重要的屈光介质，由于晶状体内无神经和血管，且水分含量达到 60%，电磁波的能量容易聚集于此，因此晶状体对于电磁辐射非常敏感，损伤出现早而且明显。主要表现为晶状体水肿、凝聚，轻者出现局灶性混浊，重者全晶状体混浊，并见前囊上皮细胞和赤道部细胞变性坏死。

国外学者的相关研究表明电磁辐射会导致晶状体病变引发白内障，倪爽对晶状体的上皮细胞进行比吸收率为 2W/kg 低强度电磁辐射，发现上皮细胞的氧化应激反应增高，可能是电磁辐射的非热效应对晶状体造成了损伤。

（2）对生殖系统的影响

对人们生殖系统的影响主要表现为男子精子质量降低，孕妇发生自然流产和胎儿畸形等。曲英莉选取协和医院的 484 位孕妇作为研究对象，研究电磁辐射对异常妊娠的影响，发现使用电视时磁感应强度高于 $10\mu T$ 的孕妇患自然流产的概率要增加一倍，每天使用手机超过 20min、经常使用电磁炉的孕妇，异常妊娠的危险性都会增加两倍左右。有文献报道孕妇处于高于 $1.6\mu T$ 的电磁环境中时发生流产的风险要高于低磁场环境下的妇女。

据国内外不少科研机构和专家人士的统计调查，常常处于辐射情况下的男性，婚后一般生育女孩的偏多，电磁辐射对男性的精子具有一定的伤害力，或者可能影响精子的活性，对人类的生殖及胚胎发育有影响。

（3）对神经系统的影响

神经元对电磁辐射相对敏感，长期的电磁辐射会使人出现失眠、记忆力减退、头痛头晕等亚健康状况，电磁辐射会造成神经元的功能损伤和突出结构改变。长期在低强度电磁辐射下生活和工作即可引起中枢神经系统功能紊乱，引起植物神经系统紊乱，会出现条件反射活动受抑制，出现头昏、嗜睡、记忆力减退、易激动、脱发、白发、脑电图慢波增多等神经衰弱症状，甚至出现"脑震荡综合征"及帕金森病、肌萎缩侧索硬化等病症。有研究报道，长期从事通信业的工作者患老年性痴呆的发生率为对照组的 3.22 倍，职业性接触工频电磁场的女工老年性痴呆发病率也明显升高。王秀芹等研究了高频电磁辐射(0.1～30MHz) 对 ISM 设备操作人员神经系统以及脑电波变化的影响，发现实验组的脑电图慢波增多，并且脑电图的异常率更大，得出结论：高频电磁辐射对神经功能系统有损伤。

（4）对心血管的影响

电磁辐射对于心血管的影响目前还没有统一的结论，有些观点认为工频强磁场会降低受辐射者的心率，有研究发现高压线下的电磁场容易使人出现烦躁、焦虑等情绪，同时出现舒张压降低，心率升高。Bortkiewicz 等研究电磁辐射对心血管的影响时，发现长期工作在广播电视站的工作人员（电场强度为 115V/m 左右）心电图的异常率要明显地高于低曝露水平的人员。卫生调查表明：长期从事微波作业人员心悸及心前区疼痛发生率明显高于对照组。中高功率电磁波常引起心肌细胞的损伤，特别是窦房结、房室结、传导纤维的病变更为明显，轻者会导致细胞退变，重者则细胞坏死和凋亡。血管病变严重时可出现血管痉挛、血容量减少，导致皮肤苍白、全身无力或晕厥。

（5）对内分泌及代谢的影响

普通功率电磁波早期即可造成垂体多种激素紊乱和促肾上腺皮质激素、皮质酮、类皮质激素、甲状腺素等升高，后期则呈现下降。垂体、肾上腺、甲状腺细胞均出现营养不良性改变，凋亡增多，并持续较长时间。同时睾丸生精细胞和间质细胞发生损伤，睾酮水平下降，卵巢也见卵泡细胞退变、雌激素分泌紊乱。

（6）对消化系统的影响

对消化腺的影响比消化道明显，主要是肝功能异常，转氨酶活力升高，肝细胞退行性变，超微结构病变更为明显，严重时发生细胞凋亡、脂肪变性，偶有小灶状肝细胞坏死，晚后期有肿瘤发生。胰腺于后期常见萎缩，腺末房萎缩变小，酶原颗粒减少，并可见胰岛细胞变性、坏死。唾液腺（如颌下腺等）也常见末房细胞的退行性病变。食道、胃、小肠、大肠等消化道偶见黏膜低平、腺窝细胞核分裂减少。

（7）对血液和造血系统的影响

医学研究证明，长期处于高电磁辐射的环境中，会使血液、淋巴液和细胞原生质发生改变。意大利专家研究后认为，该国每年有 400 多名儿童患白血病，其主要原因是距离高压电线太近，因而受到了严重的电磁污染。美国洛杉矶地区研究儿童血癌发生原因的科学人员发现这些儿童房间中的电磁波强度的平均值大于 2.68mG。在高强度电磁辐射地区的儿童得血癌的机率较一般地区儿童高出约 48%，尤其是经常玩电动游戏的儿童，其得血癌的机会较一般儿童高出 60%，所以儿童的卧室内不宜放置过多的家用电器。

（8）对免疫系统的影响

免疫系统对电磁波较为敏感，主要引起免疫抑制反应、功能下降，早期可见外周血淋巴细胞减少，T 细胞及其亚群比例失调，免疫球蛋白下降，白细胞吞噬功能减弱，外周血淋巴细胞凋亡率增高，淋巴组织（脾、淋巴结、胸腺等）淋巴细胞变性、凋亡和坏死。浆细胞、网织细胞也常见不同程度的损伤。动物实验表明，高功率电磁波照射后 1 年，淋巴组织重建不良。朱绍忠以 192 名电气化铁路职工为研究对象，以同局内内燃机车 106 名职工为对照，调查了长期工作在 27.5kV 高压环境中对人体免疫系统功能的影响，发现观察组的白细胞总数、淋巴细胞总数和血清 IgG、IgA 含量明显低于对照组。

（9）与癌症的关联性

电磁辐射污染能够诱发癌症，并加速人体的癌细胞增殖，严重的还会诱发癌症，并会加速人体的癌细胞增殖。瑞士的研究资料指出，周围有高压线经过的住户居民，患乳腺癌的概率比常人高 7.4 倍。国际癌症研究机构（IARC）于 2002 年对极低频磁场进行了评价并将其分类到 2B 类，解释为"对人类有致癌可能性的"，2011 年 IARC 又将射频电磁辐射列为人类 2B 类致癌物。

波兰科学家 Szmigielski 对 1971～1985 年期间登记的长期工作在高频电磁辐射的不同年龄段癌症患者进行了统计研究，发现在 20～59 岁的人群中，长年在电磁辐射环境下工作的发病率是 119.1/100000，而没有长年在电磁辐射环境下工作的是 57.6/100000，而且研究发现受辐射发病率高的人群主要患脑瘤、消化道肿瘤、血红素系统和淋巴器官的病变居多，而这些患者与没有受电磁辐射患者的最大不同是他们患有慢性髓细胞白血病。

2. 对电器设备的影响

（1）电磁干扰

电磁辐射污染还可产生严重的电磁干扰，破坏建筑物和电气设备。据统计，仅 1998 年一年时间，全世界由电磁干扰而造成电子电气设备故障引起的经济损失就高达 5 亿美元。电磁辐射主要干扰电子设备、仪器、仪表等，导致设备电磁干扰主要表现在对精密电子设备造成严重的影响。许多正常工作的电子、电气设备产生的电磁波能使邻近的电子、电气设备性能下降乃至无法工作，甚至造成事故和设备损坏。目前，许多电子设备的内部基本电路都工作在低压状态，如电视机的高频头、视频放大器、计算机主板、CPU 等，特别是随着半导体技术的发展，集成电路工作电压越来越低，有的甚至低于 1V，很容易受到电磁波的辐射干扰，安全性和可靠性都受到威胁。

电磁干扰也会使计算机、导弹、人造卫星失控，引起爆破效应的提前或推迟，直接对国家和人身安全构成威胁。高频电磁辐射场强能使导弹制导系统控制失灵、电爆管的效应反应异常；使金属器件之间相互碰撞发出电火花引起火药的燃烧或爆炸，后果极其严重。

在具有可燃性油类或气体的特殊场所当中，由于强电磁辐射能引起金属感应电压，当金属器材相互接触或碰撞时易发生金属打火现象，进而就发生了可燃性油类或气体的燃烧甚至爆炸。

对电器设备的干扰最突出的情况有三种：

一是无线通信发展迅速，但发射台、站的建设缺乏合理规划和布局，使航空通信受到干扰，如1997年8月13日，深圳机场由于附近山头上的数十家无线寻呼台发射的电磁辐射对机场指挥塔的无线电通信系统造成严重干扰，使地对空指挥失灵，机场被迫关闭两小时。

二是一些企业使用的高频工业设备对广播电视信号造成干扰，使周围居民无法正常收看电视而导致群众纠纷，如北京市东城区文具厂就曾因该厂的高频热合机干扰了电视台的体育比赛转播，而引起周围居民纠纷。

三是一些原来位于城市郊区的广播电台发射站，后来随着城市的发展被市区所包围，周围环境也从人烟稀少变为人口密集，电台发射出的电磁辐射干扰了当地百姓收看电视。

（2）电磁波泄露

电磁泄漏是指电子设备的杂散（寄生）电磁能量通过导线或空间向外扩散。任何处于工作状态的电磁信息设备，如：计算机、打印机、传真机、电话机等，都存在不同程度的电磁泄漏，这是无法摆脱的电磁学现象。如果这些泄漏"夹带"着设备所处理的信息，就构成了所谓的电磁信息泄漏。

有资料表明：普通计算机显示终端辐射的带信息电磁波可以在几百米甚至一公里外被接收和复现；普通打印机、传真机、电话机等信息处理和传输设备的泄漏信息，也可以在一定距离内通过特定手段截获和还原。设备在运行中产生微弱的电磁辐射如果被高灵敏度的接收系统接收，就会造成极大的损失。

1.3 我国电磁辐射污染的现状

近年来，我国经济发展迅速，电磁技术得到大力推广与应用，使得城市区域空间的电磁环境更为复杂。造成城市电磁环境复杂的原因是多方面的，也是长时间积累的结果。

对于城市来说，电磁辐射污染源的分布广泛、品种多，与人们的日常生活息息相关，例如移动通信、卫星通信、雷达等，在电磁辐射水平上作出了不小的贡献，而对于我们经常所处的室内空间来说，室内线路的布置、所使用的电子设备等，都是我们电磁辐射污染的来源。

1.3.1 电磁辐射设施飞速发展

我国现在的电磁辐射污染源分布很不均匀，几乎所有行业都有电磁辐射设施分布，有些行业或设施甚至全集中在省会城市，如科研高频设备。在经济较发达、工业化程度较高的地区，有电磁辐射设施的行业也相对较多，而一些经济较不发达地区电磁辐射设施分布则相对较少。

伴有电磁辐射的设备以通讯行业中的数量最多，交通系统最少。由于各种行业或部门的自身特点，它们伴有电磁辐射的设备、功率及其环境影响都是不均匀的。通讯行业不仅电磁辐射设备多、覆盖面广，而且此类设施大多位于人口密集区。从设施数和功率来看，工科医疗类的比例不小，但此类设备多在小范围局域内（如许多医院的高频诊疗设备），再者此类行业功率较大的设施设备的分布较为集中。广播电视行业为了扩大覆盖面，在一些地方往往把发射设备架在覆盖率较高的城镇中央或居住人口较多的地带，其发射方式几乎都是全向发射。交通和电力类的电磁辐射设备分布特征较为类似，主要是连续线状分布。交通类电磁辐射设备主要是电气化铁路和少数矿山运输电车；而电力类电磁辐射设备一是城镇附近的高压输电线，二是各种变电站，三是少数城市附近的发电厂。

近年来包括居民住宅在内的各类场所的人为电磁辐射水平已明显上升。为摸清底数规范发展，部分省市先后开展了城市电磁辐射水平调查，调查表明我国目前城市电磁辐射环境质量总体良好，但中波、超短波及微波辐射源对其周围环境已造成一定污染，部分社区的电磁辐射水平已接近相关标准的上限，甚至有社区的复合功率密度值出现个别超标的现象。另一方面，随着各地城镇和农村的迅速发展，电磁辐射污染正加速向三四线城市甚至农村蔓延，电磁辐射污染已然成为继大气污染、水污染和噪声污染后新的污染源。

1.3.2 电磁辐射设施环境敏感性日益增加

城市和广播电视通信技术的发展使电磁辐射设施与公众的距离得以缩短，电磁辐射设施的环境敏感性随之日渐增强，主要表现为：城市扩张使一些广播电视和无线电通信发射台逐渐被新建城区包围，造成局部居民生活区场强较高；城市用电需求的增加及电网改造工程的实施使大量高压输变电设施进入城市市区，而且电压等级不断升高，其产生的工频电磁场可能对公众健康产生不利影响，此外其产生的噪声可能干扰广播和无线电通信；通信技术的发展使居民区被通信基站包围，虽然单个基站的功率较小，但是大量的通信基站会使城市空域电磁场不断增强，另外，高层建筑顶部建有的微波定向天线和卫星天线等，易造成对高层建筑的电磁污染；城市交通的迅猛发展使交通干线的电磁噪声不断加重，在车流量高峰时段的交通路口，电磁噪声值可达 44～50dB。

1.3.3 建筑室内电磁环境不容乐观

对于城市来说，由于在不断地建设发展，电磁辐射技术有了空前的发展，这就使得城市空域的电磁辐射能量越来越大。随着人民生活水平的提高，人们对室内环境意识的增强，大家对生存环境的要求自然相应提高，这也是社会进步的标志。

蔡培垚等在哈尔滨、吉林、通辽、长春问卷调查发现居民对电磁污染的认识存在很大的误区，但其对家用电器电磁辐射的了解及重视程度却不够。有 62% 的居民家中电器摆放位置存在疏漏，且没有采取任何防护措施，构成了局部电磁污染。

如今室内现代化程度的逐步提高，各种自动化办公设备、家用电器等出现在人们工作和生活的主要场所。这些电器设备辐射出一定能量的电磁波，这些不同频率和功率的电磁波几乎充斥于室内的每一个角落，给人们的工作和生活带来了一定的危害。这些电器设备包括：较大功率的空调、吸尘器、微波炉、电脑、复印机等及小功率的剃须刀和台灯等。在有限的时间、空间及有限的频谱资源条件下，电器设备密集程度逐步增大，造成室内空间电磁环境的恶化。而且随着这些电器设备的老化、陈旧以及更新换代的加快，其电磁辐射的程度也会随之增大，这就使得整个室内电磁环境形势不容乐观。

1.3.4　电磁辐射纠纷日益增多

近年来，公众的辐射防护意识逐渐提高，对居住环境的电磁辐射暴露水平也更加重视，电磁辐射污染纠纷随之逐年增多。引发电磁辐射污染纠纷的主要原因有：在社区建设移动通信基站、变电站等电磁辐射设施；在社区附近建设高压输变电设施、电气化轨道交通设施；房地产开发商隐瞒商品房周围电磁辐射污染现状，以及电磁辐射污染致人身伤害等。

由于电磁辐射设施、设备建在居民区，居民以造成电磁辐射污染，影响正常生活和人体健康为由，要求电磁辐射设施、设备的所有权人或使用权人排除妨碍，另行择址建设或搬迁受影响的居民。全国城乡各地因高压送变电工程电磁辐射而起的纷争越来越多，特别是北京、上海等大城市发生了多起小区送变电工程建设纠纷。伴随城市移动通信的迅速发展，大量移动通信天线、基站被设置在居民楼楼顶，甚至还被直接设置在学校、幼儿园、医院等敏感建筑物上，并且在设置前往往既未征求居民意见，又未支付任何使用费，更没有进行相关的宣传和介绍，引起居民的恐慌和愤慨，而居民与电信公司协商往往很难有结果。

电磁辐射污染的损害后果具有长期性和潜伏性，一般不会因电磁辐射污染立即对人体造成显而易见的损害后果。故以电磁辐射污染所致人身伤害为由要求损害赔偿的纠纷相对较少。但也有越来越多长期暴露在电磁辐射环境中，现已出现可能与长期电磁辐射污染有关的严重损害后果的人，向电磁辐射设施、设备的所有人或使用权人提出了侵权损害赔偿的要求。

一些房地产开发商受利益驱动，在电磁辐射设备、设施附近开发商品房，或者在住宅小区内安装配电房等电磁辐射设施，并隐瞒电磁辐射污染的真实情况，致使消费者在不知情的情况下购买了商品房，从而引起大量纠纷。

1.4　电磁辐射污染的发展趋势

总的来说，涉及电磁辐射污染的几类主要行业中，通讯行业首当其冲，而且随着经济发展速度和城镇化进程的加快，通讯行业也将进入新的高速发展期。因此，伴有电磁辐射的通讯类设施将是今后若干年内最主要的监测对象。工科医类的设施数和功率比例不小，但因此类设备分布较为集中，使用场所有一定封闭性，对外界环境的影响相对较小。随着城市的扩大、人口增加和广播电视设备功率的提高，广播电视类电磁辐射污染的问题也越来越被人们所重视，其电磁辐射设备也是环境电磁辐射污染监测的主要对象之一。电力行业的高压输电线多在无人的荒野，但靠近城镇的线段、变压站和少数城市附近的电厂对周围的局部环境仍有电磁辐射污染。近年来电力行业的发展尤其引人注目，其电磁辐射设备带来的环境电磁辐射污染，应该引起进一步的重视。

从地区分布情况看，目前电磁辐射污染源主要与各地的经济和工业化程度密切相关。但随着旅游业的快速发展和西部大开发，一些边远地区的通讯、广播电视、工业、医疗、交通和电力等与电磁辐射相关的行业正在进入调整发展阶段，有些地区甚至可能后来居上，超过某些发达地区，环境电磁污染将日益成为该地区人们关注的问题。

同时，我国也面临着环境电磁辐射污染监督、管理和治理的空前压力。因此应强化环境电磁辐射污染监督管理工作的手段和能力，加大监测力度，拓宽工作面。这应该是今后我国环保工作的重点之一。

参考文献

[1] 刘顺华，刘军民，董星龙，段玉平．电磁波屏蔽及吸波材料［M］．北京：化学工业出版社，2013.
[2] Fawwaz T. Ulaby（著），尹华杰（译）．应用电磁学基础［M］．北京：人民邮电出版社，2007.
[3] 毛钧杰，刘培国．电磁环境基础［M］．西安：西安电子科技大学出版社，2010.
[4] 赵凯华，陈熙谋．电磁学［M］．北京：高等教育出版社，2011.
[5] 单志勇，李丹美，姜国兴．电磁场与波理论基础［M］．北京：化学工业出版社，2009.
[6] 戈鲁，褐茨若格鲁．电磁场与电磁波［M］．北京：机械工业出版社，2006.
[7] 张月芳，郝万军，张忠伦．电磁辐射污染及其防护技术［M］．北京：冶金工业出版社，2010.
[8] 胡海翔，李光伟．电磁辐射对人们的影响及防护［M］．北京：人民军医出版社，2015.
[9] 卢敬叁．电磁辐射污染环境［J］．工业计量，1997，(1)：27-29.
[10] 陈亢利，钱先友，许浩瀚．物理性污染与防治［M］．北京：化学工业出版社，2006.
[11] 周建国．工频电场磁场与健康［M］．上海：复旦大学出版社，2011.
[12] 曲英莉．电磁辐射对异常妊娠结局影响研［D］．北京：中国疾病预防控制中心，2010.
[13] 倪爽．1.8GHz射频电磁辐射对人晶状体上皮细胞氧化应激影响的研究［D］．杭州：浙江大学，2013.
[14] 王秀芹，梁晓阳，肖明惠，等．高频电磁辐射对作业者脑电波的影响［J］．职业卫生与应急救援，2011，2（29）：29-32.
[15] 朱绍忠，朱连标，王起恩，等．电气化铁路工频电磁场对作业工人健康的影响［J］．环境与职业医学，2002，19（2）：97-99.
[16] 蔡培垚，石磊，易珊，等．关于室内电磁污染的调查研究报告［J］．中国环境管理，2008，6：40-41.
[17] 陈亮红．家庭电磁辐射污染及危害［J］．北京电力高等专科学校学报（社会科学版）.2010，27（12）：285.
[18] 王毅，徐辉，麻桂荣，等．城市电磁环境的新问题［J］．城市管理与科技，2001，3（3）：13-18.
[19] 查振林，许顺红，卓海华．电磁辐射对人体的危害与防护［J］．北方环境.2004，29（3）：25-27.
[20] 刘晓燕．室内电磁辐射污染对人体健康的影响及防护［J］．内蒙古科技与经济，2007，21：341-343.
[21] 赵峰．城市电磁辐射污染现状分析及其防治对策［J］.2011，5（24）：39-42.
[22] 刘博，王惠敏．室内电磁辐射污染与防护［J］．环境污染治理技术与设备，2003，4（6）：91-92.

第2章 电磁辐射相关标准

由于现代科学技术的发展，越来越多的电子电气设备被应用，城市空间中电磁污染问题日渐突出。

由于电磁辐射问题出现相对较晚，因此存在着几个突出的问题：电磁污染的行政管理缺乏法律基础；各国标准差异较大；监测方法不够完善。从目前世界范围的电磁监测工作来看，由于国际上对电磁辐射在标准制定上存在较大的分歧，这一情况也在一定程度上阻碍了各国电磁辐射行政管理的立法进程。

早在上个世纪 50 年代以原苏联和美国为代表的许多国家就开展了电磁辐射的防护标准的研究。目前，大部分发达国家依据国际非电离辐射防护委员会（ICNIRP）制定的《限制时变电场、磁场、电磁场（300GHz 以下）暴露的导则》（1998）［《Guide lines for Limiting Exposure to Time-Varying Electric，Magnetic and Electromagnetic Fields（Up to 300GHz）》］、美国国家标准协会（ANSI）和美国电子电气工程师协会（IEEE）共同制定的《有关人体暴露于无线电频率 3kHz～3GHz 的安全水平的 IEEE 标准》（C95.1—2005）（《IEEE Standard for Safety Levels with Respect to Human Exposure to Radio Frequency Electromagnetic Fields 3kHz to 300GHz》）这两个准则为基础，有的在暴露限值上稍加修改，有的等效采用成为本国的法律规范；非洲各国及大部分不发达国家没有关于电磁辐射管理的法律法规；我国也相继出台了一些电磁辐射管理相关的法律法规和标准。本章通过阐述国内外电磁场有关法律、法规及标准，为电磁监测工作以及今后研制相关法规、标准及规范提供依据。

2.1 国外电磁辐射相关标准

世界卫生组织在 1996 年建立了国际电磁场计划，目的是为评价暴露在 0～300GHz 频率下可能引起的健康问题以及环境效应提供科学依据。国际电磁场计划还编制了暴露在电磁场下的全球范围的数据库，包括美国、加拿大、澳大利亚、巴西、秘鲁、俄罗斯、中国、日本、韩国、英国、瑞士、瑞典、意大利、芬兰等国家有关电磁辐射的法律法规及标准。

国外现行的电磁辐射防护标准主要有国际非电离辐射防护委员会（ICNIRP）制定的导则（简称 ICNIRP 导则）、美国国家标准协会（ANSI）和美国电子电气工程师协会（IEEE）共同制定的 IEEE 标准（最新版为 IEEEC95.1—2005），ICNIRP 导则于 1998 年出版发行，至今有 10 多年历史，有英国、瑞士、瑞典、意大利、芬兰、澳大利亚、德国、南非、巴西、秘鲁、俄罗斯、日本、韩国等 30 个国家采用 ICNIRP 导则作为国家法规。IEEE 标准是按照 ICNIRP 导则的基本方法制定，数值上存在一定差异。目前美国和加拿大采用 IEEE 标准，因此，ICNIRP 导则和 IEEE 标准是世界公认的最具权威性且使用范围最广的法律规范。

欧洲联盟委员会对欧盟成员国发布了公众暴露推荐书，推荐书中明确提出了按照国际非电离辐射防护委员会提供的人群保护方法执行。欧盟推荐捷克、爱沙尼亚、匈牙利和拉脱维亚使用 ICNIRP 导则，还有部分国家在 ICNIRP 导则的基础上制定了更加严格的标准。在欧洲中部一些国家（包括斯洛文尼亚、克罗地亚等），并没有开展关于电磁场暴露限值的研究，可能是由于这些国家是欧盟成员国且参与其中，立法上与欧盟法令和国际机构相一致，因而不需要自己独立研究。此外，作为预防电磁辐射污染的法律法规，斯洛文尼亚、克罗地亚以及其他一些西欧国家已经将其纳入立法，并强制执行。2004 年，欧洲议会和理事会发布 2004/40EC 法令，法令规定了工人暴露于物理因素（即电磁场）引起的最小健康损害以及安全要求。欧盟还规定，每 4 年修订一次法令，目前使用的 2008/46/EC 是对 2004/40/EC 版的修订，最新的法令原计划于 2012 年出台，然而，到目前为止还没有最新的版本颁布。意大利也颁布了 LawNo. 36/2001《预防电场、磁场、电磁场暴露风险的法律框架》来控制暴露风险，以保护人群和公众的健康。

近几年，国际非电离辐射防护委员会正在修订 ICNIRP 导则，但由于工频与射频各个频段研究进程不同，因此提出了工频、射频按照各自的研究进度对标准进行修订的建议。WHO 和国际癌症研究机构也参与了电磁场流行病学和生物学研究。在以电气工程为主的国家中，电磁场标准（包括保加利亚、波兰、罗马尼亚、俄罗斯和斯洛伐克等）也存在一定差异。

为了便于研究和管理，国际电信同盟（International Telecommunications Union）把电磁波划分为 12 个频段，见表 2-1。实际上，各个国家、不同部门之间对电磁波频段的划分都存在一定的差异。电力部门、环保部门及卫生部门对电磁波的定义也不尽相同。

表 2-1　电磁波频段划分

段号	频段	频率范围（Hz）	波段
1	极低频	3～30	极长波
2	超低频	30～300	超长波
3	特定频	300～3000	特长波
4	甚低频（VLF）	3～30k	甚长波
5	低频（LF）	30～300k	长波
6	中频（MF）	300～3000k	中波
7	高频（HF）	3～30M	短波
8	甚高频（VHF）	30～300M	米波
9	特高频（UHF）	300～3000M	分米波
10	超高频（SHF）	3～30G	厘米波
11	极高频（EHF）	30～300G	毫米波
12	至高频	300～3000G	丝米波

注：9～12 段统称微波。

国际上对电磁场有关规范的制定极为关注，并取得了一定的成就。虽然 Ahlbom 等和 Greedland 等在流行病学上认为癌症（白血病）的发病率与电磁场暴露存在较强的相关性，但 Marcus 等的研究结果显示，电磁场和先天畸形没有统计学关联。因此，电磁场对人体的影响包括致癌、致畸等效应还没有确定，所以不能盲目规定电磁场接触限值。国际上给出的指标采用"推荐值"，这在学术上及对公众负责的立场上体现了其严谨性。国际非电离辐射防护委员会、美国国家标准协会和美国电子电气工程师协会组织研制电磁场有关规范，其他国家仅仅是效仿，并没有对电磁场的健康效应做深入研究。

2.1.1 限制时变电场、磁场和电磁场暴露的导则（ICNIRP 导则）

1. 目的和范围

该标准的主要目的是建立导则来限制 EMF（电场、磁场和电磁场）暴露，防止已知的各种对健康不利的影响。一个对健康不利的影响将造成暴露个体及其后代的健康受到可察觉的损伤，但生物效应，可能会也可能不会造成对健康不利的影响。

该标准同时叙述了 EMF 的直接和间接影响两方面的研究：直接影响源于场与身体的直接相互作用，间接影响则涉及身体与具有不同电势的物体间的相互作用。该标准讨论了实验室和流行病学研究的结果、基本的暴露标准以及用以评估实际危害的导出限值。本导则适用于职业人员和一般公众的暴露。

2. 术语和定义

（1）吸收（Absorption）：在无线电波传播的过程中，无线电波由于能量消耗而引起的衰减，即无线电波的能量转变为另一种形式，如热能。

（2）非热影响（Athermal effect）：电磁场对人体产生的任何与热无关的影响。

（3）血-脑屏障（Blood-brain barrier）：一个用来解释为什么许多经血液传输的物质能够很容易地进入其他组织却不能进入大脑的概念。这一屏障发挥的作用仿佛是布满大脑脉管系统的连续隔膜。这些大脑毛细血管内层细胞构成了组织物质从脉管系统进入大脑的连续屏障。

（4）电导系数（Conductance）：电阻的倒数，以西门氏（S）表示。

（5）电导（Conductivity electrical）：标量或矢量，当和电场场强相乘以后得到传导电流强度，它是电阻系数的倒数，用西门氏/米表示，（S/m）。

（6）连续波（Continuous wave）：一种在稳态条件下连续振动相同的波。

（7）电流密度（Current density）：一种矢量，它的特定表面积分等于流过这个表面的电流，线性导体的平均强度等于电流除以导体的横截面面积，用安培/平方米表示（A/m^2）。

（8）渗透深度（Depth of penetration）：对于入射到良导体的边界的平面波电磁场，波的渗透深度是波的磁场强度下降到 1/e 时的深度，或者是最初数值的 37%。

（9）介电常数（Dielectric constant）：介质在外加电场时会产生感应电荷而削弱电场，原外加电场（真空中）与介质中电场的比值即为相对介电常数，介电常数是相对介电常数与真空中绝对介电常数乘积。

（10）放射量测定（Dosimetry）：通过衡量计算或确定暴露在电磁场的人或动物的内部电场强度或感应电流、比吸收能或比吸收能率分布。

（11）电场强度（Electric field strength）：电场中的某一点上对静态单位正电荷的力量，用伏特/米来表示（V/m）。

（12）电磁能量（Electromagnetic energy）：储存在电磁场中的能量，用焦耳（J）表示。

（13）特低频（Extremely low frequency，ELF）：低于 300Hz 的频率。

（14）EMF：电场、磁场和电磁场。

（15）远场（Far field）：距离辐射天线超过被放射的电场、磁场和电磁场波长的区域，在远场中，场的组成（E 和 H）和传播方向是相互垂直的，场方向图形状不受与源头的距离的影响。

（16）频率（Frequency）：一秒钟内电磁波完成的正弦循环数量，通常用赫兹（Hz）表示。

（17）波阻抗（Impedance wave）：代表某一点横向电场复数（矢量）和代表该点横向磁场的复数之间的比率，用欧姆表示。

（18）磁场强度（Magnetic field strength）：一种轴向矢量数量，它和磁通密度结合在一起确定了空间中任何点的磁场，用安培/米（A/m）表示。

（19）磁通密度（Magnetic flux density）：一种矢量磁场数量，产生作用于单个或多个移动电荷的力量，用特斯拉（T）表示。

（20）磁性渗透性（Magnetic permeability）：一种标量或矢量，将其和磁场强度相乘即可得到磁通密度，用亨利/米（H/m）表示。说明：对于各向同性介质，磁场渗透性是一个标量，对于各向异性介质，它是一个张量。

（21）微波（Microwave）：波长足够短，因而可以将波导和相关谐振腔技术应用在波的发射和接收的电磁放射物。说明：这一术语用来表示频率范围在 300MHz～300GHz 之间的放射物或电磁场。

（22）近场（Near field）：距离辐射天线短于被放射出的电场、磁场和电磁场波长的区域。说明：磁场强度（乘以空间的阻抗）和电场强度不相同，而且在离天线小于波长十分之一的距离中，如果相比距离而言天线很小，那么电场强度和磁场强度与距离的平方或立方呈反比关系。

（23）非电离辐射（Non-ionizing radiation，NIR）：包括不具有在物质中产生电离所需能量的电磁波频谱的所有放射线和电磁场，这类放射线的特点是每个光子的能量低于 12eV，波长长于 100nm，而且频率低于 31015Hz。

（24）职业暴露（Occupational exposure）：个人在从事的工作过程中所受到的所有电场、磁场和电磁场（EMF）照射。

（25）电容率（Permittivity）：定义各向同性介质对带电体产生的引力或斥力作用的常数，用法拉/米（F/m）表示，相对电容率是一种物质或介质的电容率除以真空的电容率。

（26）平面波（Plane wave）：一种电磁波，在这种电磁波中，电场和磁场矢量位于与波的传播方向相垂直的平面，而且磁场强度乘以空间的阻抗和电场强度相同。

（27）功率强度（Power density）：在无线电波传播中，经过垂直于波传播方向单位面积的能量，用瓦特/平方米表示（W/m^2）。

（28）公众暴露（Public exposure）：普通大众所受的全部电场、磁场和电磁场照射，不包括在工作中和医疗过程中受到的照射。

（29）射频（Radio frequency，RF）：适用于电信的电磁照射的任何频率。说明：在本出版物中，射频是指 300Hz～300GHz 的频率。

（30）谐振（Resonance）：随波的频率接近或等于介质的自然频率发生的振幅变化。全身对电磁波的吸收是它的最高值，即频率大约为 114/L 时的谐振，L 是个体以米为单位的高度。

（31）均方根（Root mean square，RMS）：某些电力影响与周期方程（经一段期间）平方的均方根成比例关系。这一数值被称为有效或均方根数值，因为它是通过先将方程平方，确定得到平方值的均值，然后取均值的平方根得到的。

（32）比吸收能（Specific energy absorption，SA）：每个生物组织质量单位吸收的能量，用焦耳/千克表示（J/kg），比吸收能是比吸收能率的时间积分。

（33）比吸收率（Specific energy absorption rate，SAR）：身体组织吸收能量的速度，用瓦/千克来表示（W/kg），SAR 是一个广泛应用于高于 100kHz 的频率中的剂量测定指标。

（34）波长（Wavelength）：周期波传播方向上，振动相位相同的两个连续点之间的距离。

3. 基本限值

制定不同频率范围的基本照射限值时利用了不同的科学根据：

在 1Hz～10MHz 频率范围内，基本限值主要是电流密度，以防止对神经系统功能造成影响；

在 100kHz～10GHz 频率范围内，基本限值主要是比吸收率（SAR），以防止全身发热和局部组织过热；

在 100kHz～10MHz 频率范围内，基本限值包括电流密度和 SAR；

在 10～300GHz 频率范围内，基本限值主要是功率密度，以防止身体表面组织或附近组织过热。

在几 Hz 到 1kHz 的频率范围内，对于超过 100mA/m^2 的感应电流密度而言，中枢神经系统兴奋性剧烈变化以及其他剧烈效应，比如视觉诱发电位颠倒的阈值被超越。出于上述安全考虑，对于 4Hz～1kHz 的频率范围而言，职业暴露应限制为感应电流密度低于 10mA/m^2 的场，即安全系数为 10。对于公共限制而言，采用额外的安全系数 5，基本照射限值为 2mA/m^2。对于 4Hz 以下以及 1kHz 以上的频率而言，感应电流密度基本限值逐渐提高，同时与这些频率范围相关的神经刺激阈值也相应提高。详细规定限值见表 2-2。

表 2-2 频率低于 10GHz 的时变电场和磁场基本限值

暴露特性	频率范围	头部和躯干电流密度（mA/m^2）	全身平均 SAR（W/kg）	局部暴露 SAR（头部和躯干）（W/kg）	局部暴露 SAR（肢体）（W/kg）
职业暴露	1Hz 以内	40	—	—	—
	1～4Hz	40/f	—	—	—
	4Hz～1kHz	10	—	—	—
	1～100kHz	f/100	—	—	—
	100kHz～10MHz	f/100	0.4	10	20
	10MHz～10GHz	—	0.4	10	20

续表

暴露特性	频率范围	头部和躯干电流密度（mA/m²）	全身平均 SAR（W/kg）	局部暴露 SAR（头部和躯干）（W/kg）	局部暴露 SAR（肢体）（W/kg）
公众暴露	1Hz 以内	8	—	—	—
	1～4Hz	$8/f$	—	—	—
	4Hz～1kHz	2	—	—	—
	1～100kHz	$f/500$	—	—	—
	100kHz～10MHz	$f/500$	0.08	2	4
	10MHz～10GHz	—	0.08	2	4

注：1. f 是指频率（Hz）；

2. 由于身体的电特性不均匀，电流密度应取为垂直于电流方向的 1cm² 横截面的平均值；

3. 对于 100kHz 及其以下的频率，可通过将均方根乘以 2 的平方根（～1.414）得到峰值电流密度值。对于脉冲宽度 t_P 而言，基本限值可用等效频率计算，$f=1/（2t_P）$；

4. 对于频率高达 100kHz 以及脉冲磁场而言，与脉冲相关的最大电流密度可通过磁通量密度上升和下降次数以及最大变化率进行计算。感应电流密度可与基本限值进行比较；

5. 所有 SAR 值都为任意 6min 内的平均值；

6. 局部暴露 SAR 平均值是利用任意 10g 相邻组织内的平均量来进行计算的，这样获得的最大 SAR 值应是用于照射估计的值；

7. 对于宽度 t_P 的脉冲而言，基本限值应用的等效频率应这样计算：$f=1/（2t_P）$。此外，对于脉冲照射而言，在 0.3～10GHz 的频率范围内，在头部局部照射的情况下，为了限制或避免由于热膨胀导致的听力效应，建议采用额外的基本限值。对于工人而言，SA 不得超过 10mJ/kg；对于一般人群而言，SA 不得超过 2mJ/kg（10g 组织平均值）。

在 10MHz 到几 GHz 的频率范围内，已确定的对生物和健康的影响是一致的，是根据身体温度升高 1℃ 来确定的。个体暴露在一般环境条件下，全身 SAR 值大约为 4W/kg 的场中约 30min 就会导致这种幅度的升温。因此，0.4W/kg 可以被选择作为能给职业暴露提供足够保护的限值。公众暴露采用了额外的安全系数 5，故得到平均全身 SAR 值为 0.08W/kg。

一般人群采用了更低的基本限值，这主要是考虑到他们的年龄和健康状况可能与工人不同。

在低频率范围内，目前很少有资料将瞬间电流与健康效应联系起来。ICNIRP 因此建议瞬间或短期峰值场产生的电流密度限值应被视为瞬间值，不应按照时间进行平均。

对于 1Hz～10GHz 频率范围而言，电流密度、全身平均 SAR 和局部暴露 SAR 基本限值参见表 2-2，对于 10～300GHz 频率范围而言，其功率密度基本限值参见表 2-3。

表 2-3　10～300GHz 频率范围内的功率密度基本限值

暴露特性	功率密度（W/m²）
职业性暴露	50
公众暴露	10

4. 导出限值

导出限值是通过基本限值用数学模型以及在特定频率下通过实验室研究结果进行推导出来的。导出限值表示场与暴露个体的最大耦合状态，因此可提供最有效的防护。表 2-4

和表 2-5 分别总结了职业暴露以及公众暴露的导出限值。导出限值是指在暴露个体全身范围内的空间平均值，但重要的附带条件是不能超过局部照射基本限值。

对于低频场而言，采用数种计算和测量方法以便从基本限值中获得场强导出限值。目前采用的简化方法不能考虑例如导电性不均匀分布和各向异性以及其他对于计算重要的组织因素。

表 2-4　时变电场和磁场职业暴露导出限值

频率范围	电场强度 E（V/m）	磁场强度 H（A/m）	磁通密度 B（T）	等效平面波功率密度 Seq（W/m²）
<1Hz	—	1.63×10^5	2×10^5	—
$1\sim8$Hz	20000	1.63×10^5	$2\times10^5/f$	—
$8\sim25$Hz	20000	$2\times10^4/f$	$2.5\times10^4/f$	—
$0.025\sim0.82$kHz	$500/f$	$20/f$	$25/f$	—
$0.82\sim65$kHz	610	24.4	30.7	—
$0.065\sim1$MHz	610	$1.6/f$	$2.0/f$	—
$1\sim10$MHz	$610/f$	$1.6/f$	$2.0/f$	—
$1\sim400$MHz	61	0.16	0.2	10
$400\sim2000$MHz	$3f^{1/2}$	$0.008f^{1/2}$	$0.01f^{1/2}$	$f/40$
$2\sim300$GHz	137	0.36	0.45	50

注：1. f 指频率范围栏里的单位；

2. 如果符合基本限值而且可排除间接不良反应，场强值可被超越；

3. 对于频率在 100kHz～10GHz 范围之间而言，Seq、$E2$、$H2$ 和 $B2$ 都是在任意 6min 内的平均值；

4. 对于频率在 100kHz 及其以下的峰值，请参见表 2-2 的注 3；

5. 频率在 100kHz～10MHz 范围内，场强峰值是通过在 100kHz 峰值的 1.5 倍和 10MHz 峰值的 32 倍内插值而得的。对于超过 10MHz 的频率而言，建议峰值等效平面波功率密度（通过脉冲宽度进行平均）不要超过 Seq 限值的 1000 倍，或者场强不要超过表中说明的场强照射水平的 32 倍；

6. 对于超过 10GHz 的频率而言，Seq、$E2$、$H2$ 和 $B2$ 都可在任意 $68/f^{1.05}$ min 期限（f 单位为 GHz）内进行平均；

7. 本表未提供频率低于 1Hz 的电场值，这些都是静态电场，适用于这些设备的明确电气安全步骤可防止来自低阻抗源的电击。

表 2-5　时变电场和磁场暴露下适用于一般公众的导出限值

频率范围	电场强度 E（V/m）	磁场强度 H（A/m）	磁通密度 B（T）	等效平面波功率密度 Seq（W/m²）
<1Hz	—	3.2×10^4	4×10^4	—
$1\sim8$Hz	10000	$3.2\times10^4/f^2$	$4\times10^4/f^2$	—
$8\sim25$Hz	10000	$4000/f$	$5000/f$	—
$0.025\sim0.8$kHz	$250/f$	$4/f$	$5/f$	—
$0.8\sim3$kHz	$250/f$	5	6.25	—
$3\sim150$kHz	87	5	6.25	—
$0.15\sim1$MHz	87	$0.73/f$	$0.92/f$	—
$1\sim10$MHz	$87/f^{1/2}$	$0.73/f$	$0.92/f$	—

续表

频率范围	电场强度 E（V/m）	磁场强度 H（A/m）	磁通密度 B（T）	等效平面波功率密度 Seq（W/m²）
10～400MHz	28	0.073	0.092	2
400～2000MHz	$1.375\,f^{1/2}$	$0.0037\,f^{1/2}$	$0.0046\,f^{1/2}$	$f/200$
2～300GHz	61	0.16	0.20	10

注：同表 2-4。

5. 接触和感应电流的导出限值

低于 110MHz 的频率范围包含 FM 广播频段，该频率范围的接触电流导出限值已被确定，超过该导出限值必须提出警告，以避免电击和灼伤危险。点接触的导出限值可参见表 2-6。由于儿童和成年女子可导致生物效应的接触电流阈限分别是成年男子的大约一半和 2/3，因此，公共接触电流导出限值被设置为比职业接触电流导出限值低 1/2。

表 2-6　来自导体的时变接触电流导出限值

暴露特性	频率范围	最大接触电流（mA）
职业暴露	2.5kHz 以内	1.0
	2.5～100kHz	$0.4f$
	100kHz～110MHz	40
公众暴露	2.5kHz 以内	0.5
	2.5～100kHz	$0.2f$
	100kHz～110MHz	20

注：f 指以 kHz 为单位的频率。

在 10～110MHz 的频率范围内，导出限值适用于比局部暴露 SAR 基本限值低的肢体电流（表 2-7）。

表 2-7　10～110MHz 频率范围内任意肢体感应电流导出限值

暴露特性	电流（mA）
职业暴露	100
公众暴露	45

注：1. 公共导出限值等于职业导出限值除以 5 的平方根；

　　2. 为了遵循局部暴露 SAR 基本限值，任意 6min 的感应电流均方根值构成了导出限值基础。

6. 保护措施

ICNIRP 指出导致电场和磁场照射暴露的行业必须确保全面遵守导则规定。保护工人的措施包括工程和管理控制、人员保护计划以及医疗监督（ILO，1994）。当工作场所暴露超过基本限值时，必须采取适当的保护措施。首先，应采取工程控制措施将设备排放降低到可接受水平。这些控制措施包括良好安全设计以及在必要的情况下使用互锁（Interlocks）或类似健康保护机制。

管理控制措施，比如限制进入以及可听和可视警告，应与工程控制措施协同应用。个人保护措施，比如防护服，尽管在某些情况下非常有用，但应被视为保障工人安全的最后手段；首要地应重视工程和管理控制措施。此外，当使用比如绝缘手套这样的防护品保护工人免受高频电击和灼伤时，不能超过基本限值，因为绝缘仅能对间接效应进行保护。

除了防护服和其他个人保护措施之外，在可能超越公共导出限值时对一般人群应采取相同的保护措施。必须制定和实施有效规则以便防止：

（1）干扰医疗电子设备和器械（包括心脏起搏器）；

（2）引发电子引爆设备的爆炸（引爆器）；

（3）感应场、感应电流或火花放电导致的可燃物火灾和爆炸。

2.1.2 限值时变电场和磁场暴露的导则（1Hz～100kHz）（ICNIRP—2010）

本文件为曝露在电磁谱中低频电场和磁场的人体提供防护指南。本文件中低频的频率范围从 1Hz 延伸到 100kHz。超过 100kHz 就需要考虑诸如发热等效应，这些内容包含在其他 ICNIRP 导则中。但是在频率从 100kHz 至大约 10MHz，必须按照曝露的条件，同时考虑低频对神经系统的效应和高频效应的防护。因而本文件中的一些指南延伸到 10MHz，以覆盖该频率范围内的神经系统效应。

本导则替代 1998 年导则（ICNIRP 1998）中的低频部分相关内容。ICNIRP 目前正在修改超过 100kHz 频谱中高频部分的导则。

1. 范围与目的

本导则的主要目的是建立限制电场、磁场（EMF）曝露的导则，它将为防止所有已确定的有害健康的影响提供保护。

本导则已经对 EMF 直接和间接影响的研究进行了评估：直接影响是源于场与人体的直接作用；非直接影响包括与导电物体（该物体所具有的电位与人体不同）的相互作用。本导则对实验室及流行病学研究结果、基本曝露评估判据以及用于实际危害评估的参照水平等进行了讨论。本导则既适用于职业也适用于公众曝露。

导则的限值是基于已确定的关于急性效应的证据。现有的可用的知识指出，遵循这些限值可保护职工和公众免受低频电磁场曝露的有害健康影响。非常小心地复核流行病学和生物学数据，其结论是：没有充分的证据表明它们与低频电磁场曝露有因果关系。

符合本导则并不一定就能防止 EMF 对医疗器械产生干扰或造成影响，这类医疗器械包括金属假肢、心脏起搏器和去纤颤器以及耳蜗植入体。在推荐的参照水平下可能出现对起搏器的干扰。随着与限制低频时变电场和磁场曝露有关科学知识的任何进展，本导则会周期性地修改和更新。

2. 限制曝露的科学基础

导则的基础来自两个方面：一是低频电场曝露引起的已被很好识别的生物反应，这些反应是通过表面电荷作用，其程度从有感觉到烦恼；二是通过曝露在低频磁场的志愿者实验而确认的唯一影响，即中枢神经和周围神经组织刺激以及视网膜光幻视的感应，也即在视场周围的一种昏晕闪烁光感觉。视网膜是中枢神经系统的一部分，虽然用于中枢神经系统神经元回路感应电场效应的模型略显保守，但总体还是合适的。

大量的流行病学研究报告，尤其是 20 世纪 80 年代、90 年代提出的报告显示，低于 1998 年 ICNIRP 曝露导则限值的 50～60Hz 磁场长期曝露可能与癌症有关。最初的研究集中在儿童癌症与磁场的关联，此后的研究也涉及不同的成人癌症。总体来讲，在专门设计用来为检验最初的发现是否能复现的研究中，最初观察到的 50～60Hz 磁场与不同癌症之间的关联并没有得到确认。不过，对于儿童期白血病来说，情况是不同的。继最初研究之后的研究提示，在居室 50～60Hz 磁场与儿童期白血病风险之间可能存在弱的关联，虽然并不清楚这是否是一种因果关系；也许可以用其中含有选择性偏倚、某种程度的混淆以及偶然性等来解释这些结果（WHO2007a）。

世界卫生组织的癌症研究机构 IARC（国际癌症研究机构）于 2002 年对极低频磁场进行了评价并且将其分类为 2B 类，解释为"对人类有致癌可能性的"。这种分类的依据是儿童期白血病的流行病学结果。

ICNIRP 的观点是，现有关于低频磁场长期曝露与儿童期白血病风险增加有因果性关联的科学证据太弱，不能成为制定曝露导则的基础。特别是，假如上述关系不是因果性的，降低曝露就不具有任何健康利益。

3. 基本限值

本导则的主要目的是建立防止有害健康影响的限制电磁场曝露的导则。如上所述，风险来自短暂的神经系统响应，包括对周围神经（PNS）和中央神经（CNS）的刺激、视网膜光幻视和对脑功能一些方面的可能影响。

根据以上考虑，对频率范围从 10Hz 到 25Hz，职业曝露应限制头部中央神经系统组织（即脑和视网膜）中感应电场强度不超过 50mV/m，以避免视网膜光幻视。该限值也应能防止任何对脑功能可能的暂时影响，这些影响并不认为是有害的健康影响；但是，ICNIRP 认为它们可能在某些职业情况下形成干扰，应该予以避免，但是不对此附加专门的降低因子。在较高和较低频率，光幻视阈值迅速提高，在 400Hz 频率，光幻视阈值与对周围和中央有髓神经刺激的阈值曲线相交。在 400Hz 频率以上，周围神经刺激的阈值适用于身体的所有部位。

在受控环境中的曝露，工人被告知这样的曝露可能有暂时效应，为了避免周围和中央有髓神经刺激，应限制头部和躯体内感应电场不超过 800mV/m。该值是考虑了以上所述的不确定性，对于周围神经刺激阈值 4V/m 而言，赋予了 5 倍降低因子。该限值在频率超过 3kHz 时上升。

对公众而言，针对头部的中央神经组织应用了 5 倍的降低因子，得出曝露基本限值在 10 到 25Hz 为 10mV/m。高于或低于上述频率，基本限值提高。在 1000Hz 频率，曲线与防止周围和中央有髓神经刺激的基本限值曲线相交。在此点，与基本限值 400mV/m 相比，有 10 倍的降低因子，它适用于身体所有部位的组织。基本限值列于表 2-8 和图 2-1 中。

表 2-8　人体曝露于时变电场和磁场的基本限值

曝露特性		频率范围	体内电场（V/m）
职业曝露	头部中央神经系统组织	1～10Hz	$0.5/f$
		10～25Hz	0.05
		25～400Hz	$2\times10^{-3}f$
		400Hz～3kHz	0.8
		3kHz～10MHz	$2.7\times10^{-4}f$
	头部和躯体的所有组织	1Hz～3kHz	0.8
		3kHz～10MHz	$2.7\times10^{-4}f$

曝露特性		频率范围	体内电场（V/m）
公众曝露	头部中央神经系统组织	1～10Hz	$0.1/f$
		10～25Hz	0.01
		25～1000Hz	$4×10^{-4}f$
		1000Hz～3kHz	0.4
		3kHz～10MHz	$1.35×10^{-4}f$
	头部和躯体的所有组织	1Hz～3kHz	0.4
		3kHz～10MHz	$1.35×10^{-4}f$

注：1. f 是频率（Hz）；

2. 所有的值为有效值（rms）；

3. 频率范围在100kHz以上，需要另外考虑无线电频率特殊的基本限值。

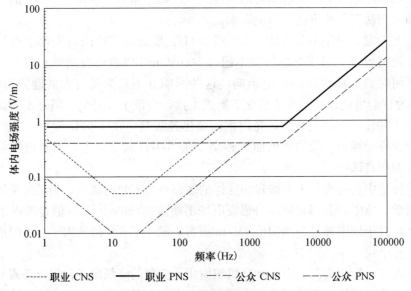

图 2-1　以中央神经（CNS）和周围神经（PNS）组织内电场强度
确定的公众曝露和职业曝露基本限值

4. 导出限值

导出限值是通过数学模型和使用已发布的数据，由基本限值获得。它们是按照场对人体曝露最大耦合条件计算得到的，因而可提供最大保护，考虑了频率相关性和剂量不确定性。所提出的参照水平考虑了两种不同的效应和脑中感应电场的近似综合性，既有与中枢神经系统效应（以及在体内非中枢神经系统组织内的感应电场）的关系，又有与周围神经系统的关系（即：在50Hz，用于把对中枢神经系统影响的基本限值转换到外磁场曝露的系数为每T相当于33V/m，而对周围神经系统影响的系数为每T相当于60V/m。考虑剂量的不确定性，对这些计算值赋予了3倍的附加降低因子）。

表 2-9 和表 2-10 分别汇总了职业和公众曝露的参照水平，上述参照水平分别在图 2-2 及图 2-3 中画出。参照水平是假设在人体所在空间范围内，受曝露的场是均匀的。

表 2-9 时变电场和磁场职业曝露的参照水平（未畸变有效值）

频率范围	电场强度 E（kV/m）	磁场强度 H（A/m）	磁通密度 B（T）
1～8Hz	20	$1.63×10^5/f^2$	$0.2/f^2$
8～25Hz	20	$2×10^4/f$	$2.5×10^{-2}/f$
25～300Hz	$5×10^2/f$	$8×102$	$1×10^{-3}$
300Hz～3kHz	$5×10^2/f$	$2.4×10^5/f$	$0.3/f$
3kHz～10MHz	$1.7×10^{-1}$	80	$1×10^{-4}$

注：1. f 是频率（Hz）；

2. 适用于正弦波；

3. 频率范围在 100kHz 以上，需要另外考虑无线电频率特殊的参照水平。

表 2-10 时变电场和磁场公众曝露的参照水平（未畸变有效值）

频率范围	电场强度 E（kV/m）	磁场强度 H（A/m）	磁通密度 B（T）
1～8Hz	5	$3.2×10^4/f^2$	$4×10^{-2}/f^2$
8～25Hz	5	$4×10^3/f$	$5×10^{-3}/f$
25～50Hz	5	$1.6×10^2$	$2×10^{-4}$
50～400Hz	$2.5×10^2/f$	$1.6×10^2$	$2×10^{-4}$
400Hz～3kHz	$2.5×10^2/f$	$6.4×10^4/f$	$8×10^{-2}/f$
3kHz～10MHz	$8.3×10^{-2}$	21	$2.7×10^{-5}$

注：同表 2-9。

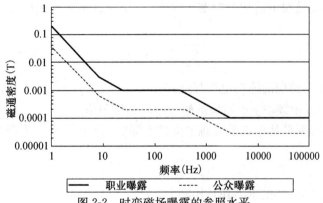

图 2-2 时变磁场曝露的参照水平

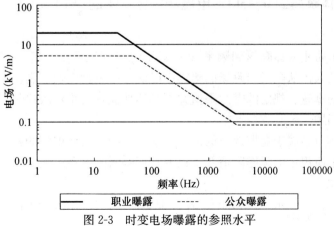

图 2-3 时变电场曝露的参照水平

5. 接触电流的参照水平

给出了 10MHz 及以下接触电流的参照水平，必须对此采取谨慎措施以避免电击和灼伤的危害。点接触的参照水平列于表 2-11。由于儿童诱发生物学响应的接触电流阈值约是成年男子的 1/2，因此对公众的接触电流参照水平设定得比职业曝露限值低 1/2。应指出，参照水平的目的并非是防止感觉，而是为了避免痛感的电击。接触电流的感觉本身不是一种危害，但可考虑为一种烦恼。防止超过接触电流可以通过技术手段来实现。

表 2-11　接触导电物体的时变接触电流参照水平

曝露特性	频率范围	最大接触电流（mA）
职业曝露	2.5kHz 及以下	1.0
	2.5～100kHz	0.4f
	100kHz～10MHz	40
公众曝露	2.5kHz 及以下	0.5
	2.5～100kHz	0.2f
	100kHz～10MHz	20

注：f 是频率，单位为 kHz。

6. 多频率场同时曝露

在多个不同频率场同时曝露的场合下，确定这些曝露的效应是否相加是重要的。以下公式可用于实际曝露情况下的相关频率。对 10MHz 及以下频率的电气刺激，体内电场应按以下公式相加：

$$\sum_{j=1\text{Hz}}^{10\text{MHz}} \frac{E_{i,j}}{E_{L,j}} \leqslant 1 \qquad (2\text{-}1)$$

式中　$E_{i,j}$——频率 j 感应的体内电场强度；

$E_{L,j}$——表 2-8 中频率 j 所对应的感应电场强度限值。

作为导出限值和对肢体电流及接触电流的实际应用，可参照基本限值的判据做出相同推导。

7. 保护措施

与上面第 6 点 1998 年的 ICNIRP 相同。

2.1.3　关于人体曝露到 0～3kHz 电磁场安全水平的 IEEE 标准（C95.6—2002）

1. 范围

该标准规定了防止人体曝露到频率 0～3kHz 电场和磁场中有害影响的曝露水平。本标准的制定考虑了人体从电场与磁场的曝露中已确定的生物影响机制。它并不适用于在医疗过程中所遇到的曝露。规定的曝露限值并不必然地能够防止对医疗装置的干扰，或是包括金属植入物的问题。

已确认的人体机制属于短期效应的范畴，这些影响由已认识到的相互作用机制而得到理解。在本标准中所规定的曝露限值并不根据长期曝露的潜在影响。

2. 术语和定义

（1）动作电位（Action Potential）：神经细胞对刺激的响应，包括横跨细胞膜电位的传导快速去极化。

（2）基本限值（Basic Restrictions）：在生物组织内避免有害影响的电势限值，带有可接受的安全因子。

（3）接触电流（Contact Current）：通过一个接触电极或其他电流源，流入生物媒质的电流。

（4）受控环境（Controlled Environment）：一个允许进入的区域，进入该区域的人知道在工作中伴随有曝露的可能，这些人能认知曝露及其潜在的有害影响；或偶然通过设有警告标志的曝露区域，或是公众不可能进入的、或进入的人知道可能存在潜在有害影响的环境。

（5）电晕（Corona）（空气）：由于环绕导体的空气发生电离，产生的发光的放电，系由超出某临界值的电压梯度所引起。

（6）去极化（细胞的）（Depolarization）：降低横跨细胞膜的剩余电位。

（7）直接电刺激（Direct Electrostimulation）：外部电场或磁场所感应出来，而并不直接接触到其他的导体或火花放电的，由生物媒质内电场产生的刺激。

（8）电场强度（Electric Field Strength E）：由电场作用在一个点电荷上的力，被电荷来除。电场强度以每库仑的牛顿数或每米的伏数（N/C＝V/m）来表达。

（9）电刺激（Electrostimulation）：由一个外施的电刺激，在可激励组织内感应出一个传导动作电位；突触前过程的电极化，引起突触后细胞活动上的变化。

（10）公众（General Public）：所有可能经受曝露的个人，在受控环境中的人除外。

（11）非直接电刺激（Indirect Electrostimulation）：在电场或磁场（包括火花放电）影响下，通过接触导电物体产生的刺激。

（12）磁场强度（Magnetic Field Strength H）：磁场向量的大小，以每米安倍（A/m）的单位来表达。

（13）磁通密度（Magnetic Flux Density B）：决定作用在移动电荷或电荷（电流）上力的一个向量的量，磁通密度以特斯拉（Tesla）为单位。1G（高斯，旧单位）＝10^{-4}T。

（14）基强度（Rheobase）：在强度-持续时间关系曲线中的最小阈值强度，适用于刺激的持续时间长于强度-持续时间的时间常数，也适用于强度-频率关系曲线中的最小平稳段（平直部分）。

（15）均方根值（root-mean-square rms）：对一系列测量（或临时数序）取用测量平方或数据平方的算术平均值的平方根值的数学运算。

（16）安全因子（Safety Factor Fs）：一个用于导出最大许可曝露（MPE）水平的倍率（乘数，≤1）。它为保护敏感个体以及由于病理学条件或药物治疗所致的阈值效应的不确定性、反应阈值的不确定性和感应模型的不确定性提供保证。

（17）比吸收率（Specific Absorption Rate SAR）：在给定密度的体积元内，一个增量重量所吸收（所消散）的增量能量的时间导数。SAR 以每千克的瓦数（W/kg）来表达。

3. 基本限值

基本限值是对生物组织内电动力的限制，以适当地避免有害的影响。这些限值是考虑了有害电气阈值、在人群中的分布以及安全因子而得出的。

表 2-12 针对生物媒质内的电场，列出了对躯体特定部位的基本限值，在表中列出了在生物组织内场的基强度 E_0 和频率参数 f_e。限值按表 2-12，并按式（2-2）和式（2-3）确定：

$$E_i = E_0 \qquad 当 f \leqslant f_e \qquad (2-2)$$
$$E_i = E_0(f/f_e) \qquad 当 f \geqslant f_e \qquad (2-3)$$

式中　E_i——在生物组织内感应的最大许可电场。在生物组织内电场的基本限值是在表 2-12 所示的组织内任何方向上，取 0.5cm 长度直线段，所确定的算术平均值。

除表 2-12 中所列出的生物组织内电场的限值之外，生物组织内低于 10Hz 的磁场应当限制到对一般公众为峰值 167mT，受控环境内为 500mT。对超出 10Hz 的频率，在生物组织内磁场的限值在本标准中并不予以规定。

表 2-12　应用到躯体各部位的基本限值

曝露的组织	f_e（Hz）	公众	受控的环境
		E_0-rms（V/m）	E_0-rms（V/m）
脑	20	5.89×10^{-3}	1.77×10^{-2}
心脏	167	0.943	0.943
手、腕、脚、踝	3350	2.10	2.10
其他组织	3350	0.701	2.10

4. 最大许可曝露（MPE）值：磁通密度

表 2-13 列出了对头部与躯干最大许可的磁场限值（磁通密度 B 和磁场强度 H）。对一项均方根值（rms）测量的平均时间，就频率超出 25Hz 而言，是 0.2s。对较低的频率，其平均时间要求平均值内至少要包含 5 个周波，但最大的时间是 10s。

表 2-13　头部和躯干最大许可的磁场曝露水平（MPE）

频率范围（Hz）	公众		受控的环境	
	B-rms（mT）	H-rms（A/m）	B-rms（mT）	H-rms（A/m）
<0.153	118	9.39×10^4	353	2.81×10^5
$0.153 \sim 20$	$18.1/f$	$1.44 \times 10^4/f$	$54.3/f$	$4.32 \times 10^4/f$
$20 \sim 759$	0.904	719	2.71	2.16×10^3
$759 \sim 3000$	$687/f$	$5.47 \times 10^5/f$	$2060/f$	$1.64 \times 10^6/f$

注：1. f 是频率，单位 Hz；
　　2. MPE 指空间最大值。

符合表 2-13 可确保符合表 2-12 的基本限值。然而，不符合表 2-13 并不必然地意指不符合基本限值，但是更确切地说，这可能需要来评估是否基本限值已经得到满足。如果表 2-12 中的基本限值并未超过，那么表 2-13 中的 MPE 数值可以超过。所以，验证是符合表 2-12 或是符合表 2-13，就足够了。

手臂或腿的最大许可曝露（MPE）在表 2-14 中列出。符合表 2-14 可确保符合表 2-12 的基本限值。然而，不符合表 2-14 并不必然地意指不符合基本限值，但是更确切地说，这可能需要来评估是否基本限值已经得到满足。

表 2-14　手臂或腿磁通密度最大许可曝露水平

频率范围（Hz）	公众 B-rms（mT）	受控的环境 B-rms（mT）
<10.7	353	353
$10.7 \sim 3000$	$3790/f$	$3790/f$

注：f 是频率，单位 Hz。

当磁通密度的波形不是正弦形时，最大许可曝露应当符合表 2-12 或表 2-13 的均方根限值（rms）。生物组织内的峰值场应当限制到表 2-12 内的 rms 限值乘上 $\sqrt{2}$ 所得的数值。对非正弦形波形，该表中的频率 f 系规定为 $f=1/(2t_p)$，其中 t_p 是生物组织内电场偏幅的相持续时间。相持续时间规定为一个波形（具有零平均值）两个零交叉点间的时间。对一个指数型波形，t_p 被解释为从波形峰值到衰减成 0.37（e^{-1}）峰值这一点间的持续时间。峰值的限值适用于使用带宽从零到最高频率（适用于所考虑的波形）所测量到的瞬时数值。

对由多种频率组成的一个曝露波形，测试曝露波形是否符合应当满足下列准则：

$$\sum_{0}^{5\text{MHz}} \frac{A_i}{ME_i} \leqslant 1 \tag{2-4}$$

式中　A_i——曝露波形第 i 次傅立叶分量的数值；

ME_i——频率为 f_i 的单个正弦形波形的最大许可曝露或生物组织内基本限值。

加和是从曝露波形的最低频率到最高频率 5MHz 间进行的。注意 A_i 和 ME_i 必须以相同量以及相同的单位进行度量。举例：如果 A_i 是磁通密度波形的数值，则 ME_i 也必须以磁通密度度量。另外，A_i 和 ME_i 两者都可以用场的时间导数来度量，也可以是在生物组织内的感应电场或是感应电流密度。

可能必须在本标准限值以外的频率，对式（2-4）进行评估。为了这种评估，应用到超过 3kHz 频率的 ME_i 数值应当遵循如下几点：

（1）基本限值（表 2-12）。生物组织内电场（Eob）的基强度数值应当假设为频率从 f_e 到 5MHz。

（2）磁场 MPEs（表 2-13 和表 2-14）。B 或 H 的 MPE 值应当被确定到最大频率 3350Hz，使用表中最末一行的表达式。对于 3350Hz～5MHz，MPE 值应当等于 3350Hz 的 MPE 值。

（3）电场 MPEs（表 2-15）。适用到 3000Hz 的 MPE 值应当假设为最大频率 5MHz。

（4）感应和接触电流 MPEs（表 2-16）。在 3000Hz 所列出的 MPE 值应当使用以下关系式外推到最大频率 5MHz：$MPE_i=MPE_{3000}(f/3000)$，这里 MPE_i 是相应频率为 3kHz 和 5MHz 间的限值，而 MPE_{3000} 是 3000Hz 时的限值，f 是频率以 Hz 计算。

5. 最大许可曝露值：电场强度

表 2-15 列出了针对未畸变（没有人的）环境场 E 的最大电场限值。这是假设在人体躯体空间范围上，未畸变场的数值、方向和相对相位是恒定值。对一项均方根值（rms）测量的平均时间，就超出 25Hz 的频率而言是 0.2s。对较低的频率，其平均时间是这样的：即平均值内至少要包含 5 个周波，但最大的时间是 10s。对受控的环境，其中曝露的个人并不在可触及接地物体的范围之内的，则超出表 2-15 中的限值可以是接受的。本标准并不规定包括接触到未接地的物体这种情况下的限值。

表 2-15　环境电场最大许可曝露水平（MPE）（整个躯体的曝露）

公众		受控环境	
频率范围（Hz）	E-rms（V/m）	频率范围（Hz）	E-rms（V/m）
1～368c	5,000[a,d]	1～272c	20,000[b,e]

公众		受控环境	
频率范围（Hz）	E-rms（V/m）	频率范围（Hz）	E-rms（V/m）
368~3000	$1.84 \times 10^6 / f$	272~3000	$5.44 \times 10^6 / f$
3000	614	>3000	1813

a 在电力线走廊内，公众的 MPE 在正常负荷工况下是 10kV/m；

b 痛感的放电在 20kV/m 时是很容易发生的，而在 5~10kV/m 没有防护措施时，是有可能的；

c 1Hz 以下的限值不小于 1Hz 时所规定的数值；

d 在 5kV/m 时，感应的火花放电对约 7% 的成人（良好绝缘的个人碰触到接地体）会有痛感；

e 当工作者并不处于触及接地导电物体范围之内时，在受控的环境中，20kV/m 的限值可以超过。在本标准中，并不提供特定的限值。

在人体躯体尺寸范围内，当环境的电场在数值、方向和相对相位上非恒定值时，平均的环境场应当限制到表 2-15 所列出的水平。对受控的环境中，曝露的个人并不在碰触到接地导电物体范围之内时，则超出表 2-15 中的限值是可以接受的。本标准并不规定这些情况下的限值。任何情况下，表 2-12 的基本限值或是表 2-16 中的接触电流限值都不可超过。

6. 接触和感应电流的最大许可曝露限值

对于正弦波电流，其接触电流应按表 2-16 进行限制，分为一下几种情况：

（1）表 2-16 的限值对自由站立而不接触到金属物体的个人，应不超出列在表中"双脚"、"单脚"站立的数值。

（2）在表 2-16 中的接触限值，假设自由站立的个人在碰触到一个导电的对通路地时，是与地绝缘的，这个判据并不必然地能够防止在直接接触到接地通路之前和之后瞬间，来自火花放电的厌恶感觉。

（3）对一项均方根值（rms）电流测量的平均时间，就超出 25Hz 的频率而言是 0.2s；对较低的频率，其平均时间应当至少要包含 5 个周波，但最大的时间是 10s。对峰值曝露的限值，是针对采用从零到最高频率的带宽所测量到的瞬时值。

（4）在受控环境中，握紧接触的限值应用于那些人员受过训练来实现握紧的接触，并避免对导电物体碰摸接触的场合，这种是存在痛感接触电流可能性的接触。握紧接触的面积假设是 15cm²。使用防护手套、金属物体的禁止或是人员的训练，可能已足以保障在受控环境中符合接触电流的 MPE。对于公众，假设接近与准入、接触的方法和保护的措施都是无约束的。

（5）对公众来说，碰触（碰摸接触）假设具有 1cm² 的接触面积。

表 2-16　连续正弦波形的感应和接触电流 MPEs（mA-rms）（0~3kHz）

状况	公众（mA-rms）	受控的环境（mA-rms）
双脚触地	2.70	6.0
单脚触地	1.35	3.0
接触，握紧	—	3.0
接触，碰摸	0.50	1.5

注：1. 握紧接触的限值适用于受控的环境，那些人员受过训练来实现握紧的接触，来避免对导电物体的碰摸接触——后者存在痛感接触的可能性；

　　2. 限值适用于流经人体与人员可能接触到的接地物体间的电流。

当电流的波形不是正弦形时，诸如带有脉冲或混合频率的波形，MPE 限值应当符合表 2-16 的 rms 限值。在这种应用之中，环境场由应用的电流来替代，A_i 被理解为代表电流波形的第 i 次傅立叶分量的数值，而 ME_i 是在频率 f_i 时最大许可电流的数值。

7. 安全因子

由于病理学条件或药物治疗导致阈值影响的不确定性、作用阈值的不确定性，以及感应模型的不确定性，用于保护特别敏感个人的安全因子的系数为 $Fs = 0.333$。在手、腕、脚和踝的情况下，与躯体其他部位相比，在确认狭窄的截面和优越的低导电率的组织倾向于增强这些部位内生物组织内的电场的前提下，取 $Fs = 1$。因为这些部位与紧要器官相比，缺少关键功能，故较大的局部电场是允许的。在受控环境情况下，对应于所有的作用型式 $Fs = 1$，仅有的例外是心脏的激励，这是根据以下设想，即：在受控环境中，对有些机制来说不舒适的小可能性是可接受的，但是对所有的个体，心脏的激励是不能接受的。安全因子 $Fs = 1$ 对所指的曝露是合理的，因为本标准系基于避免曝露个体立即出现的短期反应，而不是在低于感觉水平上的慢性（长期）曝露的健康影响，以及累积曝露可能是显著的场合。作出的假设是：因为短期作用对曝露的个人是很明显的，故他们会自己离开这种环境，调整他们的活动，或采取避免这种曝露的其他行动。

与应用于较高频率的 IEEE 标准 C95.1 相比，如果安全因子 $Fs = 0.333$，注意到：应用于感应场的除数 3，等效于 SAR（比吸收率）中的除数 9，因为 SAR 是正比于感应场的平方。

2.1.4　曝露在射频 3kHz～300GHz 电磁场安全水平的 IEEE 标准（C95.1—2005）

1. 磁场强度限值：3kHz～5MHz

表 2-17 列出了对头部与躯干最大许可的磁场限值（磁通密度 B 和磁场强度 H）。对一项均方根值（rms）测量的平均时间，就频率超出 25Hz 而言为 0.2s。

表 2-17　头部和躯干最大许可的磁场曝露水平（3kHz～5MHz）

频率范围（kHz）	公众临界值		控制环境下的临界值	
	B（mT）	H（A/m）	B（mT）	H（A/m）
3.0～3.35	$0.687/f$	$547/f$	$2.06/f$	$1640/f$
3.35～5000	0.205	163	0.615	490

磁场中四肢的最大容许辐射量见表 2-18。平均的测量时间为 0.2s。

表 2-18　四肢的最大容许辐射量（3kHz～5MHz）

频率范围（kHz）	公众临界值		控制环境下的临界值	
	B（mT）	H（A/m）	B（mT）	H（A/m）
3.0～3.35	$3.79/f$	$3016/f$	$3.79/f$	$3016/f$
3.35～5000	1.13	900	1.13	900

2. 电场强度限值

表 2-19 列出针对未畸变（没有人的）环境场 E 的最大电场限值。这是假设在人体躯体空间范围上，未畸变场的数值、方向和相对相位是恒定值。对一项均方根值（rms）测量的平均时间为 0.2s。

表 2-19　电场中最大容许辐射量（全身，3～100kHz）

频率范围（kHz）	公众临界值 E（rms）（V/m）	控制环境下的临界值 E（rms）（V/m）
3～100kHz	614	1842

3. 接触和感应电流

表 2-20 和表 2-21 分别为不同频段对应的接触电流限值。

表 2-20　连续正弦波环境下感应电流和接触电流限值（3～100kHz，f 单位为 kHz）

条件	公众临界值（mA）	控制环境下的临界值（mA）
双脚触地	$0.90f$	$2.00f$
单脚触地	$0.45f$	$1.00f$
接触，紧握	—	$1.00f$
接触，触摸	$0.167f$	$0.50f$

表 2-21　连续正弦波环境下感应电流和接触电流限值（100kHz～110MHz，f 单位为 kHz）

条件	公众临界值（mA）	控制环境下的临界值（mA）
双脚触地	90	200
单脚触地	45	100
接触，紧握	—	100
接触，触摸	16.7	50

4. 100kHz～300GHz 的电磁辐射导出限值

表 2-22 和表 2-23 给出了在 100kHz～300GHz 频段的曝露辐射限值，分别规定了电场强度（E）、磁场强度（H）和功率密度（S）的辐射限值。对于有多个辐射源的空间，多个辐射源的加和不能超过限定值的 100%。

表 2-22　最大容许辐射量的上限值（控制环境下）

频率范围（MHz）	电场强度（V/m）	磁场强度（A/m）	电场、磁场能量密度（W/m²）	平均时间（min）
0.1～1.0	1842	$16.3/f_M$	（9000，$100000/f_M^2$）	6
1.0～30	$1842/f_M$	$16.3/f_M$	（$9000/f_M^2$，$100000/f_M^2$）	6
30～100	61.4	$16.3/f_M$	（10，$100000/f_M^2$）	6
100～300	61.4	0.163	10	6
300～3000	—	—	$f_M/30$	6
3000～30000	—	—	100	$19.63/f_G^{1.079}$
30000～300000	—	—	100	$2.524/f_G^{0.476}$

表 2-23　公众环境下最大容许辐射

频率范围（MHz）	电场强度（V/m）	磁场强度（A/m）	电场、磁场能量密度（W/m²）	平均时间（min）	
0.1～1.34	614	$16.3/f_M$	（1000，$100000/f_M^2$）	6	6
1.34～3	$823.8/f_M$	$16.3/f_M$	（$1800/f_M2$，$100000/f_M^2$）	$f_M^2/0.3$	6
3～30	$823.8/f_M$	$16.3/f_M$	（$1800/f_M2$，$100000/f_M^2$）	30	6

续表

频率范围（MHz）	电场强度（V/m）	磁场强度（A/m）	电场、磁场能量密度（W/m²）	平均时间（min）	
30～100	27.5	$158.3/f_M^{1.668}$	$(2,9400000/f_M^{3.336})$	30	$0.0636f_M^{1.337}$
100～400	27.5	0.0729	2	30	30
400～2000	—	—	$f_M/200$	30	
2000～5000	—	—	10	30	
5000～30000	—	—	10	$150/f_G$	
30000～100000	—	—	10	$25.24/f_G^{0.476}$	
100000～300000	—	—	$(90f_G-7000)/200$	$5048/[(9f_G-700)f_G^{0.476}]$	

2.1.5　家用和类似用途电器电磁场的评估及测量（IEC62233）

一般来讲，家用电器周围的电场不用进行评估。对于大多数器具，认为其符合参考水平而不用测试电场强度。如果电场是相关的，即当器具产生的电场可能会对人体或周围环境造成伤害时，就应建立测试方法。

磁场考虑的频率范围为 10Hz～400kHz（频率 0～10Hz 的测量方法正在考虑中）。评估的频率范围应覆盖器具能够产生的所有磁场频率，包括足够数量的谐波。如果在一次测量中不可实施，则应将每个精确的频率范围的加权结果叠加。当频率范围超过 400kHz 时，认为其符合标准而不用对被测器具进行测量。具体情况具体分析，如微波炉的工作频率参考标准为 EN60335-2-25 或 EN60335-2-90。

1. 术语和定义

了解下面六个定义对于理解标准和试验人员进行操作有重要意义。

（1）基本限定：是基于对人体的健康影响，对暴露在其中的时变电场和磁场的限定。

（2）参考水平：均匀场下磁场强度的有效值，来源于人体暴露在其中而不产生不利影响的基本限定。

（3）测量距离：器具表面与传感器表面最近点之间的距离。

（4）操作者距离：器具表面与操作者头部或身体的最近点之间的距离。

（5）危险区：由于场分布不规律而引起磁场变大的局部区域。

（6）耦合因子：考虑器具周围磁场的不规律性和人体某部分尺寸的因子。

2. 测试仪器：磁场传感器

磁通密度的测量值是在每个方向上的面积超过 100cm² 的平均值。基准传感器由提供各向同性灵敏度且测量面积为 (100 ± 5) cm² 的三个互相垂直的同心线圈组成。基准传感器的外直径不超过 13cm。耦合因子的测定方法依据标准的附录 C。各向同性传感器的测量范围为 (3 ± 0.3) cm²。磁通密度的最终值为在每个方向上的测量值的矢量叠加。这使得测量值与磁场方向无关。

3. 测量磁通密度的试验条件

该部分是进行试验的最基本环节，只有选择了正确的试验条件、运行条件及测量距离才能使测量结果具有说服性。

按标准中表 2-24 所示的条件进行测量，器具按正常使用条件放置。在表中没有列出的器具，应按 EN60335 系列标准中规定的器具的正常工作条件运行，在器具周围以操作者距离来测量磁通密度。在测试前没有明确运行时间的器具，应使其充分运行以确保其在正常使用中达到典型工作条件。

器具应在额定电压与额定频率的正常使用条件下工作。如果额定值包含 50Hz，则在 50Hz 条件下进行试验。对于带有一个以上额定电压的器具应在最高额定电压条件下进行试验，除非器具电压范围包括 230V，这种情况下则在 230V 条件下进行试验。对于多相器具，则在 400V 条件下进行试验。

除非在表中指出，否则应将其控制器调节到最高设置。然而，将预置控制器设定在预期的位置。给器具通电后开始进行测量。

在环境温度为（20±5）℃的条件下进行试验。

典型器具的工作条件：带附件的器具应带有最高负载的附件进行试验；电池驱动的器具在电池充满电的条件下进行试验。

表 2-24　测试距离、传感器位置、运行条件和耦合因子

器具类型	测量距离 R1（cm）	传感器位置	运行条件	耦合因子 ac
没有在表中列出的器具	操作者距离	所有表面	在 EN60335 中明确列出的相关部分	参考附录 C
空气清洁器	50	所有表面	连续运行	0.17
空气调节器	50	四周	连续运行，温度设置最低	0.18
电池充电器	50	所有表面	连接一个由制造商指定的最高容量的放电电池	0.17
电热毯	0	顶部	展开并铺上一层热绝缘	0.12
搅拌器	50	四周	连续运行，不带负载	0.17
柑橘榨汁机	50	四周	连续运行，不带负载	0.17
钟表	50	四周	连续运行	0.17
咖啡机	50	四周	详见 EN60335-2-15 的 3.1.9	0.17
咖啡碾磨器	50	所有表面	详见 EN60335-2-14 的 3.1.9.108	0.17
对流式取暖器	50	四周	带有最大输出	0.17
深油炸锅	50	四周	详见 EN60335-2-13 的 3.1.9	0.17
牙齿保健器械	0	所有表面	详见 EN60335-2-52 的 3.1.9	0.12
脱毛器	0	背对切削端	连续运行，不带负载	0.12
洗碗机	30	顶部、正前方	在洗涤和烘干模式下不带碗运行	0.18
煮蛋器	50	四周	详见 EN60335-2-15 的 3.1.9	0.17
面部蒸汽机	10	顶部	连续运行	0.12
风扇	20	正前方	连续运行	0.17
风扇加热器	50	正前方	连续运行，加热设置到最高	0.17
地板抛光机	50	所有表面	抛光刷头不带任何机械负载连续运行	0.18
食品处理机	50	四周	不带负载连续运行，温度设置到最高	0.17
食品加热箱	50	正前方	不带负载连续运行，加热设置到最高	0.17

续表

器具类型	测量距离 $R1$（cm）	传感器位置	运行条件	耦合因子 ac
暖脚器	50	顶部	不带负载连续运行，加热设置到最高	0.17
气体点火器	50	所有表面	连续运行	0.17
烤架	50	四周	不带负载连续运行，加热设置到最高	0.18
理发剪	0	背对切削端	不带负载连续运行	0.12
干发器	10	所有表面	连续运行，加热设置到最高	0.12
手引导式工具	30	四周，除非同一表面总面向使用者	无负载，速度设置到最高	0.16
手持式工具	30	四周，除非同一表面总面向使用者	无负载，速度设置到最高。没有设计成连续运行的工具（如电动订书机）：将效率设置成最大运行	0.14
热泵	50	四周	连续运行，温度设置成最高	0.18
电热褥垫	50	顶部	展开并铺上一层热绝缘	0.17
电热垫	0	顶部	展开并铺上一层热绝缘	0.12
电灶	30	顶部、正前方	详见 EN60335-2-6 的 3.1.9 但设置调最高，每个加热单元独立工作	0.18
烤盘	30	四周	详见 EN60335-2-6 的 3.1.9 但设置调最高，每个加热单元独立工作	0.18
制冰淇淋机	50	四周	不带负载连续工作，温度设置成最低	0.17
侵入式加热器	50	四周	加热元件充分浸没	0.17
感应电灶及烤盘			见 A.4	
电熨斗	50	所有表面	详见 EN60335-2-3 的 3.1.9	0.17
熨烫机	50	所有表面	详见 EN60335-2-44 的 3.1.9	0.18
果汁萃取机	50	四周	不带负载连续运行	0.17
电水壶	50	四周	充满一半水	0.17
厨房用天平秤	50	四周	不带负载连续运行	0.17
电动刀	50	所有表面	不带负载连续运行	0.17
按摩器具	0	背对按摩顶部	不带负载连续运行，速度设置成最高	0.12
微波炉	30	顶部、正前方	连续工作，将微波功率设置成最高。如果适用，普通加热元件在设置到最高时间同步工作。负载为 1L 自来水，将其放置在搁架中心。盛水容器由玻璃或塑料的类似不导电材料制成	0.16
食物混合器	50	所有表面	不带负载连续运行，速度设置成最高	0.17

续表

器具类型	测量距离 R1 (cm)	传感器位置	运行条件	耦合因子 ac
油汀散热器	50	所有表面	连续运行，加热设置到最高	0.18
烤炉	30	顶部、正前方	空载关门，温控器设置到最高。如果适用，在情节模式下依据使用书描述	0.18
灶	30	顶部、正前方	每个功能分别工作	0.18
吸油烟机	30	底部、正前方	控制器设置在最高	0.18
制冷器具	30	顶部、正前方	关门连续运行。温控器设置到最低温度。箱体腾空，达到稳定状态后运行测量但是所有冷藏室仍在制冷状态	0.18
电饭锅	50	四周	充满一半水，不带盖并且将加热设置到最高	0.17
剃须刀	0	背对切削端	不带负载连续运行	0.12
切片机	50	所有表面	不带负载连续运行，速度设置到最高	0.18
日光浴室—与身体接触的部分—其他部件	0 30	四周 四周	连续运行，最高设置 连续运行，最高设置	0.12 0.17
离心式脱水机	30	顶部、正前方	不带负载连续运行	0.16
储热式加热器	50	四周	连续运行，加热设置到最高	0.18
沏茶器	50	四周	连续运行，无负载	0.17
烤面包机	50	四周	不带负载，加热设置到最高	0.17
带电热元件的工具	30	四周，除非同一表面总面对使用者	温度设置到最高，带胶棒的喷胶枪处于工作位置	0.14
便携式工具	30	顶部和面对用户的表面	无负载，速度设置到最高	0.16
滚筒式干衣机	30	顶部、正前方	在干衣模式下，用预洗好的、干燥时质量在 140g/m² 和 175g/m² 之间，尺寸约 0.7m×0.7m 的双摺棉布片构成的织物布料	0.18
吸尘器手持式	50	所有表面	详见 EN60335-2-2 的 3.1.9	0.18
吸尘器便携式	0	所有表面	详见 EN60335-2-2 的 3.1.9	0.12
吸尘其他	50	四周	详见 EN60335-2-2 的 3.1.9	0.18
洗衣机和洗衣干衣机	30	顶部、正前方	不带织物，在旋转模式下将速度设置到最高	0.18
水床加热器	10	顶部	展开并铺上一层热绝缘	0.12
热水器	50	四周	控制器设置到最高，如果必要的话，带水流	0.17
涡流浴盆 —内部 —外部	0 30	四周 四周	连续运行 连续运行	0.12 0.17

2.2　国内电磁辐射相关标准及法规

自从我国在 1989 年 12 月 26 日中华人民共和国主席令第 22 号公布《中华人民共和国环境保护法》以来，国家先后又颁布了多项有关电磁辐射的法律法规。1997 年 3 月 25 日，国家环保局第 18 号局令发布《电磁辐射环境保护管理办法》；中华人民共和国国务院令第 253 号《国家建设项目环境保护管理条例》以及 2002 年 10 月 28 日中华人民共和国主席令第 77 号公布的《中华人民共和国环境影响评价法》中都规定了电磁辐射污染防治一般原则。其中，《电磁辐射环境保护管理办法》规定了监督管理范围、单位和个人应遵循的一般准则、环境监测的主要任务、污染事件处理、奖励与惩罚制度等，成为我国最早的、完整系统地对电磁辐射污染进行阐述的国家法律之一。

卫生、环保、电力等部门也出台了一些电磁辐射方面的法律、法规及标准。早期卫生部门发布的《作业场所超高频辐射卫生标准》（GB 10437—1989）、《作业场所微波辐射卫生标准》（GB 10436—1989）和《作业场所工频电场卫生标准》（GB 16203—1996）、《作业场所高频电磁场职业接触限值》（GB 18555—2001）已经废止，其原因可能是由于随着科学技术的发展，射频频段不断细化，这 4 个标准已经不能满足各个频段的具体要求。环保部门发布的标准包括《电磁辐射防护规定》（GB 8702—1988）、《辐射环境保护管理导则电磁辐射环境影响评价方法与标准》（HJ/T 10.3—1996）、《500kV 超高压送变电工程电磁辐射环境影响评价技术规范》（HJ/T 24—1998）、《辐射环境保护管理导则—电磁辐射环境影响评价方法与标准》（HJ/T 10.3—1996）等。国家电力公司提出了《高压架空送电线、变电站无线电干扰测量方法》（GB/T 7349—2002），规定了测量高压架空送电线、变电站产生的无线电干扰的方法，适用于交流电压等级为 500kV 及以下正常运行的高压架空送电线、变电站频率范围为 0.15～30MHz 的无线电干扰测量。另外，对于工频电磁场的环境评价，主要依据国家环境保护部提出的行业标准《环境影响评价技术导则输变电工程》（HJ 24—2014）（以下简称《规范》）中的要求执行，110kV、220kV 和 330kV 的电磁辐射环境评价也可参照《规范》中的要求进行。对于工频电场、磁场暴露限值，《规范》中明确提出了没有国家标准，仅仅给出了电场强度和磁场强度的推荐值，这两个推荐值也作为我国送变电工程评价的主要依据沿用至今。

关于射频电磁场的标准，最早是由国家环境保护总局制定的《电磁辐射防护规定》（GB 8702—1988），包括公众及职业人群防护限值和导出限值、电磁辐射源的管理、电磁辐射监测以及保证监测质量的方法等。这个标准也是当时最权威，覆盖范围最广的国家标准，现已被《电磁环境控制限值》（GB 8702—2014）代替。环境保护行业标准《辐射环境保护管理导则—电磁辐射监测仪器和方法》（HJ/T 10.2—1996）规定了射频辐射监测仪器的选取与使用方法。在 2001 年，原国家技术监督局委托中国计量科学研究院牵头，由信息产业、机械、电力、铁道、广播电视、卫生、环保等部门组成的联合工作组开始联合起草针对 300GHz 以下电场、磁场及电磁场全频段的国家强制标准——《电场、磁场、电磁场防护规定》，该标准无论从术语定义还是暴露限值，其主要依据仍然是 ICNIRP 导则。由于卫生与环保部门意见未达成一致，该标准只停留在征求意见稿阶段，至今尚未发布。各省（自治区、直辖市）政府也高度重视电磁辐射污染，省级政府制定了电磁辐射污染环境保护方面的专项管理办法，例如：《宁夏回族自治区防治辐射污染环境管理办法》

（1999）、《河北省电磁辐射环境保护管理办法》（2000）、《山东省辐射环境管理办法》（2003）、《吉林省辐射污染防治条例》（2004）、《天津市电磁辐射环境保护管理办法》（2006）、《江苏省辐射污染防治条例》（2007）、《云南省无线电电磁环境保护条例》（2008）等。另外，其他省级政府也将电磁污染防治纳入了地方立法日程。

2.2.1 电磁环境控制限值（GB 8072—2014）

现阶段规定环境中电场、磁场、电磁场曝露水平的限值标准为《电磁辐射防护规定》（GB8702—88），该标准对电磁环境管理的起步和发展起到了不可或缺的巨大作用。然而，随着研究的深入及环境问题的发展，《电磁辐射防护规定》（GB8702—88）有关公众曝露限值在以下两个方面出现了局限性：

一是没有对 0.1MHz 以下频段的限值作出规定。也就是说，极容易引起公众关注的输变电设施、磁悬浮铁路处在《电磁辐射防护规定》（GB8702—88）约束之外。

二是 1996 年至 2007 年，世界卫生组织（WHO）组织实施"国际电磁场计划"，对电磁环境影响问题进行了研究，批准发布了一系列研究报告。期间，其他一些研究机构也取得了很多研究成果。

为此，有必要在吸收各类研究成果的基础上对《电磁辐射防护规定》（GB8702—88）进行修订，对空间环境日趋增长的电场、磁场、电磁场强度设定科学而又方便实施的限值。

本标准规定了电磁环境中控制公众暴露的电场、磁场、电磁场（1Hz～300GHz）的场量限值、评价方法和相关设施（设备）的豁免范围。

本标准适用于电磁环境中控制公众暴露的评价和管理。

本标准不适用于控制以治疗或诊断为目的所致病人或陪护人员暴露的评价与管理；不适用于控制无线通信终端、家用电器等对使用者暴露的评价与管理；也不能作为对产生电场、磁场、电磁场设施（设备）的产品质量要求。

1 术语与定义

（1）电磁环境（Electromagnetic environment）：存在于给定场所的所有电磁现象的总和。

（2）公众暴露（Public exposure）：公众所受的全部电场、磁场、电磁场照射，不包括职业照射和医疗照射。

（3）电场（Electric field）：由电场强度与电通密度表征的电磁场的组成部分。

（4）磁场（Magnetic field）：由磁场强度与磁感应强度表征的电磁场的组成部分。

（5）电磁场（electromagnetic field）：由电场强度、电通密度、磁场强度、磁感应强度等四个相互关联矢量确定的，与电流密度和体电荷密度一起表征介质或真空中的电和磁状态的场。

（6）电场强度（electric field strength）：矢量场量 E，其作用在静止的带电粒子上的力等于 E 与粒子电荷的乘积，其单位为伏特每米（V/m）。

（7）磁场强度（magnetic field strength）：矢量场量 H，在给定点，等于磁感应强度除以磁导率，并减去磁化强度，其单位为安培每米（A/m）。

（8）磁感应强度（magnetic induction strength）：矢量场量 B，其作用在具有一定速度的带电粒子上的力等于速度与 B 矢量积，再与粒子电荷的乘积，其单位为特斯拉（T）。在空气中，磁感应强度等于磁场强度乘以磁导率 μ_0，即 $B = \mu_0 H$。

（9）功率密度（power density）：标量场量 S，为穿过与电磁波的能量传播方向垂直的面元的功率除以该面元的面积的值，单位为瓦特每平方米（W/m²）。

（10）等效辐射功率（equivalent radiation power）在 1000MHz 以下，等效辐射功率等于发射机标称功率与对半波天线而言的天线增益（倍数）的乘积；在 1000MHz 以上，等效辐射功率等于发射机标称功率与对全向天线而言的天线增益（倍数）的乘积。

2　公众暴露控制限值

为控制电场、磁场、电磁场所致公众暴露，环境中电场、磁场、电磁场场量参数的方均根值应满足表 2-25 要求。

表 2-25　公众暴露控制限值

频率范围	电场强度 E/（V/m）	磁场强度 H/（A/m）	磁感应强度 $B/\mu T$	等效平面波功率密度 S_{eq}（W/m²）
1~8Hz	8000	$32000/f^2$	$40000/f^2$	—
8~25Hz	8000	$4000/f$	$5000/f$	—
0.025~1.2kHz	$200/f$	$4/f$	$5/f$	—
1.2~2.9kHz	$200/f$	3.3	4.1	—
2.9~57kHz	70	$10/f$	$12/f$	—
57~100kHz	$4000/f$	$10/f$	$12/f$	—
0.1~3MHz	40	0.1	0.12	4
3~30MHz	$67/f^{1/2}$	$0.17/f^{1/2}$	$0.21/f^{1/2}$	$12/f$
30~3000MHz	12	0.032	0.04	0.4
3000~15000MHz	$0.22f^{1/2}$	$0.00059f^{1/2}$	$0.00074f^{1/2}$	$f/7500$
15~300GHz	27	0.073	0.092	2

注 1：频率 f 的单位为所在行中第一栏的单位，如 50Hz 应换算为 0.05kHz，即 f 取值 0.05。电场强度限值与频率变化关系见图 1，磁感应强度限值与频率变化关系见图 2。

注 2：0.1MHz~300GHz 频率，场量参数是任意连续 6min 内的方均根值。

注 3：100kHz 以下频率，需同时限制电场强度和磁感应强度；100kHz 以上频率，在远场区，可以只限制电场强度或磁场强度，或等效平面波功率密度，在近场区，需同时限制电场强度和磁场强度。

注 4：架空输电线路线下的耕地、园地、牧草地、畜禽饲养地、养殖水面、道路等场所，其频率 50Hz 的电场强度控制限值为 10kV/m，且应给出警示和防护指示标志。

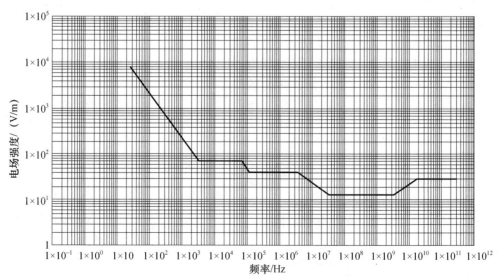

图 2-4　公众暴露电场强度控制限值与频率关系

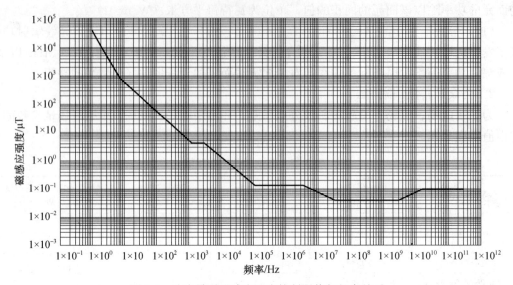

图 2-5　公众暴露磁感应强度控制限值与频率关系

对于脉冲电磁波，除满足上述要求外，其功率密度的瞬时峰值不得超过表 1 中所列限值的 1000 倍，或场强的瞬时峰值不得超过表 1 中所列限值的 32 倍。

3　电磁评价方法

当公众暴露在多个频率的电场、磁场、电磁场中时，应综合考虑多个频率的电场、磁场、电磁场所导致的暴露，以满足以下要求。

在 1Hz～100kHz 之间，应满足关系式：

$$\sum_{i=1\text{Hz}}^{100\text{kHz}} \frac{E_i}{E_{\text{L},i}} \leqslant 1 \tag{2-5}$$

和

$$\sum_{i=1\text{Hz}}^{100\text{kHz}} \frac{B_i}{B_{\text{L},i}} \leqslant 1 \tag{2-6}$$

式中：E_i——频率 i 的电场强度；

$E_{\text{L},i}$——表 1 中频率 i 的电场强度限值；

B_i——频率 i 的磁感应强度；

$B_{\text{L},i}$——表 1 中频率 i 的磁感应强度限值。

在 0.1MHz～300GHz 之间，应满足关系式：

$$\sum_{j=0.1\text{MHz}}^{300\text{GHz}} \frac{E_j^2}{E_{\text{L},j}^2} \leqslant 1 \tag{2-7}$$

和

$$\sum_{j=0.1\text{MHz}}^{300\text{GHz}} \frac{B_j^2}{B_{\text{L},j}^2} \leqslant 1 \tag{2-8}$$

式中：E_j——频率 j 的电场强度；

$E_{\text{L},j}$——表 1 中频率 j 的电场强度限值；

B_j——频率 j 的磁感应强度；

$B_{\text{L},j}$——表 1 中频率 j 的磁感应强度限值。

《电磁环境控制限值》对《电磁辐射防护规定》（GB8702—88）已规定限值的频段，继续沿用其限值；对原标准没有规定限值的频段，在结合世界卫生组织推荐的国际非电离辐射防护委员会（ICNIRP）《限制时变电场、磁场和电磁场（300GHz 以下）曝露的导则（1998）》（以下简称《ICNIRP 导则 1998》）、《限制时变电场和磁场（1Hz～100kHz）曝露的导则》（以下简称《ICNIRP 导则 1Hz～100kHz》）基础上，根据我国电磁环境管理实际提出限值。

在 1Hz～0.1MHz 频段，新标准限值比欧盟标准及世界卫生组织（WHO）推荐标准略严，比美国及日本标准略宽。与世界各国比，总体上处于中间略偏严位置。

参加世界卫生组织（WHO）"国际电磁场计划"的国家中，有澳大利亚、法国等 36 个国家以推荐标准或法令形式制订了等同于世界卫生组织（WHO）推荐的，国际非电离辐射防护委员会（ICNIRP）提出的有关电磁环境公众曝露限值；俄罗斯、日本等 16 个国家采用了比上述限值更为严格的标准；美国没有制订统一的联邦标准，一些州和研究机构制定了各自标准；瑞士、意大利等少数国家则提出"可合理达到尽量低"的"预防性限值"，远严于国际非电离辐射防护委员会（ICNIRP）有关公众曝露限值。表 2-26 列出了主要国家、地区及国际组织有关工频电磁场公众曝露限值或控制限值。

表 2-26　主要国家、地区及国际组织有关工频电磁场公众曝露限值或控制限值

国家或组织	频率（Hz）	时间	工频电场 E（kV/m）	工频磁场 B（μT）	备注
欧盟	50	1999	5	100	公众曝露限值
英国	50	1993	12	1600	公众曝露限值
日本	50	1976	3	—	公众曝露限值
德国	50	1996	5	100	公众曝露限值
澳大利亚	50/60	2006	5	100	公众曝露限值
美国部分州	50/60	20 世纪 90 年代	1～3	16～25	线路走廊边缘控制限值
俄罗斯	50	1999	1	50	"保护区"边界指标
瑞士	50	1999	5	1	单一设施控制限值
意大利	50	2003	5	注意值：10 质量标准：3	注意值为临近线路的学校、住宅；质量标准为学校、住宅等临近新建或扩建线路时
IEEE	50	2002	5	904	公众曝露限值

对各国标准分析可知：

1. 主要发达工业国家认可《ICNIRP 导则 1998》的工频电磁场公众曝露限值。

2. 一些国家针对不同环境制定不同的工频电磁场控制限值，且控制限值在鲜见人迹的地方电场强度限值较高，公众活动区、线路走廊边界、横跨公路处较低。如前苏联在鲜见人迹处、输电线路横跨公路处、居住区的工频电场强度限值分别为 15kV/m、10kV/m、5kV/m；美国各个州输电线路电场强度限值也大多具有这个特点。

3. 少数国家，如瑞士、意大利对敏感区域，如住宅、学校、医院、非电力职业人员长时间工作区等制定了比 ICNIRP 工频电磁场暴露限值严格多的预防性限值。

2.2.2　电磁辐射暴露限值和测量方法（GJB 5313—2004）

本标准规定了军用短波、超短波、微波辐射设备工作时，作业区和生活区短波、超短

波、微波辐射暴露限值和测量方法。

1 术语与定义

（1）作业区（Work area）：短波、超短波和微波发射设备操作及维修保养人员工作区域。

（2）生活区（Inhabitant area）：短波、超短波和微波发射设备辐射场内居住的人员所处区域。

（3）短波（Short wave）：频率为 3MHz～30MHz，相应波长为 100m～10m 范围内的电磁波。

（4）超短波（Ultrashort wave）：频率为 30MHz～300MHz，相应波长为 10m～1m 范围内的电磁波。

（5）微波（microwave）：频率为 300MHz～3×10^5MHz，相应波长为 1m～0.001m 范围内的电磁波。

（6）暴露限值（Exposure limit）：辐射区域的辐射电平不能超过的规定值。暴露限值可以采用平均电场强度、平均功率密度、日剂量表示。

（7）日剂量（Daily dosage）：一日接受短波、超短波或微波辐射的总量。等于平均功率密度与暴露时间的乘积。计量单位为：$W \cdot h/m^2$。

（8）暴露时间（Exposure duration）：作业区工作人员及生活区内居住的各类人员累积暴露时间。计量单位为：h。

（9）连续暴露与间断暴露（Continuous exposure and intermittent exposure）：作业人员在操作设备或维修保养人员处于辐射区内时，连续 8h 或以上受到短波、超短波或微波辐射称为连续暴露；若断续受到辐射称为间断暴露。

（10）脉冲波与连续波（Impulse wave and continuous wave）：采用在时间轴上为离散的脉冲波形辐射的电磁波为脉冲波。采用在时间轴上为连续振荡波形辐射的电磁波为连续波。

（11）功率密度（Power density）：穿过与电磁波的能量传播方向垂直的面元的功率除以该面元的面积。计量单位为：W/m^2。

（12）电场强度（Electrical field strength）：在电场中某点的电场强度 E，在数值和方向上等于单位正电荷在该点所受的力。计量单位为：V/m。

（13）各向同性响应（Isotropical response）：对电磁波不同极化方向和不同入射方向所具有的相同响应能力。

（14）频率响应（Frequency response）：宽带辐射测量仪在整个工作频带中，幅度随频率的变化特性。

2 暴露限值

暴露限值见表 2-27～表 2-30。

表 2-27　作业区短波、超短波、微波连续波暴露限值

频率（f） MHz		连续暴露平均 电场强度 V/m	连续暴露平均 功率密度 W/m^2	间断暴露一日 剂量 $W \cdot h/m^2$
短波	3～30	$82.5/\sqrt{f}$	$18/f$	$144/f$
超短波	30～300	15	0.6	4.8

续表

	频率（f） MHz	连续暴露平均 电场强度 V/m	连续暴露平均 功率密度 W/m²	间断暴露一日 剂量 W·h/m²
微波	$300\sim3\times10^3$	15	0.6	4.8
	$3\times10^3\sim10^4$	$0.274\sqrt{f}$	$f/5000$	$f/625$
	$10^4\sim3\times10^5$	27.4	2	16

间断暴露最高允许限值：3MHz～10MHz 时为 $610/f$V/m，10MHz～400MHz 时为 10W/m²，400MHz～2× 10^3MHz 时为 $f/40$W/m²，2×10^3MHz～3×10^5MHz 时为 50W/m²。

表 2-28　作业区短波、超短波、微波脉冲波暴露限值

	频率（f） MHz	连续暴露平均 电场强度 V/m	连续暴露平均 功率密度 W/m²	间断暴露一日 剂量 W·h/m²
短波	$3\sim30$	$58.5/\sqrt{f}$	$9/f$	$72/f$
超短波	$30\sim300$	10.6	0.3	2.4
微波	$300\sim3\times10^3$	10.6	0.3	2.4
	$3\times10^3\sim10^4$	$0.194\sqrt{f}$	$f/10000$	$f/1250$
	$10^4\sim3\times10^5$	19.4	1	8

间断暴露最高允许限值：3MHz～10MHz 时为 $305/f$V/m，10MHz～400MHz 时为 5W/m²，400MHz～2× 10^3MHz 时为 $f/80$W/m²，2×10^3MHz～3×10^5MHz 时为 25W/m²。

表 2-29　生活区短波、超短波、微波连续波暴露限值

	频率（f）MHz	平均电场强度 V/m	平均功率密度 W/m²
短波	$3\sim30$	$58.5/\sqrt{f}$	$9/f$
超短波	$30\sim300$	10.6	0.3
微波	$300\sim3\times10^3$	10.6	0.3
	$3\times10^3\sim10^4$	$0.194\sqrt{f}$	$f/10000$
	$10^4\sim3\times10^5$	19.4	1

表 2-30　生活区短波、超短波、微波脉冲波暴露限值

	频率（f）MHz	平均电场强度 V/m	平均功率密度 W/m²
短波	$3\sim30$	$41/\sqrt{f}$	$4.5/f$
超短波	$30\sim300$	7.5	0.15
微波	$300\sim3\times10^3$	7.5	0.15
	$3\times10^3\sim10^4$	$0.137\sqrt{f}$	$f/20000$
	$10^4\sim3\times10^5$	13.7	0.5

3　测量方法

3.1　测量环境条件

气候应符合专业标准和仪器标准中规定的使用条件，不允许在雨、雪、凝露的潮湿环境下测量，测量时远离金属物品。测量记录表应注明环境温度和相对湿度。

3.2　测量仪器

3.2.1　作业区电磁辐射测量一般采用宽带辐射测量仪，包括具有各向同性响应或有方向性磁场探头或电场探头的宽频带电场、磁场测量设备，如近场场强仪、微波漏能仪等。宽带辐射测量仪探头的各向同性响应不均匀度应不超过±1dB，频率响应不均匀度应不超过±3dB。采用有方向性探头时，应在测量点调整探头方向以测出测量点最大电平。

3.2.2　生活区电磁辐射测量一般采用窄带辐射测量仪，包括各种专门用于电磁干扰测量的场强仪、干扰测试接收机，以及用频谱仪、接收机、天线组成的测量装置。窄带辐射测量仪的测量误差应不超过±3dB，频率误差应小于被测频率的 10^{-3} 数量级。该测量装置经模/数转换与微机连接后，通过编制专用测量软件可组成自动测试系统，实现数据自动采集和统计。窄带辐射测量仪具有不同检波方式，连续波辐射测量应设置为有效值检波，脉冲波辐射测量应设置为峰值检波，测得的结果分别为有效值、峰值。

3.3　测量位置

3.3.1　作业区

3.3.1.1　应测量辐射设备作业人员和辅助设施作业人员经常操作的各个战位和辐射设备附近的固定哨位及执勤点。

3.3.1.2　每个位置选取 3 个高度进行测量，测量高度取测量位置作业人员正常工作姿态时标准人体眼部、胸部、下腹部距地面的高度，坐姿时分别为 1.2、1.0、0.8m，站姿时分别为 1.6、1.3、1.0m。

对已建和扩建辐射台站，应以辐射源为中心，以 10°～45°为间隔，在各方向左测量线，每条测量线上间隔 10m～100m 布点。如因地形限制无法测量时，可根据具体情况合理选点，在测量布点图上标出具体位置。测量半径根据生活区位置及场强情况确定。每个位置测量 3 次，测量高度距地面 1.5～2m，也可根据不同目的选取测量高度。

3.4　测量数据处理

3.4.1　作业区

3.4.1.1　使用宽带辐射测量仪，计量单位为 V/m 时，测量位置平均场强根据（2-9）式计算：

$$E = \sum_{i=1}^{n} E_i / n \qquad (2-9)$$

式中：

　E——测量位置平均场强值，V/m；

　n——测量次数；

　E_i——眼部、胸部、下腹部测量的场强读数，V/m。

3.4.1.2　当宽带辐射测量仪计量单位为功率密度 W/m² 时，测量结果仍按（2-9）式计算，式中物理量计量单位为 W/m²。

3.4.1.3　当辐射体在不同时间段发射功率不同时，必须在各个时间段进行测量，然后将 8h 内各时间段测量数值经（2-9）式计算后的结果再取平均值，作为作业区该位置（战位）的平均场强值或平均功率密度值。

3.4.2　生活区

3.4.2.1　使用窄带辐射测量仪时，应首先将辐射体以 dBμV/m 表示的测量值根据（2-10）式转换为以 V/m 为单位的场强值：

$$E = 10^{\left(\frac{x}{20} - 6\right)} / B \qquad (2-10)$$

式中：

　　E——以 V/m 为单位的场强值；

　　x——测量仪的读数；

　　B——占空比，连续波 $B=1$。

　　然后依次按下列各式计算：

$$\overline{E_i} = \frac{1}{n} \sum_{j=1}^{n} E_{ij} \qquad (2-11)$$

$$E_S = \sqrt{\sum_{i=1}^{m} \overline{E_i^2}} \qquad (2-12)$$

$$E_O = \frac{1}{K} \sum_{S=i}^{K} E_S \qquad (2-13)$$

式中：

　　$\overline{E_i}$——某测量位置某频段中频率 i 点的场强测量值的平均值；

　　n——某测量位置某频段中频率 i 点的场强测量次数；

　　E_{ij}——某测量位置某频段中频率 i 点的 j 次场强测量值；

　　E_S——某测量位置某频段中的综合场强值；

　　m——某测量位置某频段中被测频率点的个数；

　　E_G——某测量位置在 24h（或一定时间）内测量的某频段的综合场强的平均值；

　　k——24h（或一定时间）内测量某频段电磁辐射的测量频次。

　　3.4.2.2　使用宽带辐射测量仪时，若有多个辐射体，应分别对多个不同暴露限值的辐射体单独测量，参照（2-11）、（2-13）式直接计算。若仅对辐射体某个时间段进行测量，则按（2-11）式进行计算。公式中的代入量作相应的变动即可。

　　功率密度和电场强度可以通过公式（2-14）换算：

$$E = \sqrt{P \times Z_0} \qquad (2-14)$$

式中：

　　E——电场强度；V/m；

　　P——功率密度，W/m^2；

　　Z_0——自由空间波阻抗，为 120π。

　　3.5　电磁环境质量评价

　　3.5.1　作业区

　　3.5.1.1　测量位置电磁场的场量参数应满足式（2-15）：

$$\frac{A_i}{B_i} \leqslant 1 \qquad (2-15)$$

式中：

　　A_i——测量位置 i 的平均电场强度（V/m）或平均功率密度（W/m^2）；

　　B_i——辐射体的工作频率对应的作业区暴露限值（V/m 或 W/m^2）。

　　3.5.1.2　当测量位置电磁场的场量参数不满足式（2-15）时，应采取电磁辐射防护措施，以保护作业人员身体健康。

　　3.5.2　生活区

　　3.5.2.1　一个辐射体发射几种频率或存在多个辐射体时，其电磁辐射场的场量参数应满足式（2-16）：

$$\sum_{i=1}^{n} \sum_{j=1}^{m} \frac{A_{ij}}{B_{ij1}} \leqslant 1 \qquad (2\text{-}16)$$

式中：

A_{ij}——第 i 个辐射体 j 频段的平均电场强度（V/m）或平均功率密度（W/m²）；

B_{ij1}——对应于 j 频段的电磁辐射生活区暴露限值（V/m 或 W/m²）。

3.5.2.2 当测量位置电磁场的场景参数不满足式（2-16）时，应采取相应措施以保护生活区居住人员的身体健康。

2.2.3 辐射环境保护管理导则 电磁辐射检测仪器和方法（HJ/T 10.2—1996）

1 电磁辐射测量仪器

本导则所称电磁辐射限于非电离辐射。

电磁辐射的测量按测量场所分为作业环境、特定公众暴露环境、一般公众暴露环境测量。按测量参数分为电场强度、磁场强度和电磁场功率通量密度等的测量。对于不同的测量应选用不同类型的仪器，以期获取最佳的测量结果。测量仪器根据测量目的分为非选频式宽带辐射测量仪和选频式辐射测量仪。

1.1 非选频式宽带辐射测量仪

使用非选频式宽带辐射测量仪实施环境监测时，为了确保环境监测的质量，应对这类仪器电性能提出基本要求：

各向同性误差≤±1dB

系统频率响应不均匀度≤±3dB

灵敏度：0.5V/m

校准精度：±0.5dB

表 2-31 为常用的非选频式宽带辐射测量仪的有关数据。实施环境电磁辐射监测时，可根据具体需要选用其中仪器。

表 2-31 常用非选频式辐射测量仪

名 称	频 带	量 程	各向同性	探头类型
微波漏能仪	0.915～12.4GHz	0.005～30mW/cm²	无	热偶结点阵
微波辐射测量仪	1～10GHz	0.2～20mW/cm²	有	肖特基二极管偶极子
电磁辐射监测仪	0.5～1000MHz	1～1000V/m	有	偶极子
全向宽带近区场强仪	0.2～1000MHz	1～1000V/m	有	偶极子
宽带电磁场强计	E：0.1～3000MHz H：0.5～30MHz	E：0.5～1000V/m H：1～2000A/m	有	偶极子 环天线
宽带电磁场强计	E：20～10⁵Hz H：50～60Hz	E：1～20000V/m H：1～2000A/m	有	偶极子 环天线
辐射危害计	0.3～18GHz	0.1～200mW/cm²	有	热偶结点阵
辐射危害计	200kHz～26GHz	0.001～20mW/cm²	有	热偶结点阵
宽带全向辐射监测仪	0.3～26GHz	8621B探头：0.005～20mW/cm² 8623探头：0.05～100mW/cm²	有	热偶结点阵

续表

名　称	频　带	量　程	各向同性	探头类型
宽带全向辐射监测仪	$10\sim300\text{MHz}$	8631：$0.005\sim20\text{mW/cm}^2$ 8633：$0.05\sim100\text{mW/cm}^2$	有	热偶结点阵
宽带全向辐射监测仪	$0.3\sim26\text{GHz}$ $10\sim300\text{MHz}$	8621B：$0.005\sim20\text{mW/cm}^2$ 8631：$0.05\sim100\text{mW/cm}^2$	有	热偶结点阵
宽带全向辐射监测仪	8635、8633 $10\sim3000\text{MHz}$ 8644 $10\sim3000\text{MHz}$	8633：$0.05\sim100\text{mW/cm}^2$ 8644：$0.0005\sim2\text{W/cm}^2$ 8635：$0.0025\sim10\text{W/cm}^2$	有	热偶结点阵 环天线
宽带全向辐射监测仪	由决定选用探头	由决定选用探头	有	热偶结点阵 环天线
全向宽带场强仪	E：$5\times10^{-4}\sim6\text{GHz}$ H：$0.3\sim3000\text{MHz}$	E：$0.1\sim30\text{V/m}$ H：$0.1\sim1000\text{A}^2/\text{m}^2$	有	偶极子 磁环天线

1.2　选频式辐射测量仪

这类仪器用于环境中低电平电场强度、电磁兼容、电磁干扰测量。除场强仪（或称干扰场强仪）外，可用接收天线和频谱仪或测试接收机组成的测量系统经校准后，用于环境电磁辐射测量。

常用的常用辐射测量仪器见表 2-32。

表 2-32　常用选频式辐射测量仪

名　称	频　带	量　程	注
干扰场强测量仪	$10\sim150\text{KHz}$	$24\sim124\text{dB}$	交直流两用
干扰场强测量仪	$0.15\sim30\text{MHz}$	$28\sim132\text{dB}$	交直流两用
干扰场强测量仪	$28\sim500\text{MHz}$	$9\sim110\text{dB}$	交直流两用
干扰场强测量仪	$0.47\sim1\text{GHz}$	$27\sim120\text{dB}$	交直流两用
干扰场强测量仪	$0.5\sim30\text{MHz}$	$10\sim115\text{dB}$	交直流两用
场强仪	$2\times10^{-8}\sim18\text{GHz}$	$1\times10^{-8}\sim1\text{V}$	NM-67 只能用交流
EMI 测试接收机	$9\text{KHz}\sim30\text{MHz}$ $20\text{MHz}\sim1\text{GHz}$ $5\text{Hz}\sim1\text{GHz}$ $20\text{Hz}\sim5\text{GHz}$ $20\text{Hz}\sim26.5\text{GHz}$	$<1000\text{V/m}$	交流供电、显示被测场频谱
电视场强计	$1\sim56$ 频道	灵敏度：$10\mu\text{V}$	交直流两用
电视信号场强计	$40\sim890\text{MHz}$	$20\text{dB}\mu\sim120\text{dB}\mu$	交直流两用
场强仪	$40\sim860\text{MHz}$	$20\text{dB}\mu\sim120\text{dB}\mu$	交直流两用

2　电磁辐射污染源监测方法

2.1　环境条件

应符合行业标准和仪器标准中规定的使用条件。测量记录表应注明环境温度、相对湿度。

2.2　测量仪器

可使用各向同性响应或有方向性电场探头或磁场探头的宽带辐射测量仪。采用有方向性探头时，应在测量点调整探头方向以测出测量点最大辐射电平。

测量仪器工作频带应满足待测场要求，仪器应经计量标准定期鉴定。

2.3 测量时间

在辐射体正常工作时间内进行测量，每个测点连续测 5 次，每次测量时间不应小于 15 秒，并读取稳定状态的最大值。若测量读数起伏较大时，应适当延长测量时间。

2.4 测量位置

2.4.1 测量位置取作业人员操作位置，距地面 0.5、1、1.7m 三个部位。

2.4.2 辐射体各辅助设施（计算机房、供电室等）作业人员经常操作的位置，测量部位距地面 0.5、1、1.7m。

2.4.3 辐射体附近的固定哨位、值班位置等。

2.5 数据处理

求出每个测量部位平均场强值（若有几次读数）。

2.6 评价

根据各操作位置的 E 值（H、P_d）按国家标准《电磁辐射防护规定》（GB 8702—88）或其它部委制定的"安全限值"作出分析评价。

3 一般环境电磁辐射测量方法

3.1 测量条件

3.1.1 气候条件

气候条件应符合行业标准和仪器标准中规定的使用条件。测量记录表应注明环境温度、相对湿度。

3.1.2 测量高度

取离地面 1.7~2m 高度。也可根据不同目的，选择测量高度。

3.1.3 测量频率

取电场强度测量值 $>$50dBμV/m 的频率作为测量频率。

3.1.4 测量时间

基本测量时间为 5∶00~9∶00，11∶00~14∶00，18∶00~23∶00 城市环境电磁辐射的高峰期。

若 24 小时昼夜测量，昼夜测量点不应少于 10 点。

测量间隔时间为 1h，每次测量观察时间不应少于 15s，若指针摆动过大，应适当延长观察时间。

3.2 布点方法

3.2.1 典型辐射体环境测量布点

对典型辐射体，比如某个电视发射塔周围环境实施监测时，则以辐射体为中心，按间隔 45°的八个方位为测量线，每条测量线上选取距场源分别 30、50、100m 等不同距离定点测量，测量范围根据实际情况确定。

3.2.2 一般环境测量布点

对整个城市电磁辐射测量时，根据城市测绘地图，将全区划分为 $1\times1km^2$ 或 $2\times2km^2$ 小方格，取方格中心为测量位置。

3.2.3 按上述方法在地图上布点后，应对实际测点进行考察。考察地形地物影响，实际测点应避开高层建筑物、树木、高压线以及金属结构等，尽量选择空旷地方测试。允许对规定测点调整，测点调整最大为方格边长的 1/4，对特殊地区方格允许不进行测量。

需要对高层建筑测量时，应在各层阳台或室内选点测量。

3.3　测量仪器

3.3.1　非选频式辐射测量仪

具有各向同性响应或有方向性探头的宽带辐射测量仪属于非选频式辐射测量仪。用有方向性探头时，应调整探头方向以测出最大辐射电平。

3.3.2　选频式辐射测量仪

各种专门用于 EMI 测量的场强仪，干扰测试接收机，以及用频谱仪、接收机、天线自行组成测量系统经标准场校准后可用于此目的。测量误差应小于 ±3dB，频率误差应小于被测频率的 10^{-3} 数量级。该测量系统经模/数转换也微机联接后，通过编制专用测量软件可组成自动测试系统，达到数据自动采集和统计。

自动测试系统中，测量仪可设置于平均值（适用于较平稳的辐射测量）或准峰值（适用于脉冲辐射测量）检波方式。每次测试时间为 8～10min，数据采集取样率为 2 次/s，进行连续取样。

3.4　数据处理

3.4.1　如果测量仪器读出的场强瞬时值的单位为分贝（dBμV/m），则先按下列公式换算成以 V/m 为单位的场强：

$$E_i = 10^{\left(\frac{x}{20}-6\right)} \quad (V/m) \tag{2-17}$$

x——场强仪读数（dBμV/m），然后依次按下列各公式计算：

$$E = \frac{1}{n}\sum_{i}^{n} E_i \quad (V/m) \tag{2-18}$$

$$E_i = \sqrt{\sum^{n} E^2} \quad (V/m) \tag{2-19}$$

$$E_c = \frac{1}{M}\sum E_s \quad (V/m) \tag{2-20}$$

上述各式中：E_i——在某测量位、某频段中被测频率 i 的测量场强瞬时值（V/m）；

　　　　　　n——E_i 值的读数个数；

　　　　　　E——在某测量位、某频段中各被测频率 i 的场强平均值（V/m）；

　　　　　　E_s——在某测量位、某频段中各被测频率的综合场强（V/m）；

　　　　　　E_G——在某测量位、在 24h（或一定时间内）内测量某频段后的总的平均综合场强（V/m）；

　　　　　　M——在 24h（或一定时间内）内测量某频段的测量次数。

测量的标准误差仍用通常公式计算。

如果测量仪器用的是非选频式的，不用（2-19）式。

3.4.2　对于自动测量系统的实测数据，可编制数据处理软件，分别统计每次测量中测值的最大值 E_{max}、小值 E_{min}、中值、95% 和 80% 时间概率的不超过场强值 $E_{(95\%)}$、$E_{(80\%)}$，上述统计值均以（dBμV/m）示。还应给出标准差值 σ（以 dB 表示）。

如系多次重复测量，则将每次测量值统计后，再按 4.4.1 进行数据处理。

3.5　绘制污染图

3.5.1　绘制：频率-场强、时间-场强、时间-频率、测量位-总场强值等各组对应曲线。

3.5.2　典型辐射体环境污染图

以典型辐射体为圆心，标注等场强值线图（参见附录 B_1），或以典型辐射体为圆心，标注根据（4.5）式或（4.6）式得出的计算值的等值线图。

3.5.3 居民区环境污染图

在有比例的测绘地图上标注等场强值线图，或标注根据（4.5）式或（4.6）式得出的计算值的等值线图。根据需要亦可在各区地图上做好方格，用颜色或各种形状图线表示不同的场强值（参见附录 B_2），或根据（4.5）式或（4.6）式得出的计算值。

3.7 环境质量评价

3.7.1 用非选频宽带辐射测量仪时，由于测量位测得的场强（功率密度）值，是所有频率的综合场强值，24h 内每次测量综合场强值的平均值即总场强值亦是所有频率的总场强值。由于环境中辐射体频率主要在超短波频段（30～300MHz），测量值和超短波频段安全限值的比值≤1，基本上对居民无影响，如果评价典型辐射体，则测量结果应和辐射体工作频率对应的安全限值比较。

$$\frac{E_C}{L} \leqslant 1$$

E_C——某测量位置总场强值（V/m）；

L——典型辐射体工作频率对应的安全限值或超短波频段安全限值（V/m）。

用选频式场强仪时：

$$\sum \frac{R_G}{L_i} \leqslant 1 \tag{2-21}$$

E_{Gi}——测量位置某频段总的平均综合场强值（V/m）；

L_i——对应频段的安全限值（V/m）。

2.2.4 辐射环境保护管理导则 电磁辐射环境影响评价方法和标准（HJ/T 10.3—1996）

1 评价范围

1.1 评价范围

1.1.1 功率＞200kW 的发射设备

以发射天线为中心、半径为 1km 范围全面评价，如辐射场强最大处的地点超过 1km，则应在选定方向评价到最大场强处和低于标准限值处。

1.1.2 其它陆地发射设备

评价范围为以天线为中心：发射机功率 P＞100kW 时，其半径为 1km；发射机功率 P≤100kW 时，半径为 0.5km。

对于有方向性天线，按天线辐射主瓣的半功率角内评价到 0.5km，如高层建筑的部分楼层进入天线辐射主瓣的半功率角以内时，应选择不同高度对该楼层进行室内或室外的场强测量。

1.1.3 工业、科学研究、医疗电磁辐射设备，如高频热合机、高频淬火炉、热疗机等评价范围为：以设备为中心的 250m。

1.1.4 对高压输电线路和电气化铁道

评价范围以有代表性为准，对具体线路作具体分析而定。

1.1.5 对可移动式电磁辐射设备

一般按移动设备载体的移动范围确定评价范围。对于陆上可移动设备，如可能进入人品稠密区的，应考虑对载体外公众的影响。

2　评价方法

2.2　评价方法

2.2.1　说明或描述

对于评价依据，项目说明，环境描述，结论章节，可以采用说明或描述方式编制。

2.2.2　项目建设之前背景值以及建成后的实际影响应采用现场测量办法取得真实数据。现场测量，应按《电磁辐射监测仪器和方法》（HJ/T 10.2—1996）推荐的方法进行。采用 HJ/T 10.2—1996 未提供的测量方法时，在报告书中应对所用方法的可靠性进行说明。

2.2.3　模式计算

对公众和仪器设备的影响需要了解电磁辐射场的分布。

对电磁辐射场的分布可以采用经过考证过的数学模式进行计算。对所采用的计算公式和参数要在报告书中给出。

2.2.4　模拟类比测量

应说明模拟或类比的电磁辐射设备概况，测量地点和条件、测点分布、使用仪表、测量方法、数据处理和统计、测量结果及分析。

2.2.5　公众受照评估

对于公众受照评估分受照个体剂量估算和群体剂量评估。

对于公众个人剂量估算，要给出最大受照个体剂量。

对于群体受照剂量评估要给出人口与受照射剂量的分布关系。

2.2.6　对仪器设备影响评价

对仪器设备受到电磁辐射的影响主要根据计算分析和实际调查。评价要给出受影响设备种类、严重程度和距离范围。

3　评价标准

3.1　公众总的受照射剂量

公众总的受照射剂量包括各种电磁辐射对其影响的总和，即包括拟建设施可能或已经造成的影响，还要包括已有背景电磁辐射的影响。总的受照射剂量限值不应大于国家标准《电磁辐射防护规定》（GB 8702—88）的要求。

3.2　单个项目的影响

为使公众受到总照射剂量小于 GB 8702—88 的规定值，对单个项目的影响必须限制在 GB 8702—88 限值的若干分之一。在评价时，对于由国家环境保护局负责审批的大型项目可取 GB 8702—88 中场强限值的 $1/\sqrt{2}$，或功率密度限值的 1/2。其他项目则取场强限值的 $1/\sqrt{5}$，或功率密度限值的 1/5 作为评价标准。

3.3　行业标准的考虑

国内在电磁辐射领域颁布有许多行业标准，在编制环境影响报告书时，有时需要与这些行业标准比较。如不能满足有关行业标准时，在报告书中要论证其超过行业标准的原因。

2.2.5　环境影响评价技术导则—输变电工程（HJ 24—2014）

1998 年颁布实施的《500kV 超高压送变电工程电磁辐射环境影响评价技术规范》（HJ/T 24—1998）规定了输变电工程电磁环境影响评价的工作程序评价标准及环评要点，对输变电工程环评的起步和发展起到了不可或缺的作用。但随着工程实践的发展和环评工作的深入，输变电工程在其他环境要素方面的影响也日益显现。技术规范并不涉及上述环境要素，不能全面评价和体现工程实际影响。在此背景下，环境保护部于 2014 年 10 月 20 日正式发布了《环境影响评价技术导则 输变电工程》（HJ 24—2014）。

1 评价依据和工作程序

从法律法规、环保标准、行业规范、城乡规划相关资料、工程资料、电网规划环境影响评价相关资料、敏感区管理部门意见等方面提出了评价依据的资料要求。当然，某些区域电网规划并未开展规划环境影响评价，因此，规划环评报告书及其评审意见并非开展工程环评的必要前提。此外，新导则规定了编制环境影响报告书的输变电工程环评工作程序及各阶段主要工作内容。对于编制报告表的工程，提出了可以适当简化的原则。

2 电磁环境影响评价工作等级及范围

电磁环境影响评价工作等级划分为三级，一级评价对电磁环境影响进行全面、详细、深入评价；二级评价对电磁环境影响进行较为详细、深入评价；三级评价可只进行电磁环境影响分析。工作等级的划分见表 2-33。

表 2-33 输变电工程电磁环境影响评价工作等级

分类	电压等级	工程	条件		评价工作等级
交流	110kV	变电站	户内式、地下式		三级
			户外式		二级
		输电线路	1. 地下电缆 2. 边导线地面投影外两侧各 10m 范围内无电磁环境敏感目标的架空线		三级
			边导线地面投影外两侧各 10m 范围内有电磁环境敏感目标的架空线		二级
交流	220～330kV	变电站	户内式、地下式		三级
			户外式		二级
		输电线路	1. 地下电缆 2. 边导线地面投影外两侧各 15m 范围内无电磁环境敏感目标的架空线		三级
			边导线地面投影外两侧各 15m 范围内有电磁环境敏感目标的架空线		二级
	500kV 及以上	变电站	户内式、地下式		二级
			户外式		一级
		输电线路	1. 地下电缆 2. 边导线地面投影外两侧各 20m 范围内无电磁环境敏感目标的架空线		二级
			边导线地面投影外两侧各 20m 范围内有电磁环境敏感目标的架空线		一级
直流	±400kV 及以上	—	—		一级
	其他	—	—		二级

注：根据同电压等级的变电站确定开关站、串补站的电磁环境影响评价工作等级，根据直流侧电压等级确定换流站的电磁环境影响评价工作等级。

开关站、串补站电磁环境影响评价等级根据表 2 中同电压等级的变电站确定；换流站电磁环境影响评价等级以直流侧电压为准，依照表 2 中的直流工程确定。

进行电磁环境影响评价工作等级划分时，如工程涉及多个电压等级或涉及到交、直流的组合时，应以相应的最高工作等级进行评价。

2.1　一级评价的基本要求

对于输电线路，其评价范围内具有代表性的敏感目标和典型线位的电磁环境现状应实测，对实测结果进行评价，并分析现有电磁源的构成及其对敏感目标的影响；电磁环境影响预测应采用类比监测和模式预测结合的方式。

对于变电站、换流站、开关站、串补站，其评价范围内临近各侧站界的敏感目标和站界的电磁环境现状应实测，并对实测结果进行评价，分析现有电磁源的构成及其对敏感目标的影响；电磁环境影响预测应采用类比监测的方式。

2.2　二级评价的基本要求

对于输电线路，其评价范围内具有代表性的敏感目标的电磁环境现状应实测，非敏感目标处的典型线位电磁环境现状可实测，也可利用评价范围内已有的最近 3 年内的监测资料，并对电磁环境现状进行评价。电磁环境影响预测应采用类比监测和模式预测结合的方式。

对于变电站、换流站、开关站、串补站，其评价范围内临近各侧站界的敏感目标的电磁环境现状应实测，站界电磁环境现状可实测，也可利用已有的最近 3 年内的电磁环境现状监测资料，并对电磁环境现状进行评价。电磁环境影响预测应采用类比监测的方式。

2.3　三级评价的基本要求

对于输电线路，重点调查评价范围内主要敏感目标和典型线位的电磁环境现状，可利用评价范围内已有的最近 3 年内的监测资料；若无现状监测资料时应进行实测，并对电磁环境现状进行评价。电磁环境影响预测一般采用模式预测的方式。输电线路为地下电缆时，可采用类比监测的方式。

对于变电站、换流站、开关站、串补站，重点调查评价范围内主要敏感目标和站界的电磁环境现状，可利用评价范围内已有的最近 3 年内的电磁环境现状监测资料，若无现状监测资料时应进行实测，并对电磁环境现状进行评价。电磁环境影响预测可采用定性分析的方式。

电磁环境影响评价范围见表 2-34。

表 2-34　输变电工程电磁环境影响评价范围

分类	电压等级	评价范围		
		变电站、换流站、开关站、串补站	线路	
			架空线路	地下电缆
交流	110kV	站界外 30m	边导线地面投影外两侧各 30m	电缆管廊两侧边缘各外延 5m（水平距离）
	220～330kV	站界外 40m	边导线地面投影外两侧各 40m	
	500kV 及以上	站界外 50m	边导线地面投影外两侧各 50m	
直流	±100kV 及以上	站界外 50m	极导线地面投影外两侧各 50m	

2.3　电磁辐射管理限值

2.3.1　工频电磁管理限值

工频电磁场普遍认为是由 50Hz 或 60Hz 的交变电场引起的。1990 年国际非电离辐射防护委员会（ICNIRP）向世界推荐了频率为 50Hz/60Hz 电磁场辐射限值的临时指导原则，指导原则指出，应将职业人群暴露限值与公众人群限值区分开。

一些发达国家也根据 ICNIRP 的推荐，制订相应标准和防护导则。ICNIRP 导则规定，对于一般公众，每天暴露于连续磁场辐射的磁感应强度不应超过 0.1mT；当磁感应强度为 0.1～1.0mT 时，照射时间应限制在每天数小时内；磁感应强度超过 1mT，照射时间不应超过数分钟。ICNIRP 导则还规定，公众暴露于连续的电场强度值不应超过 5kV/m；当电场强度值在 5～10kV/m 时，辐射时间同样应控制在每天数小时内；电场强度值超过 10kV/m 时，受到的辐射不应超过数分钟。

不少国家根据现有的研究成果结合本国的国家标准，规定 5kV/m 为公众活动区域的限值，10kV/m 为跨越道路和经常会接近的公众活动区域的限值，15kV/m 为非居民区但有可能接近的公众活动区域的限值，20kV/m 为很难接近公众活动区域的限值。如前苏联相关标准规定 5kV/m 为公众活动区域限值；而日本规定人们来往频繁的地区场强限值为 3kV/m。王娜等报道，美国各州的场强值也不相同：新泽西州规定输电线路边缘处场强为 3kV/m，而纽约州则规定电力线走廊边缘为 16kV/m，俄勒冈州规定人们易接近的公众活动区域的场强限值为 9kV/m。王强等的结论认为，高压线两侧 50m 内的居室工频电磁场强度与高压线引起的电磁辐射污染密切相关。目前，大多数国家将送电线与道路交叉处的地面场强控制在 10kV/m 以下。这些限值的级别从国家标准到行业导则、地方标准，大部分以实际使用限值为准，而 IEEE 标准不包括工频频段。有关组织、国家对工频电场磁场强度限值的规定，见表 2-35。

表 2-35　不同国家及组织对职业人群和公众暴露的工频电磁场限值

国家及组织	时间（年）	频率（Hz）	磁感应强度（mT）		电场强度（kV/m）	
			职业	公众	职业	公众
ICNIRP	1998	50	0.5	0.1	10	5
		60	0.4166	8.33	4.16	
美国 ACGIH	1998	60	1		25	
欧洲 ECEN	1995	60	1.333	0.533	25	8.333
英国 NRPB	1993	60	1.333	1.333	10	10
		50	1.6	1.6	12	12
澳大利亚 NHMRC	1989		0.5	0.1	10	15
德国	1989	50	5	5	20.6	20.6
前苏联	1975	50	1.76		5	
波兰	1980	50			15	
中国	1998	50		0.1		4
中国（征求意见稿）		50	0.078	0.022	6	4

注：ACGIH——美国政府工业卫生联合会；ECEN——欧洲标准化委员会；NRPB——英国国家辐射保护局；NHMRC——澳大利亚国家卫生与医学研究委员会。

由表 2-35 可以看出：工频电场标准目前较一致，磁场标准差异较大。公众工频电场暴露限值与各国社会政治、经济等差异及标准出台的时间不同有关；职业暴露标准的限值则和防护技术、标准出台前国家已有的输电线路地面场强之间有关。磁场标准的差异主要是因各国对磁场长期暴露效应的看法不同。虽然一些国家的标准在某些细节上和此导则有差异，但在作用机理上都基本相同。

我国暂未出台工频电磁场职业和公众接触限值。1998 年我国环保局发布了《500kV 超高压送变电工程电磁辐射环境影响评价技术规范》（HJ/T 24—1998），该规范推荐了 500kV 等级的变电站及输电线路设计的工频电场、磁场限值，为了便于评价，推荐针对公众的电场强度限值为 4kV/m，使用 ICNIRP 导则推荐的磁感应强度值 0.1mT。虽然是推荐值，但在国家标准中出现，仍具有一定的法律效力。《电场、磁场、电磁场防护规定》（征求意见稿）中，虽然没有将工频与射频完全区分开，但工频频率包含在 0.025～0.8kHz 频段内，规定 50Hz 频率下电场强度、磁感应强度导出限值分别为 4V/m 和 0.022mT，比《500kV 超高压送变电工程电磁辐射环境影响评价技术规范》的推荐值严格。另外，由国家质量监督检验检疫总局提出的《高压电力线路、变电站的工频电场、磁场暴露限值》（征求意见稿）中也给出了基本限值，见表 2-36。

随着社会、经济发展和人民生活水平的提高，人们对高压电力线路、变电站周围的工频电磁环境给予了更多的关注，本标准的目的是根据世界卫生组织全球"国际电磁场计划"研究的全面评估结论，结合我国国情，制定符合人体健康要求、技术可行、经济合理的输变电设施各相关环境中工频电场和工频磁场曝露限值。

表 2-36　高压电力线路、变电站的工频电场、磁场曝露限值（有效值）

	电场强度（kV/m）	磁感应强度（μT）
公众曝露	5	100
民房	4	100
电力线路走廊内	10	100
受控环境	10	500

注：电力线路走廊内电场强度限值为该区域内电场强度的最大允许值（电场强度的最大值一般出现在边相导线下方局部位置），该限值不适用于跨越公路及民房处，电场强度限值为 7kV/m。

由表 2-29 可以看出，《高压电力线路、变电站的工频电场、磁场暴露限值》（征求意见稿）给出民房的电场强度、磁感应强度分别为 4kV/m 和 100μT，与《500kV 超高压送变电工程电磁辐射环境影响评价技术规范》推荐值一致，额外增加了公众暴露、电力线路走廊内及受控环境的暴露限值，填补了我国工频电磁场限值的空白。

需要指出的是，受磁场影响的程度与暴露时间密切相关。当暴露时间增长时，限值应相应降低。此外，不同地点应制定不同的工频磁场暴露限值。对于敏感区域，如居民小区、学校、医院等人员密集且为长期工作和生活区域，应制定比一般暴露限值更为严格的预防性限值。

2.3.2　射频电磁管理限值

按照《电磁环境控制限值》（GB 8702—2014），可以认为射频电磁场频率在 100kHz～300GHz 之间。IEEE 标准与 ICNIRP 导则都对射频电磁辐射的标准和限值作了一些规定，但两者之间存在一些差别。IEEE 标准与 ICNIRP 导则的一个区别是暴露类型的划分及暴露限值的概念不同：IEEE 标准将电磁辐射区划分为受控环境和非受控环境，其划分依据是在该区域中辐射强度是否可控，是否可采用相应的防护措施来防止辐射的危害；采用了基本限值（BRs，Basic Restrictions）和最大容许暴露量（MPE，Maxi-mum Permissible Exposure）的概念，MPE 的提出是依照在受控和非受控环境下，最大容许电流分别通过上肢和腿时的辐射剂量。ICNIRP 导则将暴露分为职业和公众暴露，暴露限值采用比吸收率（SAR）的概念。IEEE 标准给出的受控、非受控环境的 MPE，分别与 ICNIRP 导则中的职业暴露、公众暴露限值相一致。例如，对于 100kHz～6GHz 的频段，受控环境的 MPE 值为 0.4W/kg、非受控环境为 0.08W/kg，分别与 ICNIRP 导则中职业暴露、公众暴露限值相一致。IEEE 标准与 ICNIRP 标准的另外一个区别是吸收组织的不同：IEEE 标准认为特定吸收率的峰值是指全身任一 1g 组织，或者是 10g 组织的平均值；ICNIRP 导则认为的吸收组织是指头和躯干。IEEE 标准规定，在相同频率范围受控和非受控环境中，任一 1g 头和躯干组织 MPE 值分别不能超过 8.0W/kg 和 1.6W/kg。虽然吸收组织不同，但 ICNIRP 导则中的 SAR 值与 IEEE 标准中的 MPE 值是完全相同的。

IEEE 标准和 ICNIRP 导则均是在电磁场热效应和电刺激效应的基础上制定出基本限值。但大量电磁场生物效应研究资料表明，在低于这些限值的暴露下，存在着非热效应；而且大量的流行病学资料也表明了低强度长期电磁场暴露对人体健康的不良影响。

2.4　国内外标准对比及分析

近年来，随着经济的发展，电子信息事业发展迅速，一些电气化设备越来越多地出现在人们的日常生活中。同时，随着日常生活水平的提高，人们的健康意识也不断提高，公众对提高生活环境质量的意识也逐渐增强。越来越多的人关注到电磁辐射，人体暴露在电磁场中是否对人体健康造成不良影响，已经逐渐成为人们关注的焦点。关于电磁辐射的评价标准也在不断增加，但国内外的标准之间存在较大差异，本节就国内外电磁辐射的防护标准进行分析对比。

2.4.1　射频电磁辐射标准的对比及分析

目前，国际上有两大比较权威电磁辐射标准，一个是 ICNIRP 导则，它是国际非电离辐射防护委员会（ICNIRP, the International Commission for Non-Ionizing Radiation Protection）发布的标准，主要使用范围在欧洲、澳大利亚、新加坡、巴西、以色列以及我国的香港特区。另一个主流标准是美国的 IEEE 标准，它是由美国国家标准协会（ANSI）和美国电子电气工程师协会（IEEE）共同制定的（最新版为 IEEE C95.1—2005），主要在美国、日本、韩国、加拿大以及我国的台湾地区使用。ICNIRP 导则于 1998 年出版发行，其制定标准的论据大都来自于 20 世纪七、八十年代，ICNIRP 导则经过了 10 多年的发展，已经着手进行修订，主要在于限值和安全因子的确定依据问题。目前有英国、瑞典、芬兰、澳大利亚、德国、南非、巴西、秘鲁、日本、韩国等 30 个国家采用 ICNIRP 导则作为国家法规，需要指出的是：意大利、斯洛文尼亚、瑞士 3 个国家在采用或承认 ICNIRP 的前提下，采用了 ALARA 预防政策，规定了额外针对"敏感保护目标"的低的限制值。此外，还有一些国家，未采用两大国际标准，主要考虑了包括非热效应的其他因素，独立制定了本国的标准，如希腊、波兰、俄罗斯和中国，这些国家规定的限值都要远远低于以上两个标准中的规定。

1. 国外射频电磁辐射标准的对比及分析

ICNIRP 导则（1998）与 IEEE C95.1—2005 标准是国际上比较有影响力的使用于射频电磁波的电磁辐射标准，这两套标准都是基于短期的、立即的、已经确定的健康危害效应这一基础，针对长期的、潜在的健康影响不能提供令人信服证据的，不作为制定限值的基础。

ICNIRP 导则（1998）与 IEEE C95.1—2005 标准对人体暴露于射频电场或磁场中时，电场强度与磁感应强度的规定最大允许限值是不同的，见表 2-37。

表 2-37　射频电场、磁场公众限值对照表

频率范围（MHz）	电场强度（V/m）		磁场强度（A/m）	
	ICNIRP	IEEE	ICNIRP	IEEE
$0.1\sim1$	87	614	$0.73/f$	$16.3/f_M$
$1\sim10$	$87/f^{1/2}$	$823.8/f_M$	$0.73/f$	$16.3/f_M$
$10\sim30$	28	$823.8/f_M$	0.073	$16.3/f_M$
$30\sim100$	28	27.5	0.073	$158.3/f_M^{1.668}$
$100\sim400$	28	27.5	0.073	0.0729

从表中可以看出，ICNIRP 导则规定的场强最大曝露限值比 IEEE C95.1 标准要严格一些，事实上二者遵照的科学依据基本相近，但前者采用了较高的安全因子。ICNIRP（1998）导则将体内电流密度作为"基本限值"的主要参考，而 IEEE 标准考量的是体内电场强度，二者建立人体模型的不同导致了安全因子选取上的差异。

ICNIRP 导则和 IEEE C95.1 标准均是将电磁场热效应对人体造成的影响作为制定的依据。但大量的电磁生物学的研究资料表明，长期处于低于现有辐射限值的环境下也会对健康造成影响，即非热效应存在。在 2009 年的欧洲议会上发布了一项决议指出：随着信息和通讯产业的发展，目前关于公众的电磁辐射安全标准已经不再适用，而且标准中也没有考虑到孕妇、婴幼儿等敏感人群。因而，可以看出 ICNIRP 导则和 IEEE C95.1 标准仍是存在着不足的。

2. 国内外射频电磁辐射标准的对比及分析

与国外标准相比，我国在制定国内电磁辐射防护标准时，既有已知对人体健康会产生有害影响的暴露进行了限值，同时也考虑了人体长期暴露于低强度的电磁场时，电磁场对人体造成的潜在影响。因此国内的标准制定的限值比国外标准更加严格，表 2-38 列出了《电磁环境控制限值》与 ICNIRP 导则（1998）在不同频率的限值对比。

表 2-38　不同频率范围国内外标准限值对比

频率	ICNIRP 导则（1998）		电磁环境控制限值	
	电场强度（V/m）	磁场强度（A/m）	电场强度（V/m）	磁场强度（A/m）
150kHz~1MHz	87	$4.86\sim0.73$	40	0.1
1~3MHz	$87\sim50$	$0.73\sim0.24$	40	0.1
3~10MHz	$50\sim28$	$0.24\sim0.073$	$39\sim21$	$0.1\sim0.05$
10~30MHz	28	0.073	$21\sim12$	$0.05\sim0.03$

频率	ICNIRP 导则（1998）		电磁环境控制限值	
	电场强度（V/m）	磁场强度（A/m）	电场强度（V/m）	磁场强度（A/m）
30～400MHz	28	0.073	12	0.032
400MHz～2GHz	28～61	0.073～0.16	12	0.032
2～3GHz	61	0.16	12	0.032

国内于 2014 年出台一部《电磁环境控制限值》，是对 GB 8702—88 的修订，主要参考的是 ICNIRP 导则，频率的划分上与 ICNIRP 导则基本相。

下面再来看一下俄罗斯的电磁辐射标准，当年《电磁辐射防护规定》就是主要参考俄罗斯标准的限值，再结合我国实际情况制定的，俄罗斯标准的制定也是考虑非热效应和长期积累效应等不利因素的。表 2-39 是俄罗斯 SanPin 2.2.4/2.1.8.005－96 标准与《电磁环境控制限值》（GB 8702—2014）关于公众限值的比较。

表 2-39　SanPin 2.2.4/2.1.8.005－96 与《电磁环境控制限值》公众限值比较

频率	俄罗斯	中国
30kHz－300kHz	30V/m	40V/m
300kHz－3MHz	15V/m	40V/m
3MHz－30MHz	10V/m	12－39V/m
30MHz－300MHz	3V/m	12V/m
300MHz－300GHz	$10\mu W/cm^2$	$40\mu W/cm^2$

国内的标准与 ICNIRP 的标准限值相比，限值要低很多，但是与俄罗斯的限值比较，由表 2-39 可知，俄罗斯的标准更严格。俄罗斯的最新标准为 2003 年修订，其考虑了非热效应后制定的限值与《电磁环境控制限值》中所规定的相差悬殊。

2.4.2　工频电磁辐射标准的对比及分析

目前国际上已对电磁场曝露与健康问题进行了大量研究，建立起很多大型复杂的数据库。对于高水平的磁场曝露产生的生物效应，其物理作用机制已明确。外部极低频磁场在人体内感应出电场和电流，场强非常高时会导致神经和肌肉的刺激，并引起中枢神经系统中神经细胞兴奋性的变化。但是关于长期极低频电磁场曝露健康影响的不确定性风险是当前社会争议的焦点，极低频磁场曝露与儿童白血病之间存在着弱关联，且没有可接受的生物物理机制来说明低水平曝露和引发癌症有关。就目前科技水平而言，尚存在一定的知识缺陷和科学不确定性。

1. 国外主流工频电磁辐射标准的对比及分析

关于高强度的低频辐射所产生的生物效应，其作用机理科学界已给出了明确的解释：高的场强会对肌肉和神经产生刺激，引发神经细胞的兴奋性。但对于极低频的长期曝露对健康的影响，其不确定性依然是争议的热点。国际上关于低频电磁辐射的防护规定具有较大影响力有 IEEE C95.6 和 ICNIRP 导则（2010），其中 ICNIRP（2010）是对 ICNIRP（1998）中的低频部分（1Hz－100kHz）的重新修订，并且取代了 ICNIRP（1998），关于国外主流低频辐射标准限值见表 2-40。

表 2-40　ICNIRP 与 IEEE 低频时变电场和磁场公众曝露的导出限值对比

标准	频率范围	电场强度 E (Vm^{-1})	磁场强度 H (Am^{-1})	磁通密度 B (μT)
ICNIRP (1998)	<1Hz	—	3.2×10^4	4×10^4
	1Hz—8Hz	1×10^4	$3.2\times10^4/f^2$	$4\times10^4/f^2$
	8Hz—25Hz	1×10^4	$4000/f$	$5000/f$
	0.025kHz—0.8kHz	$250/f$	$4/f$	$5/f$
	0.8kHz—3kHz	$250/f$	5	6.25
	3kHz—150kHz	87	5	6.25
	150kHz—1MHz	87	$0.73/f$	$0.92/f$
	1MH - 10MHz	$87/f^{1/2}$	$0.73/f$	$0.92/f$
ICNIRP (2010)	1Hz—8Hz	5000	$3.2\times10^4/f^2$	$4\times10^4/f^2$
	8Hz—25Hz	5000	$4000/f$	$5000/f$
	25Hz—50Hz	5000	160	200
	50Hz—400Hz	$2.5\times10^5/f$	160	200
	400Hz—3kHz	$2.5\times10^5/f$	$6.4\times10^4/f$	$8\times10^4/f$
	3kHz—10MHz	83	21	27
IEEE C95.6	1—20Hz	5000	$1.44\times10^4/f$	$1.81\times10^4/f$
	20—368Hz	5000	719	904
	368—759Hz	$1.84\times10^6/f$	719	904
	759—3000Hz	$1.84\times10^6/f$	$5.47\times10^5/f$	$6.87\times10^5/f$

　　由表 2-40 我们可以看出 IEEE 标准规定的电磁场限值要比 ICNIRP 导则高很多，例如 IEEE 标准对于头部和躯干的公众曝露最大允许曝露水平是 $904\mu\text{T}$，远大于 ICNIRP 导则规定的参考数值。这是由于 ICNIRP 导则和 IEEE 标准对于电磁场限值的侧重点不同。

　　从表中还可以看出，与 ICNIRP（1998）相比，ICNIRP（2010）在低频范围电场强度的限值略有降低，工频 50Hz 的电场强度都为 5kV/m，但是磁感应强度限值有所增加，工频 50Hz 的磁感应强度由 ICNIRP（1998）规定的 $100\mu\text{T}$ 增加到了 ICNIRP（2010）的 $200\mu\text{T}$。而且 ICNIRP（2010）的规定更加详细，主要表现在 25Hz—3kHz 的范围内的频率划分上。造成这些变化主要原因在于 ICNIRP 基本限值的模型发生了改变，由过去的电流密度变成了体内电场强度（与 IEEE 相同）。过去的模型是假设人体具有各向同性的均质的导电率，利用导电回路模拟人体内的感应电流；而新版则是依据电化学优化的非均质模型，结合计量学结果，模拟人体内的感应电场得来，但是基于热效应的依据没有改变。ICNIRP 导则的制定是按照短期的、即时的、确定的影响作为依据，虽然世界卫生组织的癌症研究机构 IARC 于 2002 年将极低频电磁辐射定义为 2B 类，关于儿童白血病 ICNIRP 导则给出的解释是，长期的极低频电磁辐射与儿童白血病之间因果性关联的科学依据太弱，目前的数据并不足以为限值的制定提供依据。由此可见，ICNIRP 导则与中国遵循的"尽可能低的预防性暴露限值"不相符。

2. 其他工频电磁辐射标准的对比及分析

在 ICNIRP2010 中承认 50～60Hz 磁场与儿童白血病风险之间可能存在弱的关联，虽然并不清楚这是否是一种因果关系，他们用其中含有选择性偏倚、某种程度的混淆以及偶然性来解释这些结果。就目前科技水平而言，尚存在一定的知识缺陷和科学不确定性。针对此问题，国际上的许多国家采用了预防性政策来处理工频电磁场长期曝露的健康风险问题。

近几年，各国越来越多地提及预防性政策，而提出预防性政策的基础实际上来源于预防性原则。预防性原则是一种用于存在科学不确定性情况下的风险管理手段，在这种情况下，可能有必要在获得充分证据来证明危害前就采取行动。其意思是指有理由针对潜在的严重健康威胁，先起草暂定应对措施，直至可获得足够数据来制定更为科学的应对方法。预防性原则有其自身特殊的历史渊源，曾在《国际法》（1992 年）中被提及，并且是《欧洲环境法》的基础（2000 年）。同时，它还出现在一些国家法律中，例如加拿大（2003年）和以色列（2006 年）。例如，欧盟委员会于 2000 年《有关预防性原则的意见》提出的采取预防性措施的其中一条基本原则：当科学数据不充分、不准确或不具结论性，且认为社会受到的风险太高时，应当维持所采取的措施。但是在出现新的科学发展时，可能必需在特定的期限内修改或废除措施。这一点并不总是与时间因素有关，而是与科学知识的实际进展相关。

针对极低频场长期曝露的可能影响，各国的政策制定者已着手采取预防性政策，这些政策随文化、社会和法律考虑的不同而存在很大差异。各国的预防性政策大致可分为如下几种，见表 2-41。

表 2-41　预防性方案实例

预防方案	国家	措施
谨慎回避	新西兰、瑞典、澳大利亚	采用 ICNIRP 导则并增加低成本的自愿性措施来降低曝露
被动监管行为	美国	向公众传授减少曝露的措施
预防性发射控制	瑞士	采用 ICNIRP 导则并设定发射限值
预防性曝露限值	意大利	运用较大的安全因子来降低曝露限值

（1）谨慎回避。这种以预防为基础的政策是针对工频电磁场提出来的，定义为以低成本或适度成本改变线路走向以及改进电气系统和装置设计，从而降低极低频场曝露。

（2）被动监管行为。这一建议是针对极低频问题在美国提出的，提倡教育公众减少个人曝露的方法，而不是制定某些实际措施来降低曝露。

（3）预防性发射控制。这一政策已在瑞士实行，通过将发射水平控制在"技术上和操作上可行"的尽可能低的程度来降低极低频场曝露，而用来最大程度减少发射的措施同时也应"经济上可行"。

（4）预防性曝露限值。有一些国家把降低曝露限值作为一种预防性措施。

表 2-42 给出了国际上很多国家用于工频电场和磁场曝露的各种预防性政策的不同的具体实例。

表 2-42　各种不同的运用预防性政策限制公众电磁场曝露的方案

政策	国家	限值	内容
基于曝露限值的预防政策	以色列（2001）	$1\mu T$	新建（电力）设施
	意大利（2003）	$100\mu T$	ICNIRP 导则曝露限值
		$10\mu T$	"注意值"，应用于每日 4h 以上的曝露
		$3\mu T$	"质量目标"，仅适用于新建线路和新建住宅
	美国	$15\sim25\mu T$	最大负荷条件下。一些州（如弗罗里达州）规定为法规，一些州（如明尼苏达州）将之作为非正式导则
		$0.2\sim0.4\mu T$	被一些地方条例采纳（如加利福尼亚州的欧文城）
根据人与曝露源间隔的预防政策	爱尔兰（1998）	在已有学校或楼房周围 22m 内不能新建输电线路或变电站	当地政府将不批准在学校和幼儿园中心附近建造电力设施
	荷兰（2005）	增加电力线路与儿童长时间所处区域之间的距离，从而保证他们的平均曝露 $\leqslant0.4\mu T$	针对靠近现有电力线路的新建建筑，或是靠近现有建筑的新建电力线路
	美国	限制在现有输电线路周围新建学校	加利福尼亚教育部采纳
		新建线路必须入地，除非技术上不可行，居民区、学校、幼儿园和校园周围必须有缓冲区	康涅狄格州采纳
基于成本的预防性政策	美国	如果能实现显著减少场强（＞15%）的话，在设计或路径方面做无成本或低成本的改动；4% 作为项目成本的基准值	加利福尼亚州的公共事业委员会采纳
基于非量化目标的预防性政策	澳大利亚（2003）	在容易实施的地方降低曝露	
	瑞典（1996）	降低曝露，但不提出关于水平的建议	包括在设计新建输配电设施时考虑电磁场，并将之建在敏感区域外

从表 2-42 可以看出，表中的这些国家都很重视电磁辐射所带来的潜在的危害。尽管 WHO 推荐 ICNIRP 导则作为电磁辐射限值，但是各国政府还是要考虑本国国情的特点，采用预防性原则制定电磁辐射限值和防护措施。并且，尽管欧盟颁布的指令也建议采用 IC-NIRP 导则（1998）限值，然而欧盟实际上是允许各国制定更严格的限值而不允许制定更宽松的限值的，这也是意大利、瑞士等国家可以采用更低限值的原因。下面总结一下国际上采用了比 ICNIRP 导则规定的电场强度和磁感应强度更严格的国家和地区。

表 2-43　一些国家工频电场与磁场曝露限值

国家	发布时间	E（kV/m）	B（μT）
俄罗斯	1999	1（建筑物外生活场所） 0.5（建筑室内）	50（建筑物生活场所） 10（建筑室内）
瑞士	1999	5	1

续表

国家	发布时间	E（kV/m）	B（μT）
意大利	2003	5	10（学校、住宅） 3（新建的学校、住宅）
斯洛文尼亚	1996	0.5（新建的学校、住宅） 10	10（新建的学校、住宅） 100
美国（弗洛里达州）			15—25
美国（加利福尼亚州的欧文城）			0.2—0.4
中国	1998	4	100

从表 2-43 可以看出，表中国家及地区根据本国国情及考虑预防性原则制定的电场强度、磁感应强度限值比 ICNIRP（2010）中的 5 kV/m、200 μT 相差太大，尤其是对于新建的学校、住宅等敏感场所。俄罗斯的电磁辐射标准考虑了非热效应的影响，对建筑室内及室外制定的标准比目前国内使用的限值要严格得多。意大利考虑预防性原则在 ICNIRP 的限值基础上取了 10 倍的安全因子，所得的限值与俄罗斯的标准相近。

参考文献

[1] 杨维耿，翟国庆. 环境电磁监测与评价［M］. 杭州：浙江大学出版社，2011.
[2] 刘顺华，刘军民，董星龙，段玉平. 电磁波屏蔽及吸波材料［M］. 北京：化学工业出版社，2013.
[3] 周宏杰. 环境电磁场健康风险评估与卫生标准研究［D］. 杭州：浙江大学，2011.
[4] 限制时变电场、磁场和电磁场暴露的导则（ICNIRP）［S］.
[5] 限值时变电场和磁场曝露的导则（1Hz～100kHz）（ICNIRP—2010）［S］.
[6] 关于人体曝露到 0～3kHz 电磁场安全水平的 IEEE 标准（C95.6—2002）［S］.
[7] 曝露在射频 3kHz～300GHz 电磁场安全水平的 IEEE 标准（C95.1—2005）［S］.
[8] 家用和类似用途电器电磁场的评估及测量（IEC62233）［S］.
[9] 电磁辐射控制限值（GB8072—2014）［S］.
[10] 电磁辐射暴露限值和测量方法（GJB 5313—2004）［S］.
[11] 工业、科学和医疗（ISM）射频设备电磁骚扰特性 _ 限值和测量方法（GB4824—2004）
[12] 移动电话电磁辐射局部暴露限值（GB 21288—2007）［S］.
[13] 照明设备对人体电磁辐射的评价（GB/T 31275—2014）［S］.
[14] 辐射环境保护管理导则　电磁辐射检测仪器和方法（HJ/T10.2—1996）［S］.
[15] 辐射环境保护管理导则　电磁辐射环境影响评价方法和标准》（HJ/T10.3—1996）［S］.
[16] 广播电视天线电磁辐射防护规范（GY5054—1995 ）［S］.
[17] 环境影响评价技术导则—输变电工程（HJ24—2014）［S］.
[18] 环境影响评价技术导则—城市轨道交通（HJ453—2008）［S］.
[19] 高压电力线路变电站的工频电场磁场曝露限值（征求意见稿）［S］.
[20] 孔令丰，刘宝华. 电磁辐射防护标准研究及探讨［J］. 中国职业医学，2007，3（34）：232-233.
[21] 李维东. 极低频与射频电磁波应用分类及卫生标准问题探讨［J］. 荆北预防医学杂志，2002，6（13）：23.
[22] 马文华. 电磁辐射标准跟踪研究［J］. 电信工程技术与标准化，2007，1：30-32.
[23] 常媛媛. 电磁生物效应及安全防护标准［J］. 2006 年北京地区高校研究生学术交流会—通信与信息技术会议论文集，2006：238-244.

［24］姜槐，许正平．中国电磁场辐射标准的科学依据的探讨［J］．电磁辐射与健康国际研讨会暨全国
　　　电磁辐射生物学术会议，2003．

［25］张志刚．中国电磁场环境质量标准制定中应考虑的几个因素［J］．电磁辐射与健康国际研讨会暨
　　　全国电磁辐射生物学术会议，2003．

［26］苏小路．国外电磁辐射防护标准的历时变迁［J］．华章，2011（13）：292．

［27］蒋科．人体暴露于射频电磁场欧盟标准及检测方法［J］．电子测试，2013（2）：19-22．

［28］杨东，滕添益，顾海雷，等．环境和电子电气产品电磁辐射标准分析探讨［J］．质量与标准化，
　　　2013，9：56-59．

［29］韦钢，杨毅，周冰．工频电磁场对人体的影响及相关标准分析［J］．上海电力学院学报，2009，2
　　　（25）：145-149．

［30］李莹，刘学成．对我国电磁辐射防护标准的几点建议［J］．中国辐射卫生，2005，2（14）：
　　　157-158．

［31］王建，彭晓武．国内外电磁场管理相关法律法规及标准［J］．环境与健康杂志，2013，2（30）：
　　　162-166．

［32］邵海江，曹勇，林远，等．环境影响评价技术导则 输变电工程（HJ 24—2014）［J］．环境影响评
　　　价，2015，1（37）：24-26．

［33］訾军，常秀丽，何永华，等．工频电磁场暴露限值的确立依据及有关争议［J］．环境与职业医学，
　　　2010，27（10）：607-610．

［34］李妮，邬雄，裴春明．工频电磁场长期曝露健康风险的预防性政策分析［J］．高电压技术，2011，
　　　37（12）：2930-2936．

［35］李妮，邬雄．我国工频电场、磁场曝露限值问题解析［J］．第十届中国科协年会论文集
　　　（二），2008．

第3章 电磁辐射检测方法及设备

3.1 电磁辐射检测方法

据调查，截至 1998 年，广播电视发射设备的发射总功率达到 13 万千瓦，其数量达到 10235 台；而工科医高频设备是数量最多、发射功率最大的能够设备，其发射总功率为 2500 万千瓦，数量达到了 14766 台。发展速度更为迅猛的是移动通信事业，截至 2014 年 1 月，中国已有超过 90.8% 的人拥有移动电话。越来越多的电子设备出现在生活当中，给人们的日常行为带来了很多的方便，然而在其使用过程中造成的电磁污染也受到人们的大量关注。尽管，我们可以采用一些防护措施来避免电磁辐射对环境造成的一些负面影响，但是这些都不能从根本上解决问题。因此，对于电磁辐射我们还是应该尽早预防，一旦发现电磁污染问题就尽早解决，这也就要求我们要用科学的手段对电磁环境进行测量和监控，做到防范于未然，只有这样才能够避免电磁环境的恶性发展，尽量降低电磁辐射的副作用。

我国对于电磁辐射检测方法和对检测设备的规定的主要依据是《辐射环境保护管理导则 电磁辐射监测仪器和方法》(HJ/T 10.2—1996) 和《辐射环境保护管理导则 电磁辐射环境影响评价方法与标准》(HJ/T 10.3—1996)。电磁辐射测量的一般要求有以下几点：

(1) 测量时的环境条件应符合仪器的使用环境条件，测量记录应注明环境条件。

(2) 测量点位置的选取应考虑使测量结果具有代表性。不同的测量目的应采取不同的测量方案。

(3) 测量前应估计最大场强值，以便选择测量设备。测量设备应与所测对象在频率、量程、响应时间等方面相符合，以保证测量的准确。

(4) 测量时必须获得足够的数据量，以保证测量结果准确可靠。

(5) 测量中异常数据的取舍以及测量结果的数据处理应按统计学原则处理。

(6) 电磁辐射测量应建立完整的文件资料以备复查，文件资料包括测量设备的校准证书、测量方案、测量布点图、原始测量数据、统计处理方法等。

(7) 场参数测量时，若用宽带测量设备进行测量，测量值没有超出限值，则不需用其他设备进行测量，否则应使用窄带测量设备进行测量，找出影响测量结果的主要辐射源。

(8) 对固定辐射源（如电视发射塔）进行场参数测量，应设法避免或尽量减少周边偶发的其他辐射源的干扰，对不可避免的干扰估计其对测量结果可能产生的最大误差。

(9) 测量设备应定期校准。

3.2 电磁辐射检测方法分类及设备

3.2.1 电力系统电磁辐射检测方法及设备

随着经济的发展，人们的日常生活越来越离不开电力系统，随着各种电力设备出现在日常生活环境中，其带来的电磁辐射也日益受到人们的关注。

1. 设备工作原理

高压线通常指输送 10kV（含 10kV）以上电压的输电线路，中国国内高压输电线路的电压等级一般分为：35kV、110kV、220kV、330kV、500kV、750kV 等。其中 110kV、330kV 多用于北方地区。一般称 220kV 以下的输电电压叫做高压输电，330 到 750kV 的输电电压叫做超高压输电，1000kV 以上的输电电压叫做特高压输电。输电网络通常连接到多个人口稠密区附近的发电厂变电站，输电线路通常使用三相交流电，而单相交流电有时用于电气化铁路系统。高压直流系统是用于长途传输，或某些海底电缆，或用于连接两个不同的交流网络。电力传输高电压（110kV 或以上），以减少能量在传输中的损失。高压输电在城市一般采用带绝缘层的电缆地下传输，在野外常采用铁塔承载的架空线方式传输。

为了把发电厂发出来的电能输送到较远的地方，必须把电压升高，变为高压电，到用户附近再按需要把电压降低，这种升降电压的工作靠变电站来完成。变电站的主要设备是开关和变压器。变电站主要由以下几部分组成：

（1）变压器。变压器是变电站的主要设备，分为双绕组变压器、三绕组变压器和自耦变压器（即高、低压每相共用一个绕组，从高压绕组中间抽出一个头作为低压绕组的出线的变压器）。电压高低与绕组匝数成正比，电流则与绕组匝数成反比。

（2）电压互感器和电流互感器。它们的工作原理和变压器相似，它们把高电压设备和母线的运行电压、大电流即设备和母线的负荷或短路电流按规定比例变成测量仪表、继电保护及控制设备的低电压和小电流。在额定运行情况下电压互感器二次电压为 100V，电流互感器二次电流为 5A 或 1A。电流互感器的二次绕组经常与负荷相连近于短路。

（3）开关设备。它包括断路器、隔离开关、负荷开关、高压熔断器等使变压器断开和合上电路的设备。断路器在电力系统正常运行情况下用来合上和断开电路；故障时在继电保护装置控制下自动把故障设备和线路断开，还可以有自动重合闸功能。

2. 电磁辐射特性

电力系统包括输电系统和变电站。目前，我国采用 220kV、500kV 的高压输电线路，国外的高压输电线路有的甚至已经升至 750kV。高压输电线路产生的电磁场是典型的工频电磁场，其产生的工频电磁场的最大场强值的位置一般出现在距离输电线路水平距离为 20m 的范围内。高压输电设备的射频电磁辐射基本都是脉冲干扰，局部放电会产生高频部分比较多的干扰信号，其放电的幅值大，脉冲密度小；电晕放电产生的干扰信号中，低频占了比较大的比例，其放电幅值低，脉冲密度大。

在高压变电设备的外部都有接地的金属外壳包围，电磁辐射都被屏蔽在了壳内，在壳外的电场强度很小，因此主要是裸露的高压带电导体（如断路器、互感器、避雷器、高压进线等）产生变电站的工频电场。由于变电站内高低压设备比较多，布置比较复杂，对于其高频电磁场的研究就要比输电线路困难的多，目前还停留在监测分析阶段。目前通过分析 110kV、220kV 和 500kV 及以上超高压变电站周围环境工频磁场、电场的监测结果，发现电压越高，工频电磁场强度越大。

工频电场和磁场特性：从工频电场和磁场的特性方面来说，工频电场很容易被树木、房屋等屏蔽，受到屏蔽后，电场强度明显降低；工频磁场虽然不易被屏蔽，但是随着与输电线路或变电站距离的增加，工频磁场强度较电场强度下降得更快。

输电线路产生的工频磁场，随线路输送电流变化而变化。工频情况下输电线路产生的磁感应强度计算公式为

$$B = \frac{\mu I}{2\pi \sqrt{H^2 + L^2}} \tag{3-1}$$

式中　　B——磁感应强度；

　　　　μ——磁导率；

　　　　I——线路电流；

　　　　H——导线对地垂直高度；

　　　　L——导线在地面上的垂直投影与测点之间的水平距离。

由式（3-1）可见，线路的工频磁感应强度不仅与线路电流有关，而且还和导线高度、导线地面投影与测量点之间的水平距离等参数有关。因此，在线路沿线一些测点的磁感应强度测量值，受到实际测点参数、线路负荷波动以及周围环境等很多因素的影响。

磁感应强度分布与线路的布置情况有关。765kV 和 400kV 线路为三相水平排列的结构，而 132kV 和 220kV 线路为三角形布置的结构，后面这种布置所产生的磁场值明显较低。

3. 检测方法

（1）一般要求

测量正常运行高压架空送电线路工频电场和磁场时，工频电场和磁场测量地点应选在地势平坦、远离树木，没有其他电力线路、通信线路及广播线路的空地上。

测量工频电场和磁场时，测量仪表应架设在地面上 1～2m 的位置，一般情况下选 1.5m，也可根据需要在其他高度测量。测量报告应清楚地标明。

为避免通过测量仪表的支架泄漏电流，工频电场和磁场测量时的环境湿度应在 80% 以下。一般情况下，工频电场可只测量其垂直与地面的分量，即垂直分量；但工频磁场既要测量垂直分量，也要测量其水平分量。

（2）工频电场强度测量

测量人员应离测量仪表的探头足够远，一般情况下至少要 2.5m，避免在仪表处产生较大的电场畸变。测量仪表的尺寸应满足：当仪表介入到电场中测量时，产生电场的边界面（带电或接地表面）上的电荷分布没有明显畸变。测量探头放入区域的电场应均匀或近似均匀。场强仪和固定物体的距离应该不小于 1m，将固定物体对测量值的影响限制到可以接受的水平之内。

（3）工频磁感应强度测量

引起磁场畸变或测量误差的可能性相对于电场而言要小一些，可忽略电介质和弱、非磁性导体的邻近效应，测量探头可以用一个小的电介质手柄支撑，并可由测量人员手持。

采用单轴磁场探头测量磁场时，应调整探头使其位置在测量最大值的方向。

（4）送电线路工频电场和磁场测量

① 送电线路下地面工频电场和磁场测量

送电线路工频电场和磁场测量点应选择在导线档距中央弧垂最低位置的截面方向上，如图 3-1 所示。单回送电线路应以弧垂最低位置中相导线对地投影点为起点，同塔多回送电线路应以弧吹最低位置档距对应两铁塔中央连线对地投影点为起点，测量点应均匀的分布在边相导线两侧的横截面方向上。对于以铁塔对称排列的送电线路，测量点只需在铁塔一侧的横截面方向上布置。测量时两相邻测量点间的距离可以任意选定，但在测量最大值时，两相邻测量点间的距离应不大于 1m。送电线路下工频电场和磁场一般测至距离边导线对外投影外 50m 处即可。送电线路最大电场强度一般出现在边相外，而最大磁场强度一般应在中相导线的正下方附近。

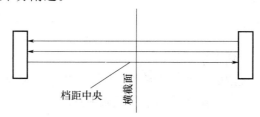

图 3-1　高压输送电线监测布点示意图

除在线路横截面方向上测量外，也可在线下其他感兴趣的位置进行测量，但测量条件必须满足（1）的要求，同时也要详细记录测量点以及周围的环境情况。

② 送电线路邻近民房工频电场和磁场测量

民房内场强测量：应在距离墙壁和其他固定物体 1.5m 外的区域内测量所在房间的工频电场和磁场，并测出最大值，作为评价依据。如不能满足上述与墙面距离的要求，则取房屋空间平面中心作为测量点，但测量点与周围固定物体（如墙壁）间的距离至少 1m。

民房阳台上场强测量：当阳台的几何尺寸满足民房内场强测量点布置要求时，阳台上的场强测量方法与民房内场强测量方法相同；若阳台的几何尺寸不满足民房内场强测量点布置要求，则应在阳台中央位置测量。

民房楼顶平台上场强测量：应在距离周围墙壁和其他固定物体（如护栏）1.5m 外的区域内测量工频电场和磁场，并得出测量最大值。若民房楼顶平台的几何尺寸不满足这个条件，则应在平台中央位置进行测量。

（5）变电站工频电场和磁场测量

① 变电站内工频电场和磁场测量

变电站内工频电场和磁场测量点应选择在变电站巡视走道、控制楼以及其他电磁敏感位置。测量高压设备附近的工频电场时，测量探头应距离该设备外壳边界 2.5m，并测量出高压设备附近场强的最大值；测量高压设备附近的工频磁场时，测量探头距离设备外壳边界 1m 即可。其他测量条件应满足（1）的要求。

② 变电站外工频电场和磁场测量

变电站围墙外的工频电场和磁场测量：工频电场和磁场测量点应该选在无进出线或远离进出线的围墙外且距离围墙 5m 的地方布置，测量工频电场强度和磁场强度的最大值。变电站围墙外工频电场和磁场测至围墙外 50m 处即可。

变电站围墙外工频电场和磁场衰减测量：工频电场衰减测量点以变电站围墙周围的电场测量最大值点为起点，在垂直于围墙的方向上分布。工频磁场衰减测量点以变电站围墙周围的工频磁场测量最大值点为起点，在垂直于围墙的方向上分布。在测量场强衰减时，相邻两测点间的距离一般为 2m 或 5m，但也可选其他的距离，所有这些参数均应记录在测量报告中。

（6）测量读数

在特定的时间、地点和气象条件下，若仪表读数是稳定的，测量读数为稳定时的仪表读数；若仪表读数是波动的，应每 1min 读一个数，取 5min 的平均值为测量读数。

除测量数据外，对于线路应记录导线排列情况、导线高度、相间距离、导线型号以及导线分裂数、线路电压、电流等线路参数；对于变电站应记录测量位置处的设备布置、设备名称以及母线电压与电流等。除线路和变电站以上参数外，还应记录测量时间、环境温度、湿度、仪器型号等。

4. 检测设备

电力系统所产生的电磁辐射主要为 50Hz 的工频电场和磁场，还包含少量的几 kHz 的电磁波，在该频段内的电磁波的特点是波长长，辐射强度衰减速度快，作用范围处于近区场，电场强度和磁感应强度不成比例关系，需要分别测量。

工频电场和磁场的测量必须使用专用的探头或工频电场和磁场测量仪器。工频电场测量仪器和工频磁场测量仪器可以是单独的探头，也可以是将两者合成的仪器。无论哪种型式的仪器，必须经计量部门检定，且在检定有效期内。

测量仪器的频率响应范围要从工频分布到几十 kHz。测量量程：电场强度至少达到 10kV/m，磁感应强度的最大值应在 $200\mu T$ 以上，推荐使用 PMM8053B 配 EHP-50C 工频探头。

（1）PMM8053B 是一套通用型和可扩展型测试系统，国内使用数量较多，适用于电磁场测量。这套系统由不同的电场、磁场探头和一个带有 LCD 大显示屏的便携式测量器组成。仪器的参数如下：

① 频率范围

频率范围：5Hz～40GHz

动态范围：＞120dB

单位：V/m，kV/m，mW/cm^2，W/m^2，A/m，μT，mT

② LCD 显示数据

测量数据：X、Y、Z 三个方向的绝对值、百分比和总值

时间：内置时钟时间显示

探头：显示探头类型及校准时间

柱状图：模拟强度显示（线性、对数）对应实时测量值

存储：单文件存储 32700 个测量数据（8100 个多文件存储测量数据）

报警：用户可设置阈值、声音和屏幕闪烁信号报警

功能：最小值、最大值和平均值（RMS 平均和 AVG 平均用户可选）

平均模式：算术平均、均方根（RMS）平均、手动和空间平均

平均时间：32 个采样点平均、30s、1min、2min、3min、6min、10min、15min、30min 可选

数据采集：采样模式（10～900s/采样），数据变更值、超阈值、1s、10s、（记录器）6～1min、6～6min、6min 平均、手动、频谱分析（使用 EHP-50C 探头时）

时域显示：最快模式、1min、2min、10min、30min、60min 设置

配合使用 EHP-50C 低频电-磁场测量探头，该探头的频率响应范围为 5Hz～100kHz，各向同性；电场强度和磁感应强度的量程分别达到 0.01V/m～100kV/m 和 1nT～10mT，具有频谱分析功能和 7 个带宽选择。可满足电力系统的电磁辐射测量要求。

（2）电力系统的测量设备推荐二使用美国 HOLADAY 生产的 HI-3604 工频电磁强度测量仪（图 3-2）。HI-3604 是专门为检测 50/60Hz 电力线，有电设备和设施，视频显示终端等周围的电磁场强度而设计的，该仪器液晶显示器显示的单位可选择 mG、G、V/m、kV/m，并有图形显示功能，可定位电磁场源位置及强辐射点。测量探头为单探头，仪器面板为覆膜式按键设计，内部存储器可存储 127 个读数。

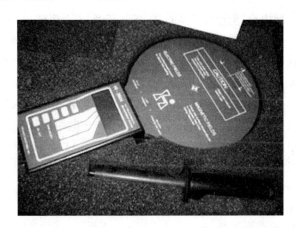

图 3-2　HI-3604 工频电磁强度测量仪

① 配置

标配：电磁场两用探头（单轴），显示部分，绝缘手柄，使用手册，便携箱

选件：HI3616 远方显示器，HI4413 RS232 光纤 MODEM，三脚架

② 技术参数

频率响应：30～2000Hz

频率响应：±0.5dB（50～1000Hz）

　　　　　±2.0dB（30～2000Hz）

电场测量范围：1V/m～200kV/m

磁场测量范围：0.2mG～20G

检测：单向

响应：真有效值

存储：内置，最多 127 个读数

环境：温度：10～40℃湿度：5%～95%不冷凝

传感器：同心圆盘位移电流电场传感器，电场屏蔽磁场感应线圈，直径 6.5 英寸（16.5cm），400 匝通过按钮测量电场和磁场

特点：所有功能和量程选择通过前置面板上的覆膜按钮实现，内部电子控制开关，自

动选择电场和磁场测量所需量程，最大特点是可存储和显示大量数据

幅值响应：电场传感器和磁场传感器用于测量某一时刻单一场的极化分量。电源：两节 9V 碱性电池（NED1604A，DURACELL MN1604 或类似电池）

输出：液晶显示，听筒插孔的前置放大输出（传感器的模拟信号放大到 1mV；为实现远程控制而连接到 HI-3604 的数字光纤信号）。

3.2.2　广播电视发射设备电磁辐射检测方法及设备

近年来，随着广播电视无线覆盖技术不断取得重大成就，广播电视逐渐成为人民群众认识、了解社会信息和享受文化生活的一种重要形式。然而广播电视的发射设备也会造成环境电磁污染。

1. 设备工作原理

广播电台播出节目是首先把声音通过话筒转换成音频电信号，经放大后被高频信号（载波）调制，这时高频载波信号的某一参量随着音频信号作相应的变化，使我们要传送的音频信号包含在高频载波信号之内，高频信号再经放大，然后当高频电流流过天线时，形成无线电波向外发射，无线电波传播速度为 $3\times10^8\,\mathrm{m/s}$，这种无线电波被收音机天线接收，然后经过放大、解调，还原为音频电信号，送入喇叭音圈中，引起纸盆相应的振动，就可以还原声音，即是声电转换传送——电声转换的过程。

中波广播频率范围为 $526.5\sim1606.5\mathrm{kHz}$，目前中波广播一般采用单塔全向天线，用的最多的是 150kW 的半波天线塔和 10kW 的 1/4 波长天线塔。在天线塔附近的高场强区，天波场强远小于地波场强，从辐射防护角度看，只考虑地波场强即可，其信号强度和距离成反比关系。

2. 电磁辐射特性

广播电视塔天线辐射的主方向与塔垂直，辐射的大部分指向空间。在塔的近区域，造成辐射影响的是副瓣场强。因此在布点监测时可考虑水平方向和垂直方向。调频和电视发射的电磁波为空间直线传播形式，易受市区内楼房建筑的遮挡和反射。电视调频广播为 $87\sim108\mathrm{MHz}$，VHF 的低段为 $48\sim92\mathrm{MHz}$，高段为 $167\sim223\mathrm{MHz}$；电视 UHF 低段为 $470\sim560\mathrm{MHz}$，高段为 $604\sim960\mathrm{MHz}$。如图 3-3 所示为电视、调频广播发射信号的传播，接收点的场强为：

$$E=E_1|1+|R|e^{-j(k\triangle r+\varphi)}|\tag{3-2}$$

$$E_1=\frac{173\sqrt{P_TG_T}}{r}F(\theta,\varphi)(\mathrm{mV/m})\tag{3-3}$$

式中　　E_1——直射波的场强；

　　　　P_t——发射功率（kW）；

　　　　G_t——发射天线的增益；

　　　　r——接收点距发射天线的距离（km）；

$F(\theta,\varphi)$——发射天线相对于接收点的方向图函数；

$\triangle r=r_2-r_1$——波程差；

$k=2\pi/\lambda$。

对于中等干地，地面反射系数的模是 $0.6\sim1$，反射系数的相角是 $180°$。

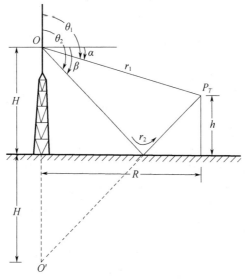

图 3-3　电视、调频广播发射信号的传播

3．检测方法

（1）监测点位

水平方向监测布点如图 3-4 所示，布点安排为 50m、100m、200m、300m、400m、500m、600m、700m、800m、1000m、1500m、2000m，测量范围根据实际情况适当调整。同时为周围评价范围内敏感目标处进行测量，如为楼房可进一步选择不同楼层的阳台选点进行测量。测量高度一般距地面或立足点 1.7～2.0m，也可根据不同目的，选择测量高度。

对于 150kW 的半波天线塔，重点测量 800m 内，对于 10kW 的 1/4 波长天线塔重点测量 100m 以内。

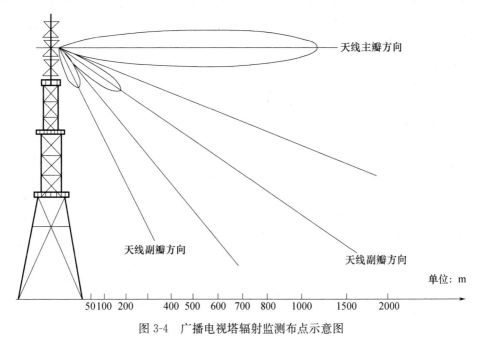

图 3-4　广播电视塔辐射监测布点示意图

（2）测量场地的要求

① 固定测量

a. 测量地点应该根据实际情况尽量选择在空旷平坦的地方，要求没有其他反射杂波反射回测量点。

b. 应保证远离主要高压输电线、变电所、工厂等，确保上述设施对测量没有明显干扰（或者背景噪声电平应比被测信号电平低 20dB 以上）。

c. 应能提供全天候监测。

② 移动测量

当测量发射天线的电磁场强度时，测量点应该选择在平坦空旷的地方，并且其前后应没有大片的树林和输电线路。

在实际测量过程中，若不能满足上述要求，则需要说明测量点的实际地理环境。

（3）接收天线

在测量场强值时，标准的接收天线架设高度应该为距离地面 10m，若在移动测量时可以根据实际测量情况将接收天线的架设高度改为 4m，但是此时需要加高度校正，可根据实测结果求得高度的校正因子。在下述情况下需要对接收天线的架设高度和实际测量点的海拔进行说明：即当架设高度受到实际测量地方或者特殊测量内容限制时，不可以将其设定为标准高度的情况下。另外，除了一些特殊测量外，接收天线的极化方式应该和发射天线一致，为了检测出场强的最大值，需要在测量过程转动接收天线的指向。

（4）监测结果

每次的观测时间应大于 1min，读取测量数据，以观测期间测量仪表达到的最大值作为信号场强的实测值。在测量过程中应尽量避免或减少附近偶发性的其他电磁辐射干扰源，对于不能够避免的电磁干扰需要对其可能对测量结果造成的最大误差进行估计。

（5）记录内容

包括测量时间、天气条件；测量信号的类型；信号发射台的位置、海拔高度；场强仪的带宽和检波方式；测量点的布点位置、每个测试点之间的距离、方位；接收天线的型式、架设高度；原始记录数据和测试人员名单。

4. 检测设备

有以下监测设施可供选择，可以根据实际的测量情况选择。

（1）固定测量车；

（2）测量车；

（3）便携式测量设备。

监测仪器主要有：

（1）场强仪；

（2）接收天线和联接馈线。

联接馈线和接收天线都必须与场强仪是配套的；场强仪和联接馈线、接收天线之间应有比较好的阻抗匹配。

另外，还可以根据实际情况选择记录仪、计算机、电视接收机等仪器设备。

综合考虑，采用便携式测量设备是最方便的选择，要测量 30MHz 到 1GHz 的宽带，接收天线与联接馈线的阻抗匹配也要设计多套方案，优选 PMM8053B 配 EP330 射频探头测量。关于 PMM8053B 的介绍见上文，射频测量电场探头 EP330 的频率响应范围

100kHz～3GHz，量程为 0.3～300V/m，各向同性。该探头的测量精度达到 0.3V/m，测量频率覆盖广播、电视、电台等信号，与 PMM8053B 主机配套使用，可满足广播电视发射设备电磁辐射的检测要求。

3.2.3　移动通信基站电磁辐射检测方法及设备

1. 设备工作原理

现代社会，在移动通信中，基站的主要作用是当作移动通信系统中的中继站系统，也就是说基站是被用来作为信号传输的接力站的。基站发射机的工作原理是：把由频率合成器提供的频率为 766.9125～791.8875MHz 的载频信号与 168.1MHz 的已调信号，分别经滤波进入双平衡变频器，并获得频率为 935.0125～959.9875MHz 的射频信号，此射频信号再经滤波和放大后进入驱动级，驱动级的输出功率约 2.4W，然后加到功率放大器模块。功率控制电路采用负反馈技术自动调整前置驱动级或推动级的输出功率以使驱动级的输出功率保持在额定值上。也就是把接收到的信号加以稳定再发送出去，这样可有效地减少或避免通信信号在无线传输中的损失，保证用户的通信质量。功率放大器模块的作用是把信号放大到 10W，不过这也依据实际情况而定，如果小区发射信号半径较大，也可采用 25W 或 40W 的功放模块，以增强信号的发送半径。

移动通信基站天线有定向和全向两种，定向天线一般应用于城区小区制的移动通信基站站型，覆盖范围小，用户密度大，频率利用率高；全向天线一般应用于郊县大区制的移动通信基站站型，覆盖范围较大。典型的定向天线和全向天线外观如图 3-5 所示。

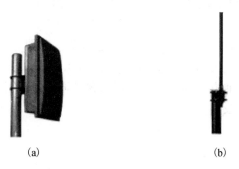

(a)　　　　　　　　　　　　(b)

图 3-5　移动通信基站天线示意图

（a）定向；（b）全向

2. 电磁辐射特性

主要的技术参数：

在测量移动通信基站的电磁环境时，用到的主要技术参数有发射功率、极化方式、增益、辐射方向图、下倾角等。

（1）天线发射功率

移动通信基站的天线发射功率的计算见式（3-4）。

$$天线发射功率＝功放输出功率－馈线损耗　（dB）　　　　　　（3-4）$$

（2）极化方式

天线的极化是指信号在空间传输过程中，电磁辐射中电场在不同时刻的方向点所形成的轨迹。当发射天线极化方式与接收天线匹配时，可获得最佳信号。根据电场在不同时刻方向点的移动轨迹，天线极化可分为三种情况，如图 3-6 所示。

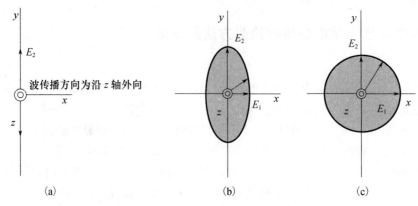

图 3-6　天线的极化

（a）线极化；（b）椭圆极化；（c）圆极化

（3）天线增益

天线的 G 表示天线辐射能力的集中程度，近似的等于在相同距离处，且天线辐射功率相同的条件下，天线在最大辐射方向上的辐射功率密度 S_{max} 和无方向性天线的辐射功率密度 S_0 之比。

（4）辐射方向图

如图 3-7 所示是完整的天线方向图，其可以在球坐标系下用三维立体方向图来表示。

（5）下倾角

水平面与天线的最大辐射方向的夹角为天线的下倾角，如图 3-8 所示。在城市区域，移动通信基站分布的比较密集，所以一般天线不会挂的比较高，下倾角一般为 $3°\sim12°$；而在农村或者郊区等一些偏远地方，运营商为了扩大移动通信基站的覆盖面积，会把天线挂的比较高，从而下倾角会比较小。

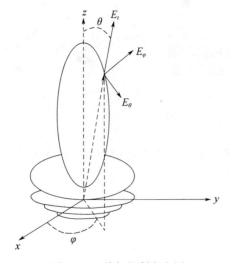

图 3-7　三维场辐射方向图

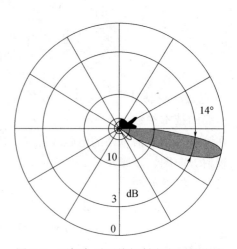

图 3-8　下倾角对天线辐射方向图的影响

3．检测方法

（1）基本要求

监测前收集被测移动通信基站的基本信息，包括：

① 移动通信基站名称、编号、建设地点、建设单位、类型；

② 发射机型号、发射频率范围、标称功率、实际发射功率；

③ 天线数目、天线型号、天线载频数、天线增益、天线极化方式、天线架设方式、钢塔桅类型（钢塔架、拉线塔、单管塔等）、天线离地高度、天线方向角、天线俯仰角、水平半功率角、垂直半功率角等参数。

测量仪器应与所测基站在频率、量程、响应时间等方面相符合，以保证监测的准确。

使用非选频式宽带辐射测量仪器监测时，若监测结果超出管理限值，还应使用选频式辐射测量仪对该点位进行选频测试，测定该点位在移动通信基站发射频段范围内的电磁辐射功率密度（电场强度）值，判断主要辐射源的贡献量。

选用具有全向性探头（天线）测量仪器的测量结果作为与标准对比的依据。

（2）监测参数的选取

根据移动通信基站的发射频率，对所有场所监测其功率密度（或电场强度）。

（3）监测点位的选择

监测点位一般布设在以发射天线为中心半径 50M 的范围内可能受到影响的的保护目标，根据现场环境情况可对点位进行适当调整。具体点位优先布设在公众可以到达的距离天线最近处，也可根据不同目的选择监测点位。移动通信基站发射天线为定向天线时，则监测点位的布设原则上设在天线主瓣方向内。探头（天线）尖端与操作人员之间距离不少于 0.5M。在室内监测，一般选取房间中央位置，点位与家用电器等设备之间距离不少于 1M。在窗口（阳台）位置监测，探头（天线）尖端应在窗框（阳台）界面以内。对于发射天线架设在楼顶的基站，在楼顶公众可活动范围内布设监测点位。

（4）监测时间和读数

在移动通信基站正常工作时间内进行监测。每个测点连续测 5 次，每次监测时间不小于 15s，并读取稳定状态下的最大值。若监测读数起伏较大时，适当延长监测时间。

测量仪器为自动测试系统时，可设置于平均方式，每次测试时间不少于 6min，连续取样数据采集取样率为 2 次/s。

（5）测量高度

测量仪器探头（天线）尖端距地面（或立足点）1.7m。根据不同监测目的，可调整测量高度。

（6）记录

① 移动通信基站信息的记录

记录移动通信基站名称、编号、建设单位、地理位置（详细地址或经纬度）、移动通信基站类型、发射频率范围、天线离地高度、钢塔桅类型（钢塔架、拉线塔、单管塔等）等参数。

② 监测条件的记录

记录环境温度、相对湿度、天气状况。

记录监测开始结束时间、监测人员、测量仪器。

③ 监测结果的记录

记录以移动通信基站发射天线为中心半径 50m 范围内的监测点位示意图，标注移动通信基站和其他电磁发射源的位置。

记录监测点位具体名称和监测数据。

记录监测点位与移动通信基站发射天线的距离。

选频监测时，建议保存频谱分布图。

（7）数据处理

① 如果测量仪器读出的场强测量值的单位为 dBμV/m，则先按下列公式换算成以 V/m 为单位的场强测量值：

$$E_i = 10^{\left(\frac{x}{20} - 6\right)} \quad (V/m) \tag{3-5}$$

式中　x——场强仪读数（dBμV/m）。

然后依次按下列各公式计算：

$$E = \frac{1}{n} \sum_{}^{n} Ei \quad (V/m) \tag{3-6}$$

$$E_S = \sqrt{\sum_{}^{n} E^2} \quad (V/m) \tag{3-7}$$

$$E_G = \frac{1}{M} \sum E_S \quad (V/m) \tag{3-8}$$

上述各式中　E_i——在某测量位、某频段中被测频率 i 的测量场强瞬时值（V/m）；

　　　　　n——E_i 值的读数个数；

　　　　　E——在某测量位、某频段中各被测频率 i 的场强平均值（V/m）；

　　　　　E_S——在某测量位、某频段中各被测频率的综合场强（V/m）；

　　　　　E_G——在某测量位、在 24h（或一定时间内）内测量某频段后的总的平均综合场强（V/m）；

　　　　　M——在 24h（或一定时间内）内测量某频段的测量次数。

4. 检测设备

测量仪器根据监测目的分为非选频式宽带辐射测量仪和选频式辐射测量仪。进行移动通信基站电磁辐射环境监测时，采用非选频式宽带辐射测量仪；需要了解多个电磁波发射源中各个发射源的电磁辐射贡献量时，则采用选频式辐射测量仪。

测量仪器工作性能应满足待测场要求，仪器应定期检定或校准。

监测应尽量选用具有全向性探头（天线）的测量仪器。使用非全向性探头（天线）时，监测期间必须调节探测方向，直至测到最大场强值。

（1）非选频式宽带辐射测量仪

非选频式宽带辐射测量仪是指具有各向同性响应或有方向性探头（天线）的宽带辐射测量仪。仪器监测值为仪器频率范围内所有频率点上场强的综合值，应用于宽频段电磁辐射的监测。

测量设备的频率范围和量程应满足监测需要，使用非选频式宽带辐射测量仪实施环境监测时，为了确保环境监测的质量，应对这类仪器电性能提出基本要求，见表 3-1。

表 3-1 非选频式宽带辐射测量仪电性能基本要求

项目	指标	
频率响应	在 800MHz 至 3Gz 之间	探头的线性度应当优于±1.5dB
	在探头覆盖的其他频率上	探头的线性度应当优于±3dB
动态范围	探头的下检出限应当优于 $0.7\times10^{-3}\mathrm{W/m^2}$（0.5V/m） 上检出限应优 25W/m²（100V/m）	
各向同性	必须对整套测量系统评估其各向同性，各向同性偏差必须小于 2dB	

（2）选频式辐射测量仪

选频式辐射测量仪主要是指能够对带宽内某一特定发射的部分频谱分量进行接收和处理的场强测量设备。

根据具体监测需要，可选择不同量程、不同频率范围的选频式辐射测量仪，仪器选择的基本要求是能够覆盖所监测的频率，量程、分辨率能够满足监测要求，电性能基本要求见表 3-2。

表 3-2 选频式辐射测量仪电性能基本要求

项目	指标
测量误差	小于±3dB
频率误差	小于被测频率的 10^{-3} 数量级
动态范围	最小电平应当优于 $0.7\times10^{-3}\mathrm{W/m^2}$（0.5V/m） 最大电平应优于 25W/m²（100V/m）
各向同性	在其测量范围内，探头的各向同性应优于±2.5dB

3.2.4 工业、科研、医疗射频设备电磁辐射测试方法及设备

随着电子工业的迅速发展，射频大功率设备在我国工业、科学和医疗等方面得到广泛应用。设备功率越来越大，人们受到照射的机会也越来越多，大强度高频电磁感应场对作业人员的身体健康会产生一定影响，某些强定向高频发射设备还可能对附近环境造成较大污染，甚至对通信造成干扰。

1. 设备工作原理

工业、医疗、科研设备统称为 ISM 设备，包括介质、感应和微波加热设备，以及射频溅射设备、大功率信号源、电气医疗设备等，具体的 ISM 设备见表 3-3。ISM 设备种类多、数量大、功率大、增长速度快。ISM 设备的电磁辐射泄漏对附近几百米以内的电磁环境影响很大。ISM 设备泄漏的高次谐波一般都不在自由辐射频率范围内，对广播、通信的接收都会造成影响。ISM 设备产生电磁辐射的原因是由于电磁通过机壳、机壳上的空隙或者连接电缆而发生泄漏。辐射场的场强值的影响因素有设备的屏蔽效果、机壳空隙的位置和设备的电磁功率等。

国际无线电干扰特别委员会（CISPR）把 ISM 设备分成两大组：

第一组：包括所有在设备中有意产生的和/或使用传导耦合的射频能量的 ISM 设备，这种能量对设备本身在内部的运转是必需的。

第一组又分为 A、B 两类设备：

A 类设备：除了家用设备和那些直接与住宅建筑供电的低压电网相连的设备之外的所有设备。

B 类设备：适用于家用设备和直接与住宅建筑供电的低压电网相连的设备。

第二组：包括所有的这样一些 ISM 设备，有意产生和/或利用射频能量，以电磁辐射的形式对材料进行处理。

表 3-3　工、科、医各类电磁设备

用途	设备名录	应用领域
工业用电磁设备类	高频、中频感应加热设备（高频溶炼设备、高频淬火设备、高频焊接设备）	热处理、热锻成型、焊接、金属熔炼、其他需对金属加热的场合
	高频介质加热设备（塑料热合，压花，熔接，箔印机、高频干燥处理机、高频灭菌处理机、介质加热联动机）	塑料、纺织、化工、食品、药品、建材等行业
	微波加热设备（微波加热设备、微波灭菌设备、微波干燥设备）	药品、食品、化工、建材等行业
	射频溅射设备（射频溅射镀膜设备）	半导体和光电产品的制造
科学研究用电磁设备类	磁粉探伤仪等	
医疗用电磁设备类	高频理疗机、超短波理疗机、紫外线理疗机、高频透热机（包括热疗癌机、微波电疗机等）、高频烧灼器、高频手术刀、微波针灸设备等	医疗领域
其他	电焊机、电弧炉等	

2. 电磁辐射特性

我国工业、科学、医疗电磁辐射设备大致分为高频感应加热设备、高频介质加热设备、豁免水平以上的电疗和诊断设备、工业微波加热设备、射频溅射设备五类，各类别的种类和技术参数分述如下：

（1）高频感应加热设备

主要依靠高频感应在被加工物内产生涡流加热，其被加工物均为导体和半导体，输出频率数百 kHz，输出功率 5～1000kW，包括高频熔炼设备、高频淬火设备和高频焊接设备。主要应用在：

热处理：各种金属的局部或整体淬火、退火、回火、透热；

热锻热成型：各种金属棒料整料锻打、局部锻打、热镦、热轧；

焊接：各种金属制品钎焊，各种硬质合金刀具，锯片锯齿的焊接，钢管、铜管焊接，同种异种金属焊接；

金属熔炼：金、银、铜、铁、铝等金属的（真空）熔炼、粉末冶金烧结和金属熔炼；

其他应用：热配合、瓶口热封、牙膏皮热封、粉末涂装、金属植入塑料等其他需对金属加热的场合。

（2）高频介质加热设备

主要依靠高频电磁场在介质内的损耗加热，其被加工物为绝缘体。输出频率数 MHz 至数十 MHz，输出功率 1～1000kW，包括塑料热合机、高频干燥处理机、介质加热联动机等，主要应用在：

塑料行业：PVC 塑料热合、熔接、压花、箔印；

纺织行业：合成纤维、毛纺品、羊毛的烘干、杀菌、染料固色；

化工行业：各类粉、粒、块状化工原料的烘干、成形；

食品行业：粮食干燥和杀菌，鱼、肉类解冻和杀菌，大豆的软化；

药品行业：各种中草药、粉粒药品烘干、杀菌；

木材行业：木材烘干、杀虫、曲木成型、木制品胶合。

（3）豁免水平以上的电疗和诊断设备

电磁能在医疗行业运用广泛，电磁能量的工作对象为人，频率为数百 kHz 至数 GHz，功率较小为几十至数百瓦。主要为高频理疗机、超短波理疗机、紫外线理疗机、高频透热机（包括热疗癌机、微波电疗机等）、高频烧灼器、高频手术刀、微波针灸设备、核磁共振等。

（4）工业微波加热设备

工业微波加热设备与高频介质加热设备类似，都是利用电磁波辐射在介质内损耗能量从而使介质加热的，但两者的区别是电磁波的频段不同。工业微波加热设备的工作频段比高频介质加热设备高，根据我国无线电管理委员会的规定，工业加热的微波频率为915MHz 和 2450MHz，功率几十至数百千瓦，这类设备可广泛用于各行业的加热、烘干、灭菌工艺等。如：

药品领域：中西药材、药粉、药丸干燥灭菌；

食品领域：微波灭菌、加热、解冻；

建材领域：木材干燥杀虫；

纺织领域：玻璃纤维、化纤烘干等；

化工领域：微波橡胶硫化、石油产品加热和原油解冻等；

其他领域：如茶叶微波杀青、干燥。

（5）射频溅射设备

主要用在镀膜中，导体和绝缘体都可以被作为被频溅材料，频率在十多 MHz，如玻璃射频浅射镀膜。

ISM 设备电磁辐射有以下几种传播途径：

（1）通过设备的天线，即通过天线辐射的主瓣、旁瓣、后瓣等功能性途径向外辐射；

（2）透过设备的机壳向外辐射，这是由于机壳的材料与厚度不足以将穿过它的电磁波衰减掉，或者机壳接地不良，未能对电磁波起屏蔽作用；

（3）透过设备机壳上各种缝隙，如轴孔、连接器孔、通风孔等的泄露向外辐射；

（4）通过设备间的连接电缆和装配不好的连接器向外辐射，也可通过编织屏蔽层的泄漏向外辐射；

（5）非正常辐射：干扰源辐射的电磁波在其邻近的金属构件上感应出电流与电压，并通过"开关效应"和非线性效应等产生宽带干扰。所谓"开关效应"是由金属构件，如索具、栏杆、门窗的断续连接产生脉冲型二次辐射。非线性效应指活动金属构件之间的不良电气连接于金属表面氧化物，往往呈非线性阻抗，具有检波和混频作用。在受不同频率的电磁波照射后，它们能产生新的频率的二次辐射。另外，即使接地良好的金属构件其表面的感应电流也将产生很强的二次辐射。

3. 检测方法

（1）测量点的选择

调查中发现，高频设备一般都安装在厂房的一侧，因此测试电磁辐射区域可以确定为一个扇形区域，即以高频设备安装地点为相对水平零点，以间隔45°的四个方位作测量线，每条测量线上取距水平零点（辐射源）0.2m、0.5m、1.0m、1.50m四个测点。

为了能准确地描述电磁场在空间的分布规律，按操作人员操作时的姿势（立姿或坐姿）形成空间中的放射状的立体测线，即对同一方位的同一距离，分别测头部（约1.7m高）、胸部（约1.3m高）、腹部（约0.8m高）三个部位垂直高度。

（2）测量步骤

① 被测高频设备应处于正常工作状态。

② 测试电场强度时，天线杆与被测部位垂直。

③ 测试磁场时，探头的环形天线与被测部位平行。

④ 测试范围是以作业人员经常活动的区域而定，但以近场仪读数为零时的点距辐射源的距离为实测的区域半径。

⑤ 测试天线的垂直移动范围以作业人员的作业姿势而定。测量人员手握探头的下部，手臂尽量伸直，将天线置入被测部位，测量者身体应避开天线杆的延伸线方向。

⑥ 测试天线的测走方位，是以被测点为中心，全方位移动天线，以表针指示最大值时天线位置为本点的测定方位。

⑦ 为避免作业人员对被测点的场强影响，作业人员（除现场操作员外）应远离操作带。探头周围1m以内不应站人或放置其他金属物，转动天线探头使仪表的指针指示最大（即电场强度最大点），此时仪表的读数即为该操作部位的电场强度值。

4. 检测设备

测量仪器应为具有准峰值和平均值检波器的测量接收机。测量接收机应具有这样的特性：即当被测场强的频率变化时，不会影响测量结果。为避免测量仪器可能错误地产生不符合限值的指示，测量接收机不应在接近工科医指配频段边缘频率上调谐，即测量仪器调谐频率上的6dB带宽的频点，不应和指配频段的某个边缘相衔接。对1GHz以上频段的测量，应使用CISPR 16-1规定特性的频谱分析仪。

对于ISM设备发射电磁波的特点，电磁辐射测量最好选用频谱分析仪，德国安诺尼产品HF-60105的技术指标如下，可以满足ISM电磁辐射的测量要求。

频率范围：1MHz～9.4GHz

显示平均噪声电平：−155dBm（1Hz）

显示平均噪声电平：−170dBm（1Hz）前置功放开

最大测量输入电平：+20dBm

最大测量输入电平：+40dBm（加选件）

最小采样时间：5ms

分辨率带宽：200Hz至50MHz

EMC滤波器：200Hz，9kHz，120kHz，200kHz，1.5MHz，5MHz

单位：dBm，dBμV，V/m，A/m，W/m（dBμV/m，W/cm ETC. VIA PC SOFT-WARE）

检波器：均方根，峰值

解调：AM FM PM GSM

输入端口：50Ω 阻抗，SMA 端口输入

测量精度：±1dB

3.2.5 交通运输系统电磁辐射检测方法及设备

电力机车、有无轨电车、轻轨地铁等，全国目前已广泛应用，线路总长度不断增长，在交通运输系统快速发展的同时，电气化铁路带来的影响也日益突出。电气化铁路和城市轨道交通的电磁辐射监测主要包括工频电磁辐射、无线电干扰及射频电磁辐射的监测。

1 测量方法

工频电磁场的监测方法可参照《环境影响评价技术导则输变电工程》（报批稿）、《高压交流架空送电线路、变电站工频电场和磁场测量方法》（DL/T988）等相关规定进行测量。电视信号强度的监测方法应按照《电视、调频广播场强测量方法》（GB/T14109）的有关规定进行。

1）工频电磁场测量布点

• 可在拟建 110kV（含）以上变电站四周边界外 5m 处均匀布点进行测量，测量仪器探头应架在地面上 1～2m 的位置，一般情况下选择 1.5m，也可根据需要在其他高度测量。测量报告应清楚的标明。

• 敏感目标的工频电磁辐射监测，测量点位应选在地势平坦、远离树木、没有其他电力线路、通信线路及广播线路的空地上。

• 敏感目标室内场强的测量：应在距离墙壁和其他固定物体 1.5m 外的区域内测量所在房间的工频电场和磁场，并测出最大值作为评价依据。如果不能满足上述与墙壁距离的要求，则选取房屋空间平面中间作为测量点，但测量点与周围固定物体间的距离至少 1m。

• 敏感目标阳台上的场强测量：当阳台的几何尺寸满足室内场强测量的布点要求时，其测量方法与室内相同；若不满足室内测量要求，则在阳台中央位置布点测量。

• 敏感目标楼顶平台上的场强测量：应在距离周围墙壁和其他固定物体（如护栏）1.5m 外的区域内测量工频电场和磁场，并测量最大值。如果楼顶的几何尺寸不满足上述条件，则应在平台中央位置进行测量。

2）电视信号场强测量布点

（a）测量场地要求

固定测量：周围场地应空旷平坦，半径 400m 范围内无建筑物、大批树木等障碍物，要求没有反射杂波到达测量点；应离主要交通运输公路、高压输电线、变电所、工厂等较远，保证没有来自上述设施的明显干扰（或背景噪声电平应较预测信号电平低 20dB 以上）；应能提供全天候收测。

移动测量：当测量发射天线馈电系统的效果时，测量点周围应比较空旷平坦，在前方 200m 内，两侧及后方 100m 内无建筑物、树林及高压线等。如果上述要求不能满足时，应说明测量点的环境条件。当测量特定环境下的信号电磁辐射场强时，只要求详细说明测量点的环境状况、接收天线具体位置以及传播途径上的特点。

（b）接收电线的规定

除特殊测量外，接收天线的极化必须与发射天线保持一致。

测量场强时接收天线的标准假设高度为离地面 10m，若移动测量时有困哪，也可以改成 4m，但需要加高度校正，校正因子据实测结果求得。若因测量点环境限制或者测量内容的特殊要求，场强仪接收天线的假设高度为非标准值时，需说明接收天线的离地高度和当地的海拔高度。

测量最大值作为评价依据。

3）电气化铁路和城市轨道交通的电磁辐射监测方法中的注意事项

（a）工频电磁场测量的注意事项

进行工频电磁场测量时，应特别注意环境湿度及工频电磁场监测仪器探头支架的绝缘性对测量结果的影响。工频电磁场测量工作应该在无雨、无雾、无雪的天气条件下进行，环境相对湿度不宜超过 80％。测量探头支撑应选择绝缘性较好的塑料杆。

测量人员应离测量探头足够远，一般情况下至少要 2.5m，避免在仪器探头处产生较大的电场畸变影响工频电磁场测量结果。在特定的时间、地点和气象条件下，若仪器的读数是稳定的，测量读数为稳定时的仪表读数；若仪表读数是波动的，应每 1min 读一个数，取 5min 的平均值为测量读数。

工频电磁场测量点位附近如有其它影响测量结果的电磁辐射源存在时，应说明其相对测量点位的空间位置，并分析其对测量结果的影响。

（b）电视信号场强和背景无线电噪声电磁辐射场强测量的注意事项

测量电视图像讯号场强时选用调幅工作状况应读取峰值。场强仪调谐到电视图像载波频率，测量用带宽不小于 120kHz。测量电视伴音讯号或调频广播讯号时，选择调频工作状况并应读取平均值场强，测量用带宽不小于 120kHz；如果带宽不够时，读取声音中断间隙时的读数为准。测量背景无线电噪声时，应采用准峰值检波方式在各电视频道有用信号频带附近选取一个频点进行测量。

2 检测仪器

1）工频电磁辐射的测量仪器

必须使用专用的探头或工频电场和工频磁场测量仪器。工频电场测量仪好工频磁场测量仪可以是单独的探头，也可以是二合一探头，如：EFA300 低频电磁辐射分析仪的工频电场、磁场探头和 NBM550 电磁辐射分析仪的工频电场探头 EHP50D。但必须在计量部门的检定有效期内。

2）电视信号场强测量仪器

根据《电视、调频广播场强测量方法》（GB/T14109）选择监测仪器，主要性能要去如下：

- 频率范围：米波段 30～300MHz，分米波段 300～900MHz
- 场强量程：低频道电视、调频 10～120dB（μV/m）高频道电视 20～120dB（μV/m）
- 测量精度：米波段±2dB（μV/m），分米波段±3dB（μV/m）
- 镜像抑制：大于 35dB
- 标准带宽：80～200kHz
- 检波方式：峰值及平均值可选

3）射频电磁辐射的测量仪器

无线电通信系统的电磁辐射综合场强测量仪器应符合《辐射环境保护管理导则电磁辐射监测仪器和方法》（HJ/T10.2—1996）的要求。如 NBM550 射频电磁辐射分析仪。

3.3 国内外电磁辐射检测设备对比分析

从目前世界范围内的电磁辐射测量仪器来看，主要有两大类：一类是非选频式宽带辐射测量仪。应用该类测量仪检测电磁辐射污染的目的是了解某一特定空间内电磁辐射的综合强度和空间分布，通过测量评价电磁辐射强度是否对该空间内的人员和设备产生影响，但这种仪器不能够检测电磁辐射的来源。另一类是选频式辐射测量仪。选频的意思是只选择某些频率进行测量，只让很小的频率范围的信号进来，滤除其余频率的信号。这类仪器用于环境中低电平电场强度、电磁兼容、电磁干扰测量。选频式测量仪器的灵敏度较非选频式的高很多。

3.3.1 国内外非选频辐射检测设备概况

非选频电磁辐射测量设备测量的是场强的综合值，通常它们的测量上限值很高，一般要达到几百乃至几千伏/米。这类仪器的特点为便携、非扫描、宽频带、直读式，配有2～3个测量探头，现有探头一般为三维探头，以便提高测量仪器准确性。这类仪器使用、操纵均很方便。

国外的很多发达国家，如美国、德国、意大利、法国、日本等国对非选频式电磁辐射测量仪的研究开展的比较早，已积累了丰富的经验，如德国的 PMM 8053 测量仪目前是国际上测量电磁辐射最先进的测量仪之一，能实现高低频的同时测量，三轴测量探头 EP 330 的量程可达 0.3—300V/m，工频探头 EHP—50C 的测量精度为 0.01V/m，此外美国已经实现了电脑控制的电磁环境全自动测量[32]，国外的非选频式电磁辐射测量仪的研究情况见表 3-4。

表 3-4 国外的非选频式电磁辐的测量仪

名称	型号	频带（Hz）	量程	产地	备注
电磁辐射分析仪	PMM8053	5～40G	0.05～1000V/m	意大利	可选探头
辐射危害计	RAHAM 系列	0.01～26G	0.01～200mW/cm²	美国通用微波公司	
宽带全向辐射监测仪	8606—8619	0.3～26G	0.005μW/cm²～10W/cm²	美国纳达微波公司	可选用全向
宽带全向辐射监测仪	8300	0.3～18G	100μW/cm2～10mW/cm²	美国纳达微波公司	三维探头
场强仪	HI—3000 系列	0.5M～6G	0.1～30V/m	美国好乐顿公司	全向偶极子
磁场仪	HI—3000 系列	0.3M～3G	0.1～1000A/m		全向磁环探头
电场监视器	EFM—5	1～1000M	1～100V/m	美国 NIST	全向探头
电磁测量仪	EFS—1	10K～200M	1～300V/m	美国	光导纤维隔离
电场指示器	KF1—651	2450K～50M	0.1～10mW/cm²	日本	单偶极子探头
NBS	低频段场强仪	150K～30M	0.1～1000V/m	美国国家标准局	

我国电磁辐射测量仪的研制工作开展较晚，20 世纪六七十年代研制并生成的单位有浙江医科大学、北京 744 厂和江苏宿迁无线电厂等。目前中国船舶总公司武汉 701 所、机电部 41 所、中国计量科学研究院等也开展了非选频场强仪的研制工作，国产电磁辐射近场仪详见表 3-5。

表 3-5　国内常用的电磁辐射场强测试仪（非选频）

名称	型号	频带（Hz）	量程	产地	备注
泰仕电磁辐射检测仪	TES92	50M～3.4G	38mV/m～11V/m	中国台湾	
宽带电磁场强仪	I	0.1～3000M	0.1μW/cm²～200mW/cm²	船舶总公司701研究所	三维
全向宽带场强仪	HIM—1022型	0.2M～2G	1～1000V/m	中国计量科学研究院	全向
微波漏能仪	RL—761	1～10G	0.005～30mW/cm²	江苏宿迁无线电厂	非全向
场强仪	DCHY—801	75～600M	5～500V/m	北京774厂	单偶极子
近场仪	RJ—2	0.2～50M	1～50M/m	浙江医科大学	单偶极子
辐射危险计	AV3941	1M～18G	0.001～20mW/cm²	机电部四十一所	全向
宽频带各向同性电磁场监视仪	HB3641型	0.5～3000M	～1mW/cm²	北京无线电仪器四厂	全向

3.3.2　国内外选频辐射检测设备概况

在实际工作中选频辐射检测仪通常是指电磁干扰场强仪，它通常有下列特性：（1）指示系统（表头）的时间常数；（2）承受过载的能力；（3）通频带；（4）检波时间常数。

因为选频时测量电磁辐射，通常场强值较小，所以这类仪器的灵敏度很高，而且通常为扫频式并附加一套较高灵敏度的天线，有些仪器已实现计算机数字显示。

从世界各国无线电干扰测量技术的发展情况来看，美国开始的较早，水平也较其他国家高。德国、日本等国无线电干扰研究也有一定基础，国外常见选频式电磁辐射检测仪详见表 3-6。

表 3-6　国外常用的选频式电磁辐射检测仪

名称	型号	频带（Hz）	量程	产地	备注
电磁辐射分析仪	SRM3000	100k～3GHz	−121dBm～+23dBm	德国	可选探头
干扰场强测量仪	K系列	0.15～1000M	10～120dBμV/m	日本协立公司	
场强计	M系列	0.15～250M	18～120dBμV/m	日本安立公司	
场强计	ML系列	9k～1700M	1～140dBμV/m	日本安立公司	
电视电平表	LFC系列	47～890M	20～120dBμV/m	日本利达公司	
场强—无线电信号自动扫描测量仪	ESP	9k～1G		德国R/S公司	
干扰场强仪	ESH系列	9k～30M	−10～137dBμV/m	德国R/S公司	可选择程控
场强仪	HFH	0.15～30M	10～120dBV/m	德国R/S公司	
超高频干扰场强仪	HFV	25～300M	10～130dBV/m	德国R/S公司	
干扰场强仪	ESV	20～1000M	10～130dBV/m	德国R/S公司	
干扰场强仪	ESVP	20～1300M	10～130dBV/m	德国R/S公司	可程控智能仪
干扰场强仪	ESU2	25～1000M	10～130dBV/m	德国R/S公司	
电磁干扰场强仪	NM系列	10k～18G	−10～140dBμV/m	美国Eaton公司	可程控
转换器	FC—67和FC	18～40G	0～140dBμV/m		

名称	型号	频带（Hz）	量程	产地	备注
轻便手提式频谱测量仪	GPR400 系列	20～1000M		英国嘉兆特有限公司	
便携射频频谱分析仪	HP 系列	1k～22G		美国 HP 公司	可程控
场强测量仪		10k～1G		德国德律风根公司	

我国生产选频电磁辐射测量仪的厂家较少，主要有北京无线电仪器二厂，生产的型号是"RR"系列干扰场强测量仪，此外，还有贵州永华无线电厂、天津新潮电子公司，详见表 3-7。

表 3-7　国内常用的选频式电磁辐射测试仪

名称	型号	频带（HZ）	量程	产地	备注
干扰场强测量仪	RR1 RR7	10～150k	24～124dBμV/m	北京无线 电仪器二产	A 波段仪器
干扰场强测量仪	RR2. A. B	0.15～30M	28～118dBμV/m	北京无线 电仪器二产	B 波段仪器
干扰场强测量仪	RR3. A	28～500M	28～118dBμV/m	北京无线 电仪器二产	C 波段仪器
干扰场强测量仪	RR4. RR8	500～1000M	24～124dBμV/m	北京无线 电仪器二产	D 波段仪器
干扰场强测量仪	RC11. B	0.5～35M	28～118dBμV/m	北京无线 电仪器二产	广播场强仪
干扰场强测量仪	GR—1	0.15～30M	28～118dBμV/m	北京无线 电仪器二产	电子管
干扰场强测量仪	GRC—1	28～300M	28～118dBμV/m	北京无线 电仪器二产	电子管
广播电视场强测量仪	ZN3970	47～120M 160～230M 470～860M	20～120dBμV/m	北京无线 电仪器二产	测共用天线
电视场强计	QF3910	47～230M 470～890M	20～120dBμV/m	成都 766 厂	测共用天线
电视场强计	LEC—94410	1～56 频道	灵敏度：10μV	贵州永华无线电厂	
	NEG9C8	1～56 频道		天津新潮电子公司	

3.4　我国现有电磁辐射检测设备存在的问题及分析

电磁辐射监测仪器在我国研制生产的已有许多，但与实际需要相比相差很大，与发达国家某些仪器相比还有不小差距。国外的高端电磁辐射测量仪一般为数字显示并配有电脑，可实现连续自动监测，在一台仪器上通过更换探头的方式完成整个频段的测量，测量结果的电场强度精度能达到 0.01V/m。而国产的便携式仪器为表针指示或是三位半的显示构架，手动操作，屏蔽性能差，频带范围窄，灵敏度低，测时费工费时，准确性也较差。在选频式电磁辐射测量仪方面，也存在型号少，频带范围窄，灵敏度低，量程小等问题。从国内的现有电磁辐射测量仪器的状况来讲，高端和高频的测量仪器主要以进口产品为主，国内产品主要为低端和低频测量仪器。

国内电磁辐射测量设备做得最好的是台湾泰仕，目前比较成熟的产品有 TES593、TES92 和 TES1393 等，在测量精度和频率响应上与国外的仪器差距不大，3 轴测量，可规划式警报限值及储存功能，而且价格比较便宜。但存在的问题在于功能单一，TES593 和 TES92 都只能测量高频电场，磁场强度为电场强度值转换得到（远场理论），两者区别仅在于频率响应范围不同；而 TES1393 仅具有测量低频磁场功能，内部 3 轴传感器的布置也存在问题。目前国内没有产品能实现在一台设备上同时测量高频电场（远场）、低频电场和低频磁场（近场）。

造成国内电磁辐射测量设备与国外相比差距较大的原因主要有两点：

（1）国内对于电磁辐射检测设备的研究展开较晚。开始只有浙江医科大学、北京 744 厂和江苏宿迁无线电厂几家单位参与研制，无线电技术上还存在着诸多问题。而从世界各国无线电干扰测量技术的发展情况来看，美国开始的最早，水平也较其他国家高。德国、日本等国无线电干扰研究都有着一定技术基础。

（2）长期以来关于电磁辐射的标准没有统一，制约着电磁辐射设备的发展。国标中关于电磁辐射检测设备的规定有：

各向同性误差≤±1dB

系统频率响应不均匀度≤±3dB

灵敏度：0.5V/m

校准精度：±0.5dB

国标中缺少对于测量设备更加细致的规定，不同行业标准对于仪器的要求也不尽相同，导致了检测设备发展的缓慢。因此，目前国内使用的高端电磁辐射测量设备还是以进口为主，价格非常昂贵，国内的电磁辐射检测技术亟待加强。

参考文献

[1] 张有东. 电磁测量 [M]. 北京：煤炭工业出版社，2014.

[2] 帅震清. 全国辐射环境检测培训系列教材：电磁环境测量技术 [M]. 北京：人民交通出版社，2014.

[3] 李宝树. 电磁测量技术 [M]. 北京：中国电力出版社，2007.

[4] 杨维耿，翟国庆. 环境电磁监测与评价 [M]. 杭州：浙江大学出版社，2011.

[5] 邹澎，等. 电磁辐射环境影响预测与测量—理论、技术与方法 [M]. 北京：科学出版社，2013.

[6] 韦绍波. 电磁辐射污染及其测量装置 [J]. 广西物理，2001，22（1）：33-36

[7] 孙秀莲. 国内外电磁辐射监测技术概况及其发展趋势 [J]. 山东环境，1995，2：5-7.

[8] 电磁辐射暴露限值和测量方法（GJB 5313—2004）[S].

[9] 工业、科学和医疗（ISM）射频设备电磁骚扰特性 _ 限值和测量方法（GB4824—2004）

[10] 辐射环境保护管理导则　电磁辐射检测仪器和方法（HJ/T10.2—1996）[S].

[11] 交流输变电工程电磁环境监测方法（试行）（HJ 681—2013）[S].

[12] 高压交流架空送电线路、变电站工频电场和磁场测量方法（DL/T 988—2005）[S].

[13] 移动通信基站电磁辐射环境监测方法（试行）[S].

第4章 室内电磁辐射检测设备

4.1 室内电磁辐射检测设备研究现状

电磁辐射的测量按测量场所分为作业环境、特定公众暴露环境、一般公众暴露环境测量。按测量参数分为电场强度、磁场强度和电磁场功率通量密度等的测量。测量仪器根据测量目的分为非选频式宽带辐射测量仪和选频式辐射测量仪。

电磁辐射检测仪器在我国研制生产的已有许多，但与实际需要相比相差很大，与发达国家某些仪器相比还有不小差距。国内早期对于电磁辐射检测设备提出了各种方法，比较传统的如小功率的二极管检波法、热电偶法等，大功率的有水热容计等。在早期的国家标准中，经常在电磁辐射测量中采用的是上海无线电厂、宿迁无线电厂的 RCQ-1A、ML-91等，这些产品大多存在着体积笨重、智能性差和测量精度低的缺点，特别是测量频段范围不能符合技术要求。国外的产品则主要有德国的 EMR-300 与意大利的 PMM8053 等产品，但价格非常昂贵。国内在建筑室内电磁辐射污染检测领域仍为空白，不能根据室内电磁辐射分布特点进行科学的综合检测，尤其是检测方法与检测标准相脱节。

随着科学技术的飞速发展，适应我国实际需要，电磁辐射测量仪器各方面性能都应得到很大的提高。新一代电磁辐射测量仪器除应具备质量高、耐用、价廉等特点外，更应该具备超宽带测量、高精度测量、强大测量功能、用户化测量数据管理、良好的扩展功能和不断升级的仪器操作系统等优点。

4.2 室内电磁辐射检测设备设计原理

从目前世界范围内的电磁辐射测量仪器来看，主要有两大类：一类是非选频式宽带辐射测量仪。无论是非选频式宽带辐射测量仪还是选频式辐射测量仪，基本构造都是由天线（传感器）及主机系统两部分组成的，考虑到经济适用的原因，在此重点介绍非选频式宽带辐射测量仪，通常也称作时域场强仪。实际上，由于价格合适和操作比较简单的原因，非选频宽带辐射测量仪的应用广泛，它的优势在于操作简单价格实惠，另外它的传感器一般都是三维各向同性探头，符合了场强测量的物理特性，该仪器采用的检波方式是传统的 RMS（均方根值）检波，强调了实际的功率累计效果，非常适合于电磁环境的测定。而稍显不足的地方在于，相对于应用于复杂电磁环境测量的选频式辐射测量仪来说，其精度没有达到那么高的标准，另外也没有办法从频域对于辐射源作一个很直观的浏览和精确的判定。

4.2.1 电磁辐射探头工作原理

1. 射频电磁辐射检测仪原理

射频电磁辐射测量按测量参数分为电场强度、磁场强度和电磁场功率通量密度等的测量。对于不同的测量应选用不同类型的仪器，以期获取最佳的测量结果。测量仪器根据测量目的分为非选频式宽带辐射测量仪和选频式辐射测量仪。

（1）非选频式宽带辐射测量仪

① 偶极子和检波二极管组成探头

这类仪器由三个正交的 $2\sim10cm$ 长的偶极子天线，端接肖特基检波二极管、RC 滤波器组成。检波后的直流电流经高阻传输线或光缆送入数据处理和显示电路。当 $D\ll h$ 时（D 为偶极子半径，h 为偶极子长度），偶极子互耦可忽略不计，由于偶极子相互正交，将不依赖场的极化方向。探头尺寸很小，对场的扰动也小，能分辨场的细微变化。偶极子等效电容 C_A、电感 L_A 根据双锥天线理论求得：

$$C_A = \frac{\pi \cdot \varepsilon_0 \cdot L}{\ln\dfrac{L}{a} + \dfrac{S}{2L} - 1} \qquad (4-1)$$

$$L_A = \frac{\mu_0 \cdot L}{3\pi}\left(\ln\frac{2L}{a} - \frac{11}{b}\right) \qquad (4-2)$$

式中　a——天线半径；

　　　S——偶极子截面积；

　　　L——偶极子实际长度。

由于偶极子天线阻抗呈容性，输出电压是频率的函数：

$$V = \frac{L}{2} \times \frac{\omega \cdot C_A \cdot R_L}{\sqrt{1 + \omega^2 (C_A + C_L)^2 R_L^2}} \qquad (4-3)$$

式中　ω——角频率，$\omega = 2 \cdot \pi \cdot f$，$f$ 为频率；

　　　C_L——天线缝隙电容和负载电容；

　　　R_L——负载电阻。

由于 C_A、C_L 基本不变，只要提高 R_L 就可使频响大为改善，使输出电压不受场源频率影响，因此必须采用高阻传输线。

当三副正交偶极子组成探头时，它可以分别接收 x、y、z 三个方向场分量，经理论分析得出：

$$\begin{aligned}U_{d_c} &= C \cdot |Ke|^2 \cdot \left[\,|E_x(r \cdot \omega)|)\rrbracket^2 + |E_y(r \cdot \omega)|^2 + |E_z(r \cdot \omega)|^2\right.\\ &= C \cdot |Ke|^2 \, |\overline{E}(r \cdot \omega)|^2\end{aligned} \qquad (4-4)$$

式中　　　C——检波器引入的常数；

　　　　Ke——偶极子与高频感应电压间比例系数；

E_x、E_y、E_z——分别对应于 x、y、z 方向的电场分量；

　　　　$\overline{E}$——待测场的电场矢量。

上式为待测场的厄米特幅度（Hermitian），可见用端接平方律特性二极管的三维正交偶极子天线总的直流输出正比于待测场的平方，而功率密度亦正比于待测场的平方，因此经过校准后，U_{d_c} 的值就等于待测电场的功率密度。如果电路中引入开平方电路，那么 U_{d_c} 值就等于待测电场强度值。偶极子的长度应远小于被测频率的半波长，以避免在被测频率下谐振。这一特性决定了这类仪器只能在低于几吉赫频率范围适用。

② 热电偶型探头

采取三条相互垂直的热电偶结点阵作电场测量探头，提供了和热电偶元件切线方向场强平方成正比的直流输出。待测场强为：

$$E = \sqrt{E_x^2 + E_y^2 + E_z^2}$$

待测场强与极化无关。沿热电偶元件直线方向分布的热电偶结点阵，保证了探头有极宽的频带。沿 x、y、z 三个方向分布的热电偶元件的最大尺寸应小于最高工作频率波长的 $1/4$，以避免产生谐振。整个探头像一组串联的低阻抗偶极子或像一个低 Q 值的谐振电路。

③ 磁场探头

由三个相互正交环天线和二极管、RC 滤波元件、高阻线组成，从而保证其全向性和频率响应。环天线感应电势为：

$$\zeta = \mu_0 \cdot N \cdot \pi \cdot b^2 \cdot \omega \cdot H \tag{4-5}$$

式中　N——环匝数；

　　　b　——环半径；

　　　H——待测场的磁场强度。

④ 对电性能的要求

使用非选频式宽带辐射测量仪实施环境检测时，为了确保环境检测的质量，应对这类仪器电性能提出基本要求：

各向同性误差≤±1dB

系统频率响应不均匀度≤±3dB

灵敏度：0.5V/m

校准精度：±0.5dB

（2）选频式宽带辐射测量仪

这类仪器用于环境中低电平电场强度、电磁兼容、电磁干扰测量。除场强仪（或称干扰场强仪）外，可用接收天线和频谱仪或测试接收机组成的测量系统经校准后，用于环境电磁辐射测量。用于环境电磁辐射测量的仪器种类较多，凡是用于 EMC（电磁兼容）、EMI（电磁干扰）目的的测试接收机都可用于环境电磁辐射检测。专用的环境电磁辐射检测仪器，也可以组成测量装置实施环境检测。由于我们重点介绍的仪器是非选频式辐射测量仪，所以选频式宽带辐射测量仪就不一一介绍了。

2. 工频电场检测仪原理

当进行工频电场强度测量时，观察者必须离探头足够远，以避免使探头处的电场有明显的畸变。探头的尺寸应使得引入探头进行测量时，产生电场的边界面（带电或接地表面）上的电荷分布没有明显的畸变。

（1）悬浮体场强仪

悬浮体场强仪的工作原理是测量引入到被测电场的一个孤立导体的两部分之间的工频感应电流和感应电荷。它用于在地面以上的地方测量空间电场，并且不要求一个参考地电位，它通常做成便携式。悬浮体场强仪的指示器可以放在探头内构成探头的一个组成部分，探头和指示器用一个绝缘手柄或绝缘体引入电场。还有一种远距离显示电场强度的悬浮体场强仪，信号处理回路的一部分装在探头内，指示器的其余部分放在一个分开的壳体内并有模拟或数字显示，采用光导纤维把探头和显示单元连接起来，这种型式的探头也可以用一绝缘手柄或绝缘体引入电场。悬浮体场强仪主要用电池供电。

悬浮体场强仪结构原理图和测量原理图如图 4-1 所示。

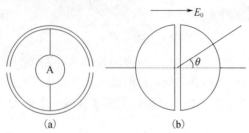

图 4-1　悬浮体场强仪结构原理图和测量原理图

(a) 结构原理图；(b) 测量原理图

设待测电场为一均匀电场 E_0（或在偶极子电极附近近似均匀），偶极子电极的赤道平面和为畸变时电场的等位面重合。利用分离变量法可解出球面附近的电场 $E_S = 3E_0 \cos\theta$。

在工频场中，电极上的感应电流密度为

$$J = j\omega\sigma = j\omega\varepsilon_0 E_S \tag{4-6}$$

式中　σ——球面上的感应电荷密度；

　　　ω——角频率，$\omega = 2\pi f$。

两极间总的感应电流 $i = j\omega\varepsilon_0 \displaystyle\int_S E_S \mathrm{d}S$，可以算出

$$i = 3\pi\varepsilon_0 \omega a^2 E_0 \tag{4-7}$$

式中　a——球形偶极子的半径。

感应电流与待测场强成正比，因此测量感应电流即可确定待测场强 E_0。

（2）地参考场强仪

这种型式的仪器用来测量地面处的场强。探头可以由一块平板和一个安装在薄绝缘层上的接地电极组成，或者由一薄绝缘层分开的两平行板组成。后者的下板接地，这种情况下的传感电极用一屏蔽电缆与指示器相连。

假定没有电场的边缘效应，在传感电极中的感应电荷由下式给出：

$$Q = S\varepsilon_0 E \tag{4-8}$$

式中　S——传感平板的面积。

微分感应电荷得到关系：

$$i = S\omega\varepsilon_0 E$$

因为探头是由平板组成的，它的使用局限于平坦的地面，对界面上的电荷分布的畸变通常是不大的。当探头用于非均匀电场中时，应注意所测场强是在探头表面上的平均场强。地参考型场强仪可以由电池或交流电源来供电，但要求有一参考地电位。

3. 工频磁场检测仪原理

（1）电磁感应法测磁场

根据法拉第电磁感应定律，把一探测线圈放入磁场，当穿过线圈的磁通匝数 ψ 变化时，线圈中产生感应电动势：$e = -\dfrac{\mathrm{d}\psi}{\mathrm{d}t}$，探测线圈比较小，一般采用多匝线圈，可以认为穿过每匝线圈的磁通量相等，均为 φ，则 $\psi = N\varphi$，N 为线圈的匝数。当线圈平面与被测磁场垂直时，上式可写为：

$$e = -N \frac{\mathrm{d}\varphi}{\mathrm{d}t} = -NS \frac{\mathrm{d}B}{\mathrm{d}t} \tag{4-9}$$

式中 S——探测线圈的面积。

在工频磁场中，$B=B_0\sin\omega t$，代入上式可得：

$$e=-N\omega SB_0\cos\omega t$$

感应电动势与待测磁场成正比，因此可通过测量探测线圈中的感应电动势来确定待测磁场。工频磁场测量仪器由探测线圈和一交流电压表组成，如图 4-2 所示。感应线圈磁力计建立在法拉第电磁感应定律的基础上，即线圈中感应电压和线圈中磁场的变化率成比例。感应电压会在线圈中产生和磁场变化率成比例的电流。感应线圈的灵敏度依赖于铁心的磁导率、线圈面积和匝数。为使线圈工作，线圈必须处于变化的磁场中或在磁场中运动。感应线圈多用于邻近和距离探测。感应线圈磁力计不能探测静态或缓慢变化的磁场。

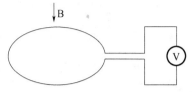

图 4-2 电磁感应法测磁场原理图

（2）霍尔效应法测磁场

当电流垂直于外磁场方向通过导体时，在垂直于磁场 B 和电流方向 I_S 的导体的两个端面之间出现电势差的现象称为霍尔效应，该电势差称为霍尔电势差（霍尔电压 U_H）。

霍尔电压 U_H 与工作电流 I_S 和磁感应强度 B 及元件的厚度 d 的关系：

$$U_\text{H}=R_\text{H}\frac{I_\text{S}B}{d} \tag{4-10}$$

式中 R_H——霍尔系数，它与载流子浓度 n 和载流子电量 q 的关系为：$R_\text{H}=\dfrac{1}{nq}$，若令霍尔灵敏度 $K_\text{H}=\dfrac{R_\text{H}}{d}$，则 $U_\text{H}=K_\text{H}I_\text{S}B$。

图 4-3 为霍尔效应法测磁场原理图。

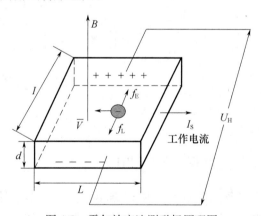

图 4-3 霍尔效应法测磁场原理图

4.2.2 仪器总体结构设计

电磁辐射检测仪硬件的基本组成如图 4-4 所示。

由图 4-4 可以看出，电磁辐射检测仪主要由辐射传感器（探头）、滤波整形放大电路、单片机软硬件（含 A/D 转换）和显示电路四部分组成。除此之外还可能有按键和警示器部分，以实现仪器的多功能化。

图 4-5 展示了电磁辐射检测仪的电路原理图，图中各部分的功能如下：

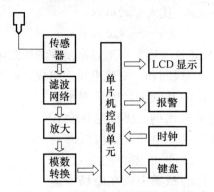

图 4-4 电磁辐射检测仪基本组成

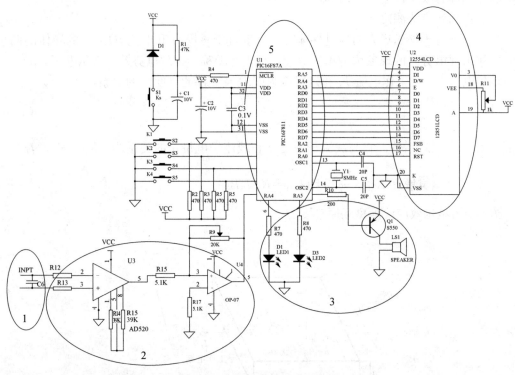

图 4-5 检测仪内部电路原理图

1. 辐射传感器即探头。探头的选择可以根据本章 4.2.1 节中所介绍的不同种类的探头来实现不同的测量功能和测量目的。探头性能的好坏往往对设备的电磁波接收性能会有很大影响，要根据所测电磁波的频率、波形、强度来选择适当频带、频率响应、结构和量程的探头。同时要求探头可靠性高、响应快而平坦，能够满足测量仪的设计要求。

2. 滤波整形放大电路。滤波整形放大电路用来对探头接收到的电磁波信号进行预处理。在测量过程中，探头检测到的电磁波强度是一个电信号，单位为 V，但是这个电信号很小，可能只有几毫伏，而且其接收到的信号不仅有环境电磁辐射，还有一部分杂波，这样就需要对检测到的信号进行滤波（保留有用的电磁波信号）和放大（将几毫伏的电信号放大到 0～5V）。比较成熟的设计理论包含了两级放大电路，第一级的放大电路采用的是运算放大器 AD620，它不仅线性度好、低功耗，而且还具有很高的共模抑制比；第二级的放大电路采用的是运算放大器 OP07，是低失调电压型的放大器，具有精度高的优点。从图 4-6 中可以看出，经过滤波整形放大部分电路处理后的信号将会被送至模数转换器，其将经过滤波整形放大处理后的模拟信号转换为数字信号，送至单片机控制单元进行下一步处理。

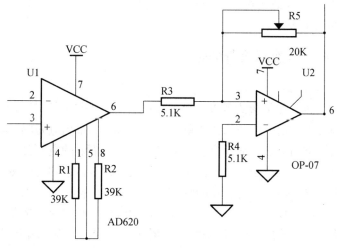

图 4-6　滤波整形放大电路

3. 单片机控制单元。单片机是一种集成电路芯片，目前国产的检测仪器（包括台湾的 TES 系列）采用的均为 8 位单片机。以 PIC16F877 单片机为例，该单片机的资源包括了 268 字节的 RAM、8k（14 位字长）的 Flash ROM、14 个中断源、8 层硬堆栈、256 字节的 EEPROM、ICSP 支持、2 个捕捉/比较/PWM 模块、8 路 10 位 A/D 转换、支持 SPI 和 I2C 的 SSP 口、8 位并行从动口等资源。这种 8 位单片机的优点就在于指令集比较精简、功耗低、性价比高。但是不足之处就是性能平庸、运算能力有限，只能进行简单的数据处理，扩展功能一般，很难进行产品升级，存储空间也存在局限性。

4. 液晶显示器。液晶显示模块用的最多的是 LCD 屏，LCD 屏作为控制系统中常用的显示器件（台湾 TES 用的是断码屏，资源占用很多），和其他类型的显示器相比，具有功耗低、所占空间小、可显示的内容丰富、接口处的电路比较简单等优点。因而，广泛应用在各种测量设备、测量仪器、显示仪表等常用电子产品中，但同时 LCD 屏也有不足之处，将在 4.3 节中介绍。目前国内的电磁辐射测量设备也都是采用的 LCD 屏，用以显示测量得到的各种数据。

5. 声光警示器。通常该部分都是由发光二极管和蜂鸣器两部分组成。当测量值超过仪器本频段的测量范围时，单片机控制单元将控制该部分通过声光的形式进行报警，表明当前测量值超过了电磁辐射的规定限值，提示使用者应采取一些防范措施，尽量减少或避免电磁辐射的影响。

4.3　室内电磁辐射检测设备开发

鉴于建筑室内电磁波分布频带宽、辐射源布置密集等特点，用于室内的电磁辐射检测设备宜选用非选频式宽带辐射测量仪。非选频宽带辐射测量仪的应用广泛，它的优势在于操作简单、价格合适，另外它的传感器一般都是三维各向同性探头，符合了场强测量的物理特性，该类仪器采用的检波方式大都是传统的 RMS（均方根值）检波，强调了实际的功率累计效果，非常适合于电磁环境的测定。

虽然非选频式宽带辐射测量仪在应用于复杂电磁环境测量时，精度达不到选频式辐射测量仪那么高的标准，但是通过仪器总体结构优化设计还是能远远超过国标中的仪器指标，满足高精度测量的要求。

4.3.1 室内电磁辐射检测设备的硬件开发

1. 设备总体设计方案

电磁辐射检测仪按其测量形式可以分为选频式测量仪和非选频式测量仪，选频式测量仪的特点在于测量频带窄，精度比非选频式更高一些，可以测量出电磁辐射的来源。而非选频式测量仪侧重于测量空间电磁波的综合场强，以了解电磁辐射的空间分布情况，并且非选频式测量仪的动态范围可以做得很大，且操作简单。人们日常接触到的电磁设备五花八门，有的单一设备发射出的电磁波也具有较宽的频带，加上不同设备之间产生的电磁波相互叠加干涉，测量电磁辐射的综合场强值更有意义，因此日常测量电磁辐射首选非选频式测量仪。

根据电子设备多样化的特点，新型电磁辐射测量仪应该具备超宽频带响应、高精度测量、多功能测量、强大的辅助功能、用户化测量数据管理等特点。为了能够更好地满足电磁辐射测量的要求，硬件电路采用了模块化设计，硬件系统组成如图 4-7 所示。

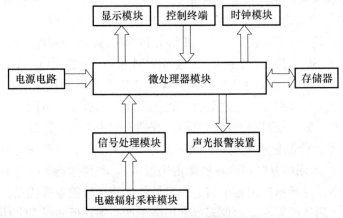

图 4-7　电磁辐射测量仪结构示意图

2. 探头模块

电磁辐射的综合测量，要求测量频率要从工频覆盖到几吉赫兹，任何一个探头都不可能达到如此大的频宽，至少需要两组甚至多组探头来实现。射频的电磁辐射的电场强度和磁场强度之间存在着固定关系，即远场时 $E=377H$，而在低频时这个关系式往往不成立，因为低频时电磁波波长较长，根据三倍波长理论，电磁辐射往往处于近场之中，因此低频的电场强度和磁场强度要分别测量。探头的性能指标对仪器测量的准确性影响最大，国内外几乎没有能够通用的商业探头，严重限制了电磁辐射测量仪器的发展。根据上述介绍，本书中共设计了三组探头，分别为微波探头（高频电场探头）、低频磁场探头和低频电场探头。

（1）微波探头

早期的微波探头大都采用肖特基二极管检波的形式，这种探头结构简单，动态范围大，但是温度特性差，精度低，一般只能做到 $1mW/cm^2$，如今采用这种探头形式的仪器已经比较少见了。中高端的仪器往往采用功率检波器作为探头的检测单元。采用功率检波器的好处在于器件集成度高，温度特性稳定，而对数检波器容易实现较大的动态范围，但测量灵敏度往往较高。

考虑人们日常接触到的电磁波频率一般不超过 3GHz，微波探头的频率响应上限就暂定到 3GHz，这里我们选取了型号为 MAX2015 的功率检波器，该检波器的频率响应范围从 100MHz 到 3GHz，灵敏度达到 -75dB，具有非常出色的动态范围和精密的温度特性，在 $-40℃$ 到 $85℃$ 的整个工作范围内都具有优异的温度稳定性，8 引脚的封装大大节省了探头的空间，其固有精度可以做到 $0.001mW/cm^2$，性能指标足够满足日常电磁辐射对精度的要求，图 4-8 和图 4-9 分别为 MAX2015 的线性度曲线图和典型应用电路图。

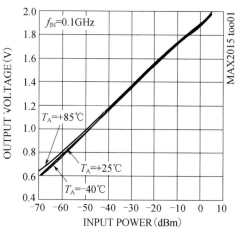

图 4-8　MAX2015 线性度曲线图

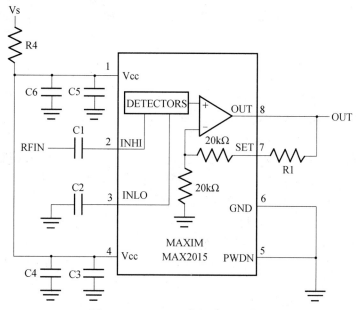

图 4-9　MAX2015 典型应用电路图

对于微波电场往往需要对其进行三轴测量以保证测量的准确性，但是仪器探头结构设计要考虑电路板的排列位置，电路板很难做成空间 xyz 标准的 3D 模式，为解决这一难题，探头可以做成三棱柱的构型，通过对其进行空间投影计算来实现三轴测量的目的。

三棱柱由三对偶极子天线组成，为防止测量时发生电磁波谐振，要求偶极子的长度要远远小于测量电磁波的半波长，为满足三对偶极子的空间正交特点，要求偶极子与所在的传输线形成一固定的角度，保证方向余弦相等，假设三对偶极子与所在传输线的夹角分别

101

为 α、β、γ，可以计算得到：

$$(\cos^2\alpha+\cos^2\beta+\cos^2\gamma)^{\frac{1}{2}}=(3\cos^2\alpha)^{\frac{1}{2}}=1$$

$$\alpha=\arccos\left(\frac{1}{\sqrt{3}}\right)=54.7^o$$

要保证偶极子天线的正交特性，就要满足偶极子天线与传输线之间夹角为 54.7°的条件，微波探头结构示意图与实物图如图 4-10 所示。

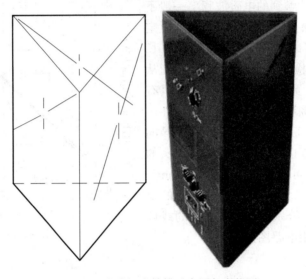

图 4-10　微波探头结构示意图与实物图

（2）低频磁场探头

人们日常生活中常接触到的低频磁场辐射源有两大类：第一类是工频 50Hz 的磁场，主要包括高压输电线路和纯电阻电器，一般高压输变电线路的工频电场比较高，而工频磁场并不大，纯电阻类的电器例如电水壶等产生的工频磁场也远远小于国标 100mT 的限值标准，并且工频磁场的测量仪器应用已经比较广泛，该频段的低频磁场测量这里不再赘述；第二类是往往被人们所忽视的从几 kHz 到几十 kHz 的低频磁场，该频段的低频磁场来源很多，如大多数电子设备的开关电源、电磁炉、节能灯、电子镇流器等都会产生几十 kHz 的低频电磁场。而关于这个频段的低频磁场标准国标还没有相关介绍，不过参照国际上的 ICNIRP 导则，该导则将此频段的磁感应强度定在 6.25mT，目前国内还没有能够测量该频段的电磁检测设备，本书中设计了一款频率响应从 6kHz 到 60kHz 的十倍频程的低频磁场探头。

低频磁场检测应用的原理主要是法拉第电磁感应定律，把磁场探头做成线圈形式，当线圈处于变化的磁场当中时，线圈会感应出电动势：$e=-\dfrac{\mathrm{d}\psi}{\mathrm{d}t}$，感应电动势的大小与磁场的变化率成正比，因此通过测量线圈的感应电动势即可计算出磁场的大小。测量时线圈须处在变化的磁场环境或是在磁场中运动，感应线圈的灵敏度与线圈的磁导率、匝数和线圈面积等因素有关。磁场探头设计关键在于其频率响应曲线是否平坦，这里需要制备低 Q 值的线圈以尽量降低耦合电容和分布电容产生的干扰，低 Q 值的探头对后续的宽带放大电路提出了更高的要求。

（3）低频电场探头

低频电场的测量原理主要有电容充电法和感应电压法两种。电容充电法的形式复杂，需要计算电容上的电荷和充电时间，探头内一般需要内置 AD，数据通过光纤连接到主机，成本昂贵。本设计中采用的是感应电压法，探头采用双极探针的形式，通过差分输入放大实现低频电场的测量，这里探针的尺寸和距离决定了测量的灵敏度，同时需要考量放大电路的特点来设计前端探头的尺寸。

与低频磁场相近，本设计中低频电场的频率响应范围定为 1kHz 至 40kHz，同时兼顾了 50Hz 的输变电线路。低频电场探头实物图如图 4-11 所示。

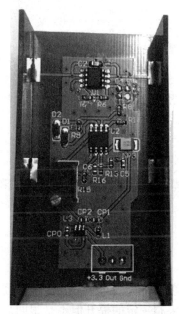

图 4-11　低频电场探头实物图

3. 核心处理器单元模块

主处理器的选型往往要根据仪器的性能和功能来决定，在便携式手持式仪表领域，绝大多数情况下使用的都是 8 位单片机，但是在本设计中，涉及的功能非常多，包括高频电场、低频磁场、低频电场的转换，其中高频电场的三轴测量投影算法包含了大量的浮点运算等功能，对于以往 8 位单片机孱弱的运算能力来说难以胜任，这里我们选用 32 位的 STM32F103 微处理器作为主控单元。

STM32 基于 Corex-M3 内核，专为高性能、低功耗、低成本的应用而设计。STM32F103 主频达到 72MHz，属于同类产品中性能最好的，Corex-M3 内核处理器具有 1.25DMIPS/MHz 的执行能力，高于 ARM7TDMI 的 0.9DMIPS/MHz，运算速度非常快，对于电磁辐射检测仪三轴的高精度浮点运算，提供了不错的时效性；该处理器具有双 12 位的 ADC，AD 性能可以使电磁辐射检测仪具有较高的精度和较大的量程；当所有外设处于工作状态，主频为 72MHz 时的工作电流为 36mA，功耗较低，适用于便携式电磁辐射测量设备。STM32F103 主控制模块如图 4-12 所示。

4. OLED 显示模块

便携式仪器上的屏幕应用比较多的有断码屏和 LCD 屏，断码屏的功耗很低，但是却对 I/O 口的资源占用比较大，同时显示界面不够美观；而普通的 LCD 屏，显示效果不错，

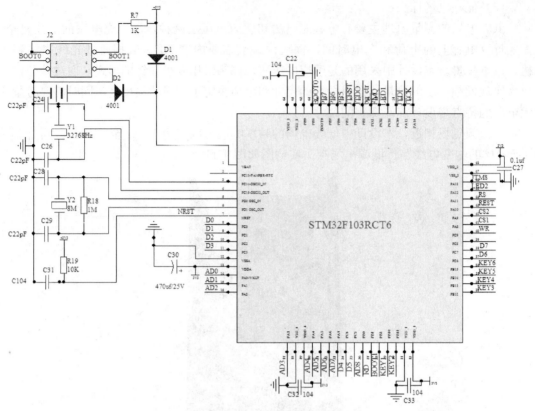

图 4-12　主控制模块

但是考虑到电磁辐射的测量很多是应用在室外条件下，在强光下人眼很难看清普通 LCD 屏的显示，即使打开背光灯效果有一定的提升但不是很明显，同时造成了功耗上的大大增加。为解决上述问题，本设计中采用了一款清达公司的 HGS3202401-W-EH-LV 尺寸为 3.5 寸、分辨率为 320 * 240 的 OLED 显示屏。

OLED 的显示技术与传统的 LCD 显示方式不同，无需背光灯，而是采用了非常薄的有机材料涂层和玻璃基板的形式，当有电流通过时，有机材料会发光，发光效率更高。这种自发光式的显示形式有效解决了室外测量的背光问题，这种工作特点也使其可视角做得非常大（接近 160°），相较于普通的 LCD 屏有了很大的进步。同时 OLED 屏具有耐低温（－40℃）、抗震荡等特点，能够满足便携式设备在恶劣环境下测量的要求。OLED 显示屏采用的是双排 18PIN 接口，电路设计图如图 4-13 所示。

5．声光报警模块

国际上有很多国家（如瑞士、俄罗斯、意大利）都将电磁辐射防护限值建立了两层体系：针对一般环境下的电磁场采用一个较为宽松的防护办法，而对于一些新建的住宅及特殊场合则制定更加严格的限值。我国的《环境电磁波卫生标准》也同样将电磁辐射限值分为两级，本设计中分别确定高频电场、低频磁场和低频电场的二级限值，当测量值超过一级限值时，52 管脚低电平驱动黄色 LED 闪烁，说明该环境电磁波强度可能引起潜在的不良影响，而当测量值超过二级限值时，45 管脚低电平驱动红色 LED 常亮，同时定时器控制蜂鸣器发出断续的滴滴声，表示此时的电磁辐射强度超标，会对人体带来有害影响，建议远离或是采取防护措施。图 4-14 为声光警报装置的电路图。

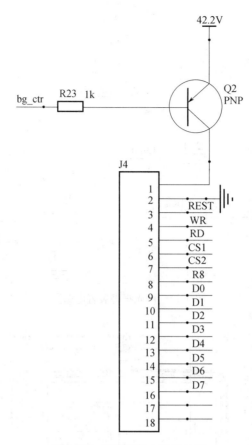

图 4-13　显示屏的电路设计图

6. 主机及探头外壳设计

（1）主机外壳设计及加工

综合考虑仪器功能、屏幕尺寸、内部电路板的安装、电池的容量、内置磁场探头的空间等因素，在巴哈尔 BMC70009 外壳的基础上进行后续加工和 PCB 固定柱的修改。控制面板包含 9 个功能按键，用来实现仪器功能切换、检测模式转换、设置、数据记忆和存储等功能，按键的直径为 9.9mm，按键位置开孔的直径设计为 11mm。面板上还包含 3 个 LED 指示灯，其中除包括本小节第 5 点所介绍的一级报警指示黄色 LED 和二级报警指示红色 LED 灯外，还包括绿灯 LED 电源指示灯，LED 位置的开孔直径加工成 3mm。面板的开孔加工位置如图 4-15 所示，9 个按键的下方位置留作丝印空间。

此外，测量主机与外置探头通过航空插头进行有效连接，以主机外壳顶端的中心位置为圆心，以直径为 15.5mm 作圆，将中垂线作为基准轴，水平分别方向上向左和向右偏移 7mm，与圆相交的对称图形设计为加工尺寸，如图 4-16 所示。

电源开关按钮设计在主机外壳的底端，开孔尺寸为矩形 10mm×5mm，距离上下边缘各 4.5mm 的位置加工直径为 3 的定位螺孔。中间位置为两个充电指示灯，充电时下面的红灯点亮，电量充满后上端的绿灯亮起，最右侧加工一个直径为 8mm 的充电孔。

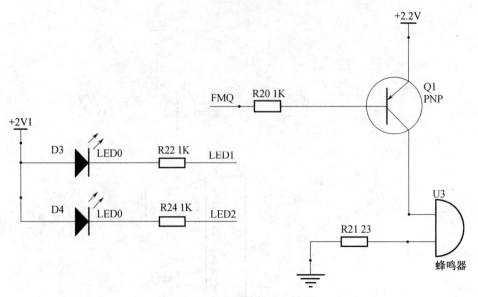

图 4-14　声光报警装置电路图

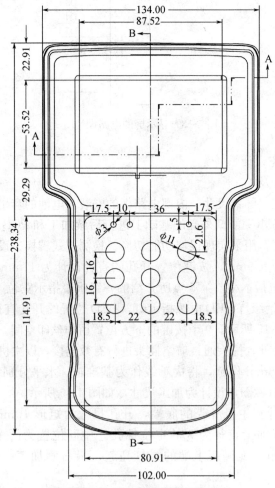

图 4-15　电磁辐射检测仪的主视图

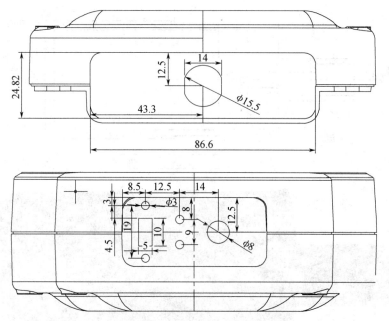

图 4-16　主机外壳顶端和底端的设计图

（2）外置探头设计及加工

电场容易受到干扰，倘若将电场探头放置在主机内部，主机内部的电子元器件势必会对电场造成较大的干扰，引起测量的误差。对于手持式电磁辐射测量仪来说，人体本身作为导体会对电场造成畸变，因此为了保证测量的精度，电场探头应该外置。

探头外壳的材质选择要求其具有较好的介电特性和机械性能，聚甲醛树脂（POM）的介电常数和介质损耗角正切值在很宽的频率和温度范围内变化很小，此外该材料的弹性模量较大，具有很高的刚性和硬度，比强度和比刚性接近于金属的性能，是作为电场探头外壳的理想选择。

考虑到内部电路板的安装及外壳的装配工艺，将探头外壳结构设计为两部分。外壳上部为桶装外观，外径 52mm，内径 45mm，端口有 0.6mm 深 20mm 长的台阶用于贴标签。下部为底座，直径为 14mm 的圆孔与航空插头紧密配合使用，探头上下两部分采取间隙配合装配，探头外壳的设计图和装配实物图如图 4-17 所示。

4.3.2　室内电磁辐射检测设备的软件开发

1. 检测仪的功能介绍

系统的软件设计，旨在实现电磁辐射检测仪的各项功能，包括对高频电场的三轴检测，对低频磁场、低频电场的测量；并且高频电场分别以 V/m、mA/m、mW/cm² 三种单位进行数据显示；记录模式方面可以同时在屏幕上显示瞬时值、最大值、平均值；具有声光报警装置，内置二级报警阈值，当电磁值达到二级限值时，黄色 LED 灯闪烁，当达到一级限值时，闪烁红色 LED 灯；具有电池电压显示功能，当电量过低时，全屏显示"电量不足，请充电"，并配有电源指示灯。为了完成上述功能，需要先对系统的软件部分进行总体规划，主流程图如图 4-18 所示。

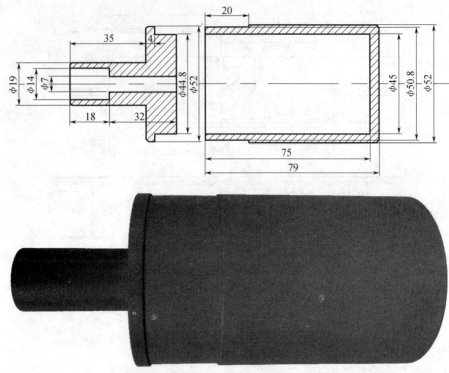

图 4-17　探头外壳的结构示意图与实物图

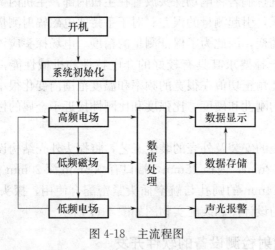

图 4-18　主流程图

下面详细介绍本设计中的电磁辐射测量仪的 9 个按键功能：

（1）1 号键实现对键盘灯的控制，长按具有开闭声音报警的功能；

（2）2 号键是对检波方式的切换，分别为峰值检波和平均值检波；

（3）3 号键控制高频电场、低频磁场和低频电场三种测量模式之间的切换；

（4）4 号键为设置键，可以调整日期和时间，方便了数据的存储和整理，长按具有 CAL 状态值调节功能；

（5）5 号键为高频电场的三轴切换键，可实现 x、y、z 及三轴综合值的检测功能；

（6）6 号键具有切换频率修正值的功能；

（7）7 号键为数据存储键，存储后数据序号递增；

（8）8 号键可以实现高频电场模式下电场强度、磁场强度和功率密度三种计量单位之间的快速切换；

（9）9 号键实现数据读取功能，长按 9 号键记录的数据清空。

2. 主程序模块

在硬件电路调试完毕后，接下来还需要软件的程序来实现对单片机的控制，才能完成系统的测量功能。首先需要对所有功能及数据执行初始化命令，包括对 STM32F103 微处理器进行正确的配置。接下来控制 12 位的模数转换器将滤波处理后的电压信号分 6 组进行模数转换，对模数转换后的数值进行分析计算，得出该环境下的场强值并输出到 OLED 显示屏上，结合单片机内置的两级标准确定是否进行声光报警，完成这一周期后便进入下一周期的 AD 转换。这个过程中，主程序需要完成硬件地址分配、终端设置、存储器的分配、系统初始化、按键检测、A/D 数据测量等功能，主程序不停地刷新按键状态和 A/D 数值，当有按键被按下后执行对应子程序功能。

例如，当按下 3 号键时，高频电场、低频磁场和低频电场三种测量模式之间的切换程序如下：

```
VOID DISP_MAINTEST(U8 FLAG,U8 SERVAL_NUM)    //高频电场
VOID DISP_LOWCC(U8 FLAG,U8 SERVAL_NUM)    //低频磁场
VOID DISP_LOWDC(U8 FLAG,U8 SERVAL_NUM)    //低频电场
```

当按下 8 号键时，电场强度、磁场强度和功率密度的相互切换程序如下：

```
FILL(0X00);   //清屏
IF(UNIT_MODE==0)    //单位 V/m
IF(UNIT_MODE==1)    //单位 mA/m
IF(UNIT_MODE==2)    //单位 μW/cm²
```

3. 信号采集与处理程序

信号采集与处理是系统设计中很重要的一个环节，信号采集的速度关系到能否正确地反映出真实信号的变化趋势。当然采样速度越快，越能更加逼近真实的信息，但是过高的采样速度也会增加处理器的负担。对于电磁辐射检测仪来说，除了对标准恒定的信号源进行检测外，大多信号都是由不同的频率的电磁波叠加而来，过快采样速度对真实信号的获取效果增加并不明显，而且还会造成数据的跳动过大，本设计中测量值采用 8～16 倍数字平均值滤波的平滑处理。

本设计中一共使用了 6 组 A/D 输入通道，分别为高频电场 x 轴、高频电场 y 轴、高频电场 z 轴、低频磁场、低频电场和电池电压。高频电场部分采用了功率检波器器件，输出的电压信号对应的为 dB 值，需要进行对数运算。为了提高运算的速度，采取了生成数据表查表计算的方法，为了节省存储容量，乘方数据表只需生成 10 的 1～9 次方、0.1～0.9 次方、0.01～0.09 次方和 0.001～0.009 次方，配合算法如 $N^{1.234}=N^1 \times N^{0.2} \times N^{0.03} \times N^{0.004}$ 处理。负乘方运算可转换为正乘方运算：$N^{-q}=1 \div N^q$。在电场强度、磁场强度或是功率密度数据运算完毕后，在显示之前做队列平滑滤波，数据池的大小根据整体运算速度控制数据池 0.5s 更新一次，如果状态发生变化，将当前改变状态后计算出的第 1 组数据填充整个数据池。

关于低频磁场、低频电场和电池电压的 AD 值采取的均是线性滤波技术，其中电池电

压的检测单元，设计如下：

单片机的 AD 参考电压为 3.00V，AD8 连接锂电池电源的 1/2 分压，电池电压 4.0V（AD 值 2730）以上显示满电，3.46V（AD 值 2360）以下电池符号闪动，电池电源指示灯闪烁报警，3.40V（AD 值 2320）以下全屏幕显示"电量不足，请充电"，之间的电压分 3 档显示电池电压符号。为了防止临界点跳变所采取的措施：检测电压每 3s 进行一次，检测 5 次的电压分档结果都相同才变化电池状态。

```
IF(BAT_ZT= = 0X01)CHHZ3232S(0,76+ 1,32,32,1,28);   //显示电池容量 3/4
ELSE IF(BAT_ZT= = 0X02 )CHHZ3232S(0,76+ 1,32,32,1,29);   //显示电池容量 2/4
ELSE IF(BAT_ZT= = 0X03)CHHZ3232S(0,76+ 1,32,32,1,48);   //显示电池容量 1/4
ELSE IF(BAT_ZT= = 0X03)CHHZ3232S(0,76+ 1,32,32,1,49);   //显示电池容量空
ELSE CHHZ3232S(0,76+ 1,32,32,1,27);   //显示电池满格
```

4. 液晶显示设计

OLED 的显示程序包括底层驱动、分辨率坐标、字符、汉字等几部分，该屏幕的 18PIN 接口定义见表 4-1。

在显示屏的指定位置显示点、线、字符、汉字、图形等功能均是需要调用响应子函数来完成，显示界面包含的信息有：测量模式、声音报警图标、电池电量、实时测量数据（瞬时值、最大值、平均值）、检波方式、测量单位、日期时间、记录序号等。

表 4-1 OLED 模块的管脚功能

编号	符号	电平	功能
1	V_{DD}	+3.3V	逻辑电压
2	V_{SS}	0V	GND
3	/REST	L	复位信号，"L"有效
4	/WR	H/L	写信号
5	/RD	H/L	读信号
6	/CS1	L	下半屏片选信号，"L"有效
7	/CS2	L	上半屏片选信号，"L"有效
8	A0	H/L	数据/选择，L：指令 H：数据
9～16	DB0～DB7	H/L	数据线
17	NC	—	空脚
18	FG	—	框架接地

首先进行的是管脚设置，定义液晶屏的各个管脚，确保管脚的定义与硬件的连接相同。

```
# DEFINE TIME 1000
# DEFINECS2_H GPIOA- > BSRR= 1< < 8     //片选端口  PA8
# DEFINECS1_H GPIOA- > BSRR= 1< < 9     //片选端口  PA9
# DEFINECD_HGPIOA- > BSRR= 1< < 11      //数据/命令  PA11
# DEFINEWR_HGPIOC- > BSRR= 1< < 9      //写数据  PC9
# DEFINERD_HGPIOB- > BSRR= 1< < 1      //读数据  PB1
```

```
# DEFINEREST_HGPIOA- > BSRR= 1< < 10      //复位  PA10
```

无论是字符还是汉字都是以点阵的形式存储的，对于字符和汉字的显示，一般都是用 16×16 点阵（或者 8×16 点阵）来确定的。一个二进制位代表一个点阵，如果在某一个点输入 0，则屏幕无显示，若输入 1，则屏幕上对应的点阵点亮。多个字符 16×16 点阵显示程序如下，ROW0 为行起始地址（0～240），COL0 为列起始地址（0～219），M、N 表示点阵大小，k 表示显示字符的个数，显示字节在点阵表中的起始位置用 TEMP 表示。

```
VOID CHHZ1616S(U8 ROW0,U16 COL0,U8 M,U8 N,U8 K,U8 TEMP)
{
U8 I;
U16 TEMP1;
TEMP1= (N+ 7)/8* M* TEMP;
FOR(I= 0;I< K;I+ + )
CHHZ1616(ROW0,COL0+ ((N- 1+ 2)/3* 2)* I,M,N,TEMP1+ (N+ 7)/8* M* I);
}
```

例如高频电场的三轴测量时的显示程序如下：

```
IF(DIR_MODE= = 0)  //XYZ 方向
{
CHHZ1616S(80,20+ 1,16,16,1,59);  //X
CHHZ1616S(80,34+ 1,16,16,1,60);  //Y
CHHZ1616S(80,50+ 1,16,16,1,61);  //Z
}
IF(DIR_MODE= = 1)  //X 方向
{
CHHZ1616S(80,20+ 1,16,16,1,59);  //X
CHHZ1616S(80,34+ 1,16,16,1,104);  //
CHHZ1616S(80,50+ 1,16,16,1,104);  //
}
IF(DIR_MODE= = 2)  //Y 方向
{
    CHHZ1616S(80,20+ 1,16,16,1,104);  //
    CHHZ1616S(80,34+ 1,16,16,1,60);  //Y
    CHHZ1616S(80,50+ 1,16,16,1,104);  //
    }
    IF(DIR_MODE= = 3)  //Z 方向
    {
    CHHZ1616S(80,20+ 1,16,16,1,104);  //
    CHHZ1616S(80,34+ 1,16,16,1,104);  //
    CHHZ1616S(80,50+ 1,16,16,1,61);  //Z
}
```

5. 按键及声光报警

本设计中使用了 9 个功能按键来完成检测仪不同的功能，按键呈 3×3 排列，采用软件扫描的方式做键值判断，系统在中断程序里调用子程序 u8 KEY _ SCAN（VOID）进行按键检测，中断计数从有按键行为到按键弹起计算，100ms 至 3s 为短按，超过 3s 属于长按键，判断完成后调用对应子程序。

U8 KEYVAL＝0；//KEYVAL 为最后返回的键值。

GPIO _ WRITE（GPIOB，（GPIOB－＞ODR & 0XE3FF｜0X1C00））；//先让 PB10 到 PB12 全部输出高。

IF（（GPIO _ READINPUTDATA（GPIOB）& 0XE000））//如果 PB13 到 PB15 全为 0，则没有键按下，此时返回值为－1。

DELAY _ MS（25）；//延时 5ms 去抖动。

IF（（GPIO _ READINPUTDATA（GPIOB）& 0XE000））//如果延时 5ms 后 PB13 到 PB15 全为 0，则刚才引脚的电位变化是抖动产生的。

在本设计中，对报警限值单片机中分别针对高频电场、低频磁场和低频电场内置了两级标准，以高频电场为例，一级标准为 5V/m，二级标准为 12V/m，当测量的电场强度大于 5V/m 小于 12V/m 时，黄灯闪烁；当测量的电场强度超过 12V/m 时，黄灯闪烁、红灯常亮，同时蜂鸣器发出警报，具体的程序流程图如图 4-19 所示。

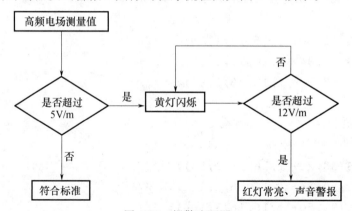

图 4-19　报警流程图

4.3.3　室内电磁辐射检测设备系统测试

电磁辐射测量仪在硬件和软件实现的基础上，需要对其进行功能测试，验证系统是否存在设计上的不足，确保检测仪的系统稳定性。本小节接下来对电磁辐射检测仪进行标定与校准，并与国外先进设备进行现场对比测试，对测量结果进行简要分析。

1. 设备功能测试

电磁辐射测量仪电路板的制作既要符合电路板的科学布置，又要考虑到机壳内部空间的限制，为了充分利用内部空间，在 PCB 的设计过程中，绝大多数的电子元器件采用了贴片的封装方式，在设计之初考虑了采用模块化的设计以方便日后的局部修改。对于元器件的分布位置，以排列尽可能紧凑，引线长度尽可能缩短为准则。布线时为了提高抗干扰能力，导线的宽度设置为 0.3mm，尽量避免直角弯。对于该仪器来说，PCB 上下两层即可满足设计要求。仪器内部制作好的电路板如图 4-20 所示。

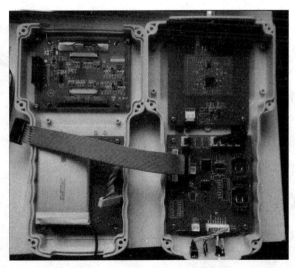

图 4-20　测量仪内部的电路板图

接下来对系统功能进行测试，分别测量高频电场的电场强度功能、高频电场的磁场强度功能、高频电场的功率密度功能、高频电场下的三轴切换功能、高频电场下的检波方式功能、低频磁场测量功能、低频电场测量功能、时间日期功能、状态值调节功能、数据记录和存储功能以及声光报警等。不同功能下检测仪的显示界面如图 4-21 所示。

2. 设备探头的标定

探头将信号采集后，经过滤波放大等信号处理电路，其间的滤波和补偿处理会对检测仪的频率响应曲线产生一定影响。为了保证测量的准确性，应不断优化探头的频响曲线，定量分析探头的线性度指标，提高探头的综合性能。本设计中使用意大利 PMM8053B 电磁场测量仪配套使用 EP300 探头对高频电场测量模式进行校准，同时使用 PMM8053B 电磁场测量仪配套使用 EHP-50A 探头对低频磁场和低频电场探头进行标定。

（1）高频电场的标定

本设计中高频电场探头的测量范围为 100MHz～3GHz，选取安捷伦高频信号发生器 E4421B 作为信号源，AGILENT E4421B 的频率范围 250kHz～3GHz，最小分辨率 0.01Hz，采用频率或功率步进的工作方式，信号稳定、可重复性好。EP300 探头频率响应范围 100kHz～3GHz，量程为 0.3～300V/m，各向同性。

高频探头采用了功率检波器的形式，为非线性检波，校准时要保持高频电场探头和 EP300 探头与信号源保持在同一高度且距离相等，改变频率观察频率响应曲线是否平坦，通过调节信号强度观测线性度曲线变化情况。

（2）低频磁场的标定

低频磁场探头的测量范围为 6～60kHz 十倍频程，选取 YB1602P 功率函数信号发生器作为信号源，安捷伦数字存储示波器 DSO3062A 作为辅助用来观察波形和电信号等详细信息。YB1602P 的频率范围 0.2Hz～2MHz，带有数字频率计和计数器功能、频率微调功能，使测量更精确；AGILENT DSO3062A 具有 60MHz 频宽，1GSa/s 的取样率，边沿、脉宽等先进的触发特性，信号源如图 4-22 所示。EHP-50A 探头测量磁场的频率响应范围为 5Hz～100kHz，量程为 10nT～10mT，三向探头。

图 4-21　不同功能下检测仪的显示界面

低频磁场的 AD 检波为线性的，分别将 EP-15 和 PMM8053 的 EHP-50A 探头置于信号源发生线圈正前方，调节仪器的摆放位置，使低频磁场探头与 EHP-50A 探头位于同一位置、同一高度，调节信号源输出频率和功率大小，对仪器进行校准。

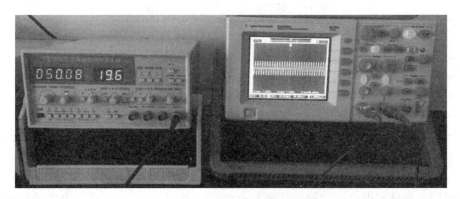

图 4-22　低频电磁场信号源

（3）低频电场的标定

低频磁场探头的测量范围为 1～40kHz，同时兼顾 50Hz 的工频电场，同样使用 YB1602P 功率函数信号发生器作为信号源，安捷伦数字存储示波器 DSO3062A 作为辅助观测。EHP-50A 探头测量电场的频率响应范围 5Hz～100kHz，量程为 0.1V/m～100kV/m，三向探头。

低频电场的 AD 为线性检波，自制电压双极板产生等向电场，如图 4-23 所示，信号源通过变压器对双极板输出高压，分别将 EP-15 和 PMM8053 的 EHP-50A 探头置于双极板中间，调节探头方向垂直于极板，低频电场探头与 EHP-50A 探头位于同一位置、同一高度，调节信号源输出频率和功率大小，对仪器进行标定。

图 4-23　低频电场发生装置

根据标定情况，对探头的频响曲线进行微调，对放大电路进行补偿调节，校准后的电磁辐射测量仪硬件测量指标见表 4-2。

表 4-2　检测仪的测量指标

测量模式	测量频率	灵敏度	量程
高频电场	100MHz～3GHz	$0.001\mu W/cm^2$	0.5～200V/m
低频磁场	6～60kHz	$0.01\mu T$	0.01～40μT
低频电场	50Hz	1V/m	1～4000V/m
	1～40kHz	0.1V/m	0.1～400V/m

3. 设备的计量与对比测试

为了进一步知晓 EP-15 电磁辐射测量仪的测试精度和频响曲线情况，高频电场部分送中国计量科学研究院进行了计量鉴定。电场强度为 20V/m 的频率响应数据见表 4-3，1.8GHz 和 2.45GHz 的线性度测试结果见表 4-4。

表 4-3   20V/m 处的频率响应测试结果

校准频率（MHz）	标准场强值（V/m）	仪表指示值（V/m）	校准因子/
200	21.1	21.3	0.99
500	21.9	21.2	1.03
910	21.7	23.4	0.93
1800	20.0	18.6	1.08
2450	20.0	21.5	0.93

从表 4-3 的测试数据可以看出，电磁辐射测量仪 EP-15 的频率响应曲线平坦，作为非选频式辐射检测设备，可以保证环境检测的质量，不均匀度最大值为 0.7dB，远小于《辐射环境保护管理导则电磁辐射检测仪器和方法》（HJ/T 10.2—1996）中关于仪器电性能系统频率响应不均匀度≤±3dB 的规定。

表 4-4   1.8GHz 和 2.45GHz 的线性度测试结果

校准频率（MHz）	标准场强值（V/m）	仪表指示值（V/m）	校准因子/	校准因子不确定度 U（k=2）dB
1800	10.0	8.1	1.23	1.04
	20.0	18.6	1.08	
	30.0	28.8	1.04	
	50.0	46.1	1.08	
	60.0	53.6	1.12	
2450	15.0	15.8	0.95	0.98
	20.0	21.5	0.93	
	30.0	32.7	0.92	
	50.0	52.9	0.95	
	60.0	61.6	0.97	

表 4-4 的计量结果可以看出，电磁辐射测量仪 EP-15 的线性度性能良好，具有较高的测量精度，除了 1.8GHz 的一个场强值测量误差为－1.8dB 外，其他测量值误差均小于±1dB。

低频磁场和低频电场部分的计量，是利用信号源对 EP-15 与 PMM8053B 进行对比测试，并对实验现象进行简要的分析以便对测量的准确性有更直观地认识。表 4-5 和表 4-6 分别记录了 PMM 8053B 与 EP-15 低频磁场和低频电场的测量值。

表 4-5   低频磁场对比结果

测量频率（kHz）	位置一：距信号源 70mm（μT）			位置二：距信号源 200mm（μT）		
	PMM	EP-15	对比因子	PMM	EP-15	对比因子
6	4.881	4.47	1.09	1.165	1.11	1.05
8	4.037	3.79	1.07	0.954	0.93	1.03
10	2.982	2.94	1.01	0.707	0.72	0.98
15	2.230	2.25	0.99	0.526	0.55	0.96
20	1.719	1.76	0.98	0.408	0.41	1.00
25	1.377	1.45	0.95	0.325	0.33	0.98

续表

测量频率（kHz）	位置一：距信号源 70mm（μT）			位置二：距信号源 200mm（μT）		
	PMM	EP-15	对比因子	PMM	EP-15	对比因子
30	1.151	1.22	0.94	0.272	0.26	1.05
40	0.881	0.96	0.92	0.210	0.20	1.05
50	0.781	0.87	0.90	0.184	0.17	1.08
60	0.713	0.78	0.91	0.170	0.15	1.13

从表 4-5 可以看出，EP-15 在 6～60kHz 整个频率响应区间的测量结果与 PMM8053B 的实测值相接近。位置一测量时对比因子总体呈下降趋势，频率较低时 EP-15 测量值略微偏小，而频率较高时 EP-15 测量值逐渐偏大，除了频响曲线的影响因素外，可能原因在于 EP-15 低频磁场探头内置，不像 PMM8053B 那样通过光纤与主机通信，位置一距离信号源的位置较近，当频率稍高时电磁波在机壳内部的电路板和屏幕模组之间的反射性增强，造成了测量值的偏高。位置二测量时对比因子的变化趋势是先降低后增加，大都保持在 0.98 至 1.05 之间，由于受信号源发射功率的限制，在高频段发射功率较小，当距离信号源较远时，两台仪器测量的数值都很小，造成了对比因子偏大的现象。

表 4-6　低频电场对比结果

测量频率（kHz）	PMM8053B（V/m）	EP-15（V/m）	对比因子
2	143.61	135.5	1.06
5	150.33	148.9	1.01
10	196.60	197.6	0.99
15	358.17	358.0	1.00
20	240.20	239.7	1.00
25	110.05	101.5	1.08
30	62.19	50.3	1.24

从表 4-6 的测量结果可以看出，PMM8053B 与 EP-15 实测的低频电场强度值相差不大，低频电场探头的频响曲线平坦，在 30kHz 处出现了较大的浮动，原因在于信号源通过铁芯变压器对双极板施加电压，铁芯的变压器在高频时的工作效率明显降低，造成了输出的不稳定，同时所测的数据偏小也使得对比因子的计算误差有所增加。

4. 工频电场的测试与分析

高压输变电线路附近产生的工频电场辐射往往较大，关于工频电场是否会对人体造成危害一直以来都是争议不断。随着电网建设的不断加大和城市面积的不断扩张，高压变电设施已经出现在居民小区周边，很多附近居民对高压线产生的工频电场还缺乏直观地认识和理解。

针对大连市凌水路和学子街路口处高压线的电磁辐射环境进行研究，对辐射源附近进行了电磁辐射环境测试。根据测试辐射源周围环境的实际情况，为了全面了解高压线对周围电磁环境的影响，选取了有代表性的 6 个检测点位。1 号点位位于路口的人行道上，在高压线的正下方，2 和 3 号点位为 1 号点位依次向东远离高压线的两个检测位置，6 号点位位于高压线的弧垂最低点处投影，5 号点位位于变电站旁，4 号点位置位于 6 号检测点正东方向，与 3 号点位至学子街距离相同。各检测点的测量高度为距离地面 1.7m，检测环境示意图和检测布点示意图分别如图 4-24 和图 4-25 所示。环境电磁辐射检测结果见表 4-7。

图 4-24　检测环境示意图

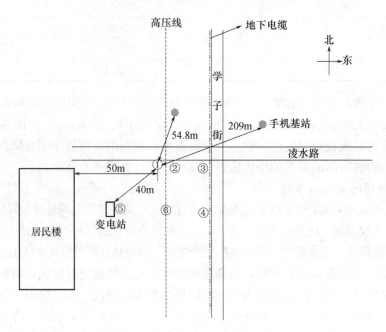

图 4-25　检测布点示意图

表 4-7　高压线电磁辐射检测结果

测量点位	工频电场强度（V/m）	
	PMM8053B	EP-15
1	1607.9	1616
2	1487.1	1490
3	881.89	885
4	1051.3	1053
5	360.89	368
6	1673.9	1672

从表 4-7 中可以看出两台仪器测量出的工频电场强度值基本相同，从测量数据上看，1 号检测点处于高压线的正下方，所以电场强度可达到 1616V/m，随着远离高压线，2 号和 3 号点位的电场强度呈现逐渐减小的状态。4 号与 6 号、5 号与 6 号点位的电场强度值随着距离的增加出现同样的趋势。6 号检测点由于位于高压线的最低点处，其电场强度为 6 个点位中的最大值，为 1672V/m，小于 GB 8072—2014《电磁环境控制限值》规定的 4kV/m 工频电场强度限值，但是高于俄罗斯标准中 1kV/m 的防护限值。周围其他辐射源如地下电缆和中国移动手机基站可能会对测量结果造成一定的影响。

4.4　室内电磁辐射检测设备的性能

本设计中的电磁辐射测量设备具有的功能有：实现了电场强度、磁场强度、功率密度及其瞬时值、最大值、平均值之间的转换；采用了 32 位的嵌入式系统保证了三轴测量的时效性，同时为装置提供了强大的接口模块和扩展资源；采用大尺寸 OLED 显示模块，降低了功耗，提高了屏幕的使用寿命，解决了室外测量背光问题，便于设计美观的可视化界面；具有强大的存储空间，界面自带日期和时间，方便数据的管理；具有警报装置，报警阈值可修改。综上所述，该电磁辐射检测仪具有以下特点：

（1）仪器测量频带宽

该电磁辐射测量仪能够在一台仪器上同时实现高频电场、低频磁场和低频电场的测量，其中高频电场实现三轴测量，频率响应范围 100MHz～3GHz；低频磁场频率响应为 6～60kHz 的十倍频程；低频电场频响区间为 1～40kHz，同时兼顾 50Hz 的工频电场，涵盖了绝大部分日常使用的电磁波频率。通过调研发现，几十 kHz 的电磁频率在建筑室内广泛存在，但国内的检测仪器还没有涉及该频段检测的相关研究，我们首次提出该频段的电磁检测设计方案，填补了国内在该频段检测领域的空白。

（2）仪器设计原理新

对于高频电场，国外的先进仪器和国内的较早产品采用的均是二极管作为检测单元，这种探头结构简单，动态范围大，但是温度特性差，国产的仪器精度一般只能做到 1mW/cm^2，国外的仪器为了提高精度，设计了繁杂的放大电路和软件补偿功能，无疑增加了成本，同时线性度不能得到保证。本设计中采用了功率检波器作为高频电场的检测单元，功率检波器是近几年新兴的电子器件，非常适合电磁波的测量。采用功率检波器的好处在于器件集成度高，温度特性稳定，仪器的综合指标远远高于国内同类产品。

（3）仪器测量精度高

高频电场使用功率检波器精度可以达到 0.001mW/cm^2，同时配合空间投影计算实现了三轴测量，进一步提高了测量准确性；低频磁场采取了低 Q 值的线圈以尽量降低耦合电容和分布电容产生的干扰，这里巧妙设计了感应线圈与电阻并联的形式，极大地改善了磁场的频率响应曲线，精度达到 0.01mT，与国外先进仪器对比误差不超过 5%；低频电场采用的是感应电压法，探头采用双极探针差分输入放大实现低频电场的测量，通过采用双电压供电的形式较好地解决了人体耦合干扰的难题，精度达到 0.1V/m。经过对比测试，仪器精度达到国外先进仪器设计水平，中国计量院和中船 710 所等第三方权威计量部门的检测结果是该仪器具有较高的测量精度。

（4）仪器定位角度高

目前国内的便携式仪器包括国产的电磁辐射测量仪，绝大多数情况下使用的都是 8 位单片机，但是在本设计中，涉及的功能非常多，包括高频电场、低频磁场、低频电场的转换，其中高频电场的三轴测量投影算法包含了大量的浮点运算等功能，对于以往 8 位单片机羸弱的运算能力来说难以胜任，这里我们选用 32 位微处理器作为主控单元。该处理器主频达到 72MHz，属于同类产品中性能最好的，为仪器的高性能、低功耗提供了保证。

传统的便携式测量设备所使用的屏幕大多为断码屏或是 LCD 屏，但是考虑到电磁辐射的测量很多是应用在室外条件下，在强光下人眼很难看清普通 LCD 屏的显示，即使打开背光灯效果有一定的提升但不是很明显，同时造成了功耗上的大大增加。为解决上述问题，本设计中采用的是最新的 OLED 屏。

（5）仪器功能齐全

目前的电磁辐射测量仪功能单一，仅仅具有测量显示的作用，而本设计中的电磁辐射测量仪功能强大，其中包括在测量上具有以下功能：高频电场的电场强度测量功能、高频电场的磁场强度测量功能、高频电场的功率密度测量功能、低频磁场测量功能、低频电场测量功能；为了提高测量的准确性，还具有以下特殊功能：高频电场下的三轴切换功能、高频电场下的检波方式切换功能、状态值调节功能；为方便仪器的使用和数据管理，设计了辅助功能：时间日期功能、数据记录和存储功能、声光报警功能等。

（6）具有频点校正功能

电磁辐射测量仪具有频点校正的功能，其中高频电场设计了 200MHz、500MHz、900MHz、1400MHz、1900MHz、2400MHz、2900MHz 七个频点，低频磁场设计了 6～8kHz、8～10kHz、10～25kHz、25～30kHz、30～40kHz、40～50kHz、50～60kHz 七个频率区间，低频电场设计了 50Hz、1～5kHz、5～20kHz、25kHz、30kHz、35kHz、40kHz 七个频程，经频率修正后的高频辐射测量误差不超过 $\pm0.5\text{dB}$，低频辐射的检测误差不大于 5%。

（7）独特的检波方式

电磁辐射测量仪的高频电场具有两种检波方式，分别为峰值检波和均值检波。其中目前国内的类似产品采用的都是峰值检波，这种检波方式操作简单，计算方便，但是该检波方式只对正弦波有效，而对于类似 CDMA 等非正弦信号往往检测不出。因此我们增设了均值检波的切换功能，采用均值检波方式后，电磁辐射的波形对测量仪的影响不大，可以用于测量非正弦型号的电磁辐射，有效拓宽了电磁辐射检测仪的测量范围。

（8）具有声光报警功能

通过调研发现，国外的很多国家或地区，都采用了二级防护体系，我国的《环境电磁波卫生标准》也同样将电磁辐射限值分为两级。本设计中分别确定高频电场、低频磁场和低频电场的二级限值，当测量值超过一级限值时，控制面板上的黄色 LED 闪烁，说明该环境电磁波强度可能引起潜在的不良影响，而当测量值超过二级限值时，面板上红色 LED 常亮，同时定时器控制蜂鸣器发出断续的滴滴声，表示此时的电磁辐射强度超标，会对人体带来有害影响，建议远离或是采取防护措施。采用了两级声光报警设计，可以方便操作者即使不清楚辐射限值，也能直观地了解到所处电磁辐射的程度大小。

综上所述，本设计中的电磁辐射测量设备能够达到以下指标：

微波电场测量：检波器选用 LT5534 对数检波器，天线采用六边形构造，形成了完美的三维各向同性探头形式。频率响应 50MHz～3GHz，动态范围 −60dB，量程达到 0.01mW/cm² 到 10mW/cm²（194V/m），能够实现电场强度、磁场强度、功率密度的快速转换，性能指标与 PMM8053B 的 EP330 探头相近。

低频磁场测量：采用空心感应线圈的形式，频率响应 20Hz 至几十 kHz，误差低于 5%，频率响应曲线平坦。

低频电场测量：频率响应 1～40kHz，同时兼顾 50Hz 的工频电场，精度达到 0.1V/m，探头采用双电压查分放大，较好地解决了人体耦合干扰的难题。

参考文献

[1] 李丽智. 便携式环境电场测试仪的设计 [D]. 西安：西安电子科技大学，2008.

[2] 李丽智，郭宏福，张戬. 便携式环境电场测试仪的设计与实现 [J]. 2007 仪表自动化及先进集成技术大会论文集（二），2007.

[3] 邢文杰. 电磁环境检测仪上位机软件设计 [D]. 西安：西安电子科技大学，2014.

[4] 刘晓龙. 宽频电磁辐射腔及内置电磁场探头天线的设计 [D]. 大连：大连海事大学，2014.

[5] 潘启军，马伟明，赵治华，等. 磁场测量方法的发展及应用 [J]. 电工技术学报，2005，20（3）：7-13.

[6] 杨光祥，梁华，朱军. stm32 单片机原理与工程实践 [M]. 武汉：武汉理工大学出版社，2013.

[7] 段玉平，李鑫，张忠伦，等. 一种新型便携式电磁辐射测量装置：中国，201320560570.7 [P]. 2014，04，23.

[8] 胡泽文. 工频电场测量方法和传感器的研究 [D]. 重庆：重庆大学，2010.

第 5 章　建筑室内电磁辐射污染现场调研

对于一个大中型城市来说，环境电磁辐射频率构成非常复杂，除了常规的广播电视发射设备及通信基站所辐射的电磁波以外，还有工业、科研、医疗设备以及家用电器等也对外辐射电磁波。对工科医设备而言，有的输出功率很高，设备的工作频率具有随着电源电压和负载变化的性质，其频率除了以基波以外，还包括有一定的谐波，均对外辐射和泄漏电磁能量，直接影响该地区空间的电磁场。由于城市规划分布、地理状况及不同设备的分布位置，导致了环境电磁辐射的空间分布不均；另一方面，由于不同的设备工作时间不同，带来了电磁辐射时间分布上的不均。从总体上来说，城市环境电磁辐射污染源从频率分布来讲，主要有射频污染和工频污染，其中射频集中在 100kHz～3GHz 范围，工频主要为 50Hz，涉及的污染源设备主要有：中短波广播，FM 广播、电视；无线电通信基站，如移动通信基站、地球卫星地面站、微波中继站；各种雷达设备，如导航雷达、气象雷达；工科医设备，如高频淬火机、塑料热合机、木材烘干机、高频理疗设备；高压输变电设施。

随着我国城市建设的发展，城区范围不断扩大，民用建筑进入电视发射塔、电台广播发射塔、高压输变电线辐射区域的情况屡屡发生。电磁辐射的穿透性影响了人们在室内的安全和健康，这些设施设备在给人们提供便利的同时，也成为室内空间电磁辐射的一个个源头。同时，各类家用电器、电子设备的大量使用，也影响着建筑室内空间的电磁辐射环境。因而，建筑室内电磁辐射污染的调研，对掌握当下室内空间电磁辐射污染情况以及开展降低室内电磁污染的关键技术和材料的研究具有现实意义。

5.1　电力系统电磁辐射污染现场调研

近年来我国城市发展迅速，工矿企业和城乡居民生活用电量迅速增长，为了满足这种需求，国家在投入巨资进行包括火电、水电和核电等在内基础电力设施建设的同时，也加大了城乡电网的建设和改造力度，大型高压输变电工程比比皆是，见图 5-1。随着对电力需求的迅速增长，输电线路电压不断提高，自从 1981 年我国第一条 500kV 高压输电线路（平顶山—武昌）投入运行以来，高压输电线路发展迅速，并逐渐成为我国电力系统的主干网络。

随着我国电力工业的发展和城镇规模的不断扩大，220kV 超高压输电线路穿越城镇，穿越人口密集的居民住宅区上空的情况经常出现，110kV 及以上电压等级的变电站在城区也能看见，原本多在郊区出现的 500kV 超高压输电线路也不可避免地进入城镇。高压输变电设备产生的电磁污染对城市以及长期居住在沿输电线附近及变电站周围居民的影响已引起了社会各方面的关注。

图 5-1　不同类型高压线塔

5.1.1　电力系统电磁辐射特性

输变电设备是典型的工频电磁辐射源，在其周围存在着交变的工频电磁场。当输电线路与变电站电压等级达到 220kV 及以上时，线路上会产生电晕和绝缘子的闪络等局部放电现象，这时的输电线路又成为射频电磁污染源。由于我国人口众多，城市人口和负荷都比较集中，高压甚至超高压线以及变电站进入城市人口密集地区不可避免，因此输电线路与高压变电站对居住环境的影响就会更大。

1. 高压输电线路电磁辐射原理

输电是通过变压器将发电机发出的电能升压后，再经断路器等控制设备接入输电线路来实现。输电线路可分为架空输电线路和电缆线路。高压线路（HV）通常指 35~220kV 的输电线路，超高压线路（EHV）通常指 330~750kV 的输电线路。特高压线路（UHV）指 750kV 以上的输电线路。一般地说，电压等级越高，输送的电能容量越大。

高压输电线路工作原理：当电压等级较高时，输电线路对地面产生一个交变电即静电感应，人们照射过量的辐射对人体健康产生影响。输变电线路离地面越高，也就是说带电体离地面越远，因此在地面附近产生的电场强度也就越小。输电线路导线正下方电磁场强度最大，其变化特征为随距离的增大，场强迅速减小。最大场强区域出现在档距中央，这是由于导线弧垂的影响造成的。最小场强区域出现在杆线路处，这是由于导线悬挂高度较高，并且杆自身也有一定的屏蔽作用造成的。

（1）工频电场特性

高压交流输电线路正常运行时，导线上的电荷由于集肤效应，电荷主要分布在架空导线表面，同时导线上电荷将在空间产生工频电场。其所产生的工频电场波长 $\lambda = c/f$，$c = 3 \times 10^8 \text{m/s}$（光速），工频 $f = 50\text{Hz}$，则波长 $\lambda = 6000\text{km}$，因此工频电场是一种低频、长波的电波，其有频率低、波长大、能量小、穿透能力弱的特点。高压交流输电线路产生的

123

工频电场强度具有以下特点工频下降；工频电场很容易被树木、房屋等屏蔽，其受屏蔽后，电场强度明显下降。

（2）工频磁场特性

高压交流输电线路正常运行时，导线中将有电流通过，其导线上的电流将在空间产生工频磁场。其磁场特性与电场特性具有较大差异：工频磁场的强度仅与电流的大小有关，而与电压无关；输电线路产生的工频磁场强度较小，其值甚至较日常生活中的电视及电炊具产生的磁场强度小 1～2 个数量级，但工频磁场具有穿透力强的特点，极易穿透大多数物体；工频磁场强度随着距导线。

2. 变电站电磁辐射原理

高压设备的上层相互交叉的带电导线，与下层高压带电设备以及设备连接导线（电极形状复杂，数量较多），在其周围空间形成了比较复杂的高交变工频电磁场，产生的高电场对周围有一定的静电感应问题，即变电站周围存在一定的电磁辐射场。一般而言，高压变电站周围主要是工频电场和工频磁场，由于空间工频电场很容易被进入工频场内的物体引起畸变，而发生畸变后的工频场变得更为复杂。若变电站内布局与周围环境不协调时，会对周围环境将产生电磁辐射问题。

5.1.2 电力系统电磁辐射现场测试方法

1. 变电站监测

（1）测试要求及检测环境

测量工频电场时，测试人员应离测量仪表的探头足够远，一般情况下至少要 2.5m，避免在仪表处产生较大的电场畸变。监测点需避开较高的建筑物、树木、高压线及金属结构，测量地点相对空旷，测量高度为 1.7m。环境条件应符合行业标准和仪器标准中规定的使用条件，即无雪、无雨、无雾、无冰雹。环境温度一般为 $-10℃～+40℃$ 相对湿度小于 80%。测量记录表应注明环境温度、相对湿度及天气情况。

（2）监测方案及点位选择

对于工频电场、磁场的监测，变电站围墙四周距离围墙 5m 处为必测点。然后可选择方案一或方案二进行监测（方案一：选择居民较为密集的方位做监测断面，间距 5m 为一个监测点，根据环境条件，直至 50m；方案二：选择出线的边线正下方，垂直于边线投影方向为监测延长方向，间距 5m 为一个监测点，根据环境条件，直至 50m）。变电站的监测示意图如图 5-2 所示。

2. 高压输电线路监测

（1）监测布点

送电线路下地面工频电场和磁场测量：在测量送电线路工频电场和磁场时，应选择在导线档距中央弧垂最低位置的横截面方向上。对于以铁塔对称排列的送点线路，测量点只需在铁塔一侧的横截面方向上布置。送电线路下工频电场一般测至距离边导线对地投影外50m 处即可，然后按照垂直于边线投影的方向选择点位。以此为 0m，5m，10m，15m，20m 直到 50m。监测示意图如图 5-3 所示。

送电线路邻近民房工频电场和磁场测量：在民房内部场强测量时，应距离墙壁和其他固定物体 1.5m 外的区域内测量所在房间的工频电场和磁场，并测出最大值，作为评价依据。如不能满足上述距离要求的，则取房屋空间平面中心作为测量点，但测量点与周围固定物体（如墙壁）间的距离至少 1m；或在阳台、楼顶平台中央位置进行测量。

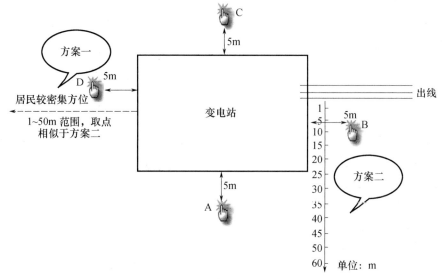

图 5-2　变电站监测布点示意图

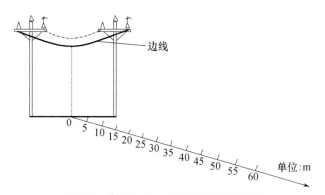

图 5-3　高压输送电线监测布点示意图

在民房阳台上场强测量时，当阳台的几何尺寸满足民房内场强测量点布置要求时，阳台上的场强测量方法如上；若不满足要求，应在阳台中央位置测量。在民房楼顶平台上场强测量时，应在距离墙壁和其他固定物体 1.5m 外的区域内测量所在房间的工频电场和磁场，并测出最大值；若不满足条件，应在平台中央位置测量。

5.1.3　电力系统电磁辐射监测实例

1. 某市 220kV 三种不同类型变电站监测实例

为了更好地研究不同布置方式变电站工频电磁场的分布，陆高阁选取了某市 220kV 户内、半户内、户外变电站各一座，在变电站正常运行期间周围的电磁环境进行了现场监测，并研究分析三种不同类型变电站对周围环境产生的电磁污染水平。此 220kV 三个变电站共同点为主变容量相同，变电站周围 50m 范围内无学校、医院等敏感点，监测点和监测断面无其它电磁干扰源，能够较好的反应出不同类型变电站周围电磁环境。变电站详细情况见表 5-1。

表 5-1　220kV 不同类型变电站详细详细情况对比表

变电站	某户内型变电站	某半户内型变电站	某户外型变电站
主变布置方式	室内	室外	室外
主变容量（MVA）	4×240	4×240	4×240
配电装置布置方式	室内布置	室内布置	室内布置

工频电场、工频磁场测量时在 220kV 变电站四周围墙 5m 处各布设 1 个监测点，共 4 个监测点。在变电站四周较为空旷一侧围墙外 0—50m 每隔 5m 布置一个点位。图 5-4 为 220kV 户内变电站布置及布点监测图，图 5-5 为 220kV 半户内变电站布置及布点监测图，图 5-6 为 220kV 为户外变电站布置及布点监测图。变电站四周工频电磁场强度监测结果如表 5-2。

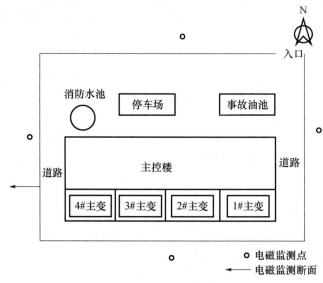

图 5-4　220kV 户内型变电站监测布点

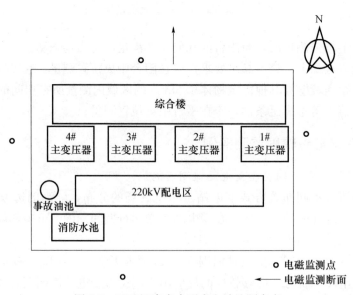

图 5-5　220kV 半户内型变电站监测布点

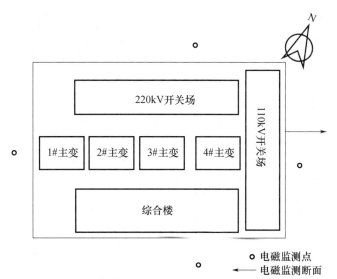

图 5-6　220kV 户外型变电站监测布点

表 5-2　20kV 不同类型变电站断面电磁场强度实测值

距变电站距离	220kV 户内型变电站		距变电站距离	220kV 半户内型变电站		距变电站距离	220kV 户外型变电站	
	工频电场强度（V/m）	磁感应强度（μT）		工频电场强度（V/m）	磁感应强度（μT）		工频电场强度（V/m）	磁感应强度（μT）
5m	3.4	0.250	5m	89.5	0.309	5m	343.6	0.620
10m	4.6	0.210	10m	80.5	0.280	10m	416.9	0.203
15m	3.9	0.150	15m	70.5	0.250	15m	383.3	0.213
20m	3.0	0.130	20m	60.3	0.250	20m	281.7	0.178
25m	2.9	0.120	25m	40.4	0.260	25m	219.2	0.161
30m	2.6	0.110	30m	35.4	0.200	30m	186.9	0.163
35m	2.5	0.100	35m	28.4	0.120	35m	145.1	0.201
40m	2.0	0.060	40m	15.7	0.100	40m	110.5	0.196
			45m	11.3	0.100	45m	98.4	0.145
			50m	8.5	0.090	50m	86.9	0.123

注：由于变电站工程概况的不一样以及四周环境的限制，户内型变电站知监测点到 40m。

　　表 5-2 为不同布置方式变电站监测断面工频电磁场强度的监测值。本次选取的 220kV 不同类型变电站其主变容量最大，由表 5-2 可知本次监测均不超出国家标准。户外型变电站工频电场强度及磁感应强度远大于户内型变电站和半户内型变电站。即电场强度比较结果为：户外型变电站>半户内型变电站>户内变变电站。磁场强度比较结果为：户外型变电站>半户内变电站≈户内变变电站。变电站产生的工频电场强度对周围电场贡献值较大，工频磁场对周围磁场贡献值较小。

　　户外型变电站的电磁感应强度大于半户内变电站和户内变电站的原因主要在于，户外变电站的电磁场强度不仅来源于主变压器，同时也来源于户外布置的配电装置，而半户内变电站和户内变电站的配电装置均布置在户内，电磁辐射基本被屏蔽吸收。半户内变电站与户内变电站四周电磁感应强度源强的不同在于：户内变电站的主变压器位于户内，有墙壁的屏蔽；然而半户内型变电站主变压器 3 面有防火墙隔离，对电磁场也存在一定的屏蔽，所以最后导致半户内变电站与户内变电站四周电磁感应强度差距并不大。

通过以上数据可得出结论，若将变电站建设在人口较为密集的地区应建设户内变电站，人口较为稀少的地区同时考虑经济原因应建设户外型变电站。推荐户外变电站、半户内变电站围墙外 35m 处为最佳防护距离，推荐高压输变电线路距中心点 25m 处为最佳防护距离。

2. 北京城区变电站监测实例

1) 北土城变电站电磁辐射测量

北土城变电站变电站类型：室内油浸式 110/10kV 主变压器，室内全封闭 110kV 组合电器，敞开式 110kV 母线联接。

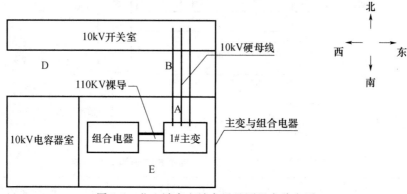

图 5-7　北土城变电站布局及测量点分布图

表 5-3　北土城变电站不同部位工频辐射场强

监测场名称	测量方位	测量高度（m）	与变压器外壳水平距离（m）	场强（V/m）
1#主变压器	西南	1.7	1.7（E）	2100
			0.7	930
		0.6	1.6	550
			0.6	350
	南	0.6	1.5	50
			0.5	40
	东南	0.6	1.5	30
			0.5	20
	西偏南	0.6	1.5	530
			0.5	340
	西	0.6	1.5	290
			0.5	180
	西偏北	0.6	1.5	180
			0.5	100
	西北	1.7	1.0	930
		0.6	1.5	150
			0.5	120
室内 10kV 母线出口	正下（A）	1.7	—	100
室外 10kV 母线出口	正下（B）	0.6	—	20

由于组合电器、主变压器外壳和上周墙壁的屏蔽作用，1♯主变空间工频辐射场强产生畸变。距离主变最近处的电场强度并不是此方向上的最大值，相反会在此形成一个辐射场强幅值的下凹，而在距1♯主变外壳水平距离 0.6m 处达到最大值；变电室内工频电场强度的最大值（指距地面高度 1.7m 及以下）位于距 1♯主变外壳水平距离 1.7m（西南方向）高度 1.7m 处（E 点），它正好位于 110kV 裸导线偏下方，分析判定它主要是由 110kV 裸导线产生的工频辐射；变电室内、外 10kV 硬母线下的工频辐射都很小；变电室外工频辐射在国家标准和参考标准规定的居民区安全范围之内，不会对人体健康及居民正常生活产生任何不良影响。

2）阜成门变电站电磁辐射测量

阜城门变电站类型：室外油浸式 110/10kV 主变压器，室内全封闭 110kV 组合电器，采用 110kV 电缆封闭式联接，敞开式消弧线圈及金属网屏蔽。

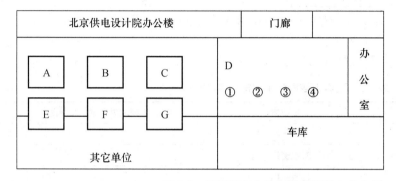

图 5-8　阜城门变电站布局及测量点分布图

表 5-4　阜城门变电站不同部位工频辐射场强

测量位置	测量点高度（m）	测量点最大场强（V/m）
供电设计院办公楼三层窗口外 10kV 母线上方	1.3	<20
供电设计院办公楼二层窗口外 10kV 母线上方	1.3	<20
2♯、3♯主变压器外壳水平距离1m处	1.3	<20
	1.7	<20
电容器外守则水平距离1m处	1.3	<20
	1.7	<20
3♯10kV 消弧线圈外壳水平距离1m处	1.3	<20
	1.8	40
	2.0	145

阜城门变电站 110kV 电气设备均采用全封闭式设计，即使在设备联接处也使用浸油管道封闭，有效的减少了变电站设备的电磁辐射（包括工频和高频），且阜城门变电站的工频辐射场强（表 5-4）明显小于北土城变电站（表 5-3）。

3）知春里变电站工频场强测量

知春里变电站类型：室外油浸式 220/110/10kV 主变压器，室内 110kV 敞开式配电装置，室外 220kV 敞开式配电装置。

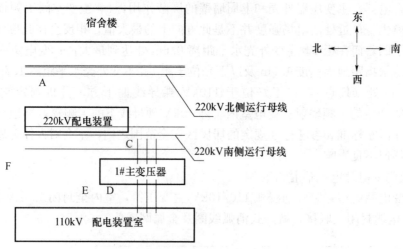

图 5-9　知春里变电站布局及测量点分布图

变电站北侧宿舍楼工频辐射场强的测量：

表 5-5　知春里变电站不同部位高频辐射场强

楼层	测量位置	工频辐射场强（V/m）
一层	南阳台	20
	南室窗口	88
	北屋室内	＜20
二层	南阳台	20
	南屋窗口	215
	北屋室内	＜20
三层	南阳台	100
	南屋窗口	500
	北屋室内	＜20
四层	南阳台	200
	南屋窗口	715
	北屋室内	＜20
五层	南阳台	140
	南屋窗口	1125
	北屋室内	＜20
六层	南阳台	215
	南屋窗口	810
	北屋室内	＜20

220kV 配电装置北侧宿舍楼南屋窗口工频电场表现出较强的规律性：工频电场强度从第一层起逐渐增大，并在第五层与输电线处于同一高度时达到最大，然后减小，这与理论分析是基本一致的；窗口处工频辐射明显高于南阳台处，这是因为南阳台东西两侧有约 2m 的水泥墙，它的屏蔽作用对工频辐射的影响相当显著；在南窗口，伸出窗口外场强增

加 1 倍以上，退入窗口内 0.1m 处场强降低到 50％以下，退入窗口内 1m 处场强降低至 5％以下；在北屋室内，由于多层墙壁的屏蔽，工频辐射已降低到几乎测量不到的程度；对于变电站内的两条输电线路，靠近地面的最大场强均出现在线路中央导线稍外的地方，在线路中心线下场强分布下凹是因为三相导线在该处的电场相互部分抵消的缘故；变电室站内，在人们可能接近但不经常接近的极个别地区，场强最大值仍小于 2.7kV/m；在国家标准和参考标准规定的居民区安全范围之内，不会对人体健康及居民正常生活产生任何不良影响。

在所侧 220kV 母线附近的居民建筑中，与带电高压设备距离特别接近时（如窗口距 220kV 带电体相距仅 8.5m），窗内场强虽未超过安全值，但已较高。若探测窗外，电场强度会更高。建议在窗外装设较为密实的金属框或网，并可靠接地。也可以保持金属纱窗关闭，以减小电磁辐射。由于这种区域工频场强较强，若有突出屋外的未接地金属物体（金属衣架、金属窗栏等），在人与人接触前一瞬间，可能产生静电火花放电。这种放电与人们熟知的走过化纤地毯后再接触门把手等金属构件时产生的静电放电类似。它不会引起人们生理上的直接损伤，只限于使人产生烦恼、刺激皮肤、惊吓等反应。为避免或减少静电火花放电的发生，将那些金属构件可靠接地是有效的方法。

3. 重庆城区变电站监测实例

唐继军抽取了重庆市 10 个变电站和 14 回线路，对其进行了电磁辐射的现状监测，并变电站及线路周围的居民区、学校、机关、重要建筑物等环境敏感点，以及变电站内的工作人员进行了调查。

表 5-6　抽样监测的变电站名称

序号	电压等级（kV）	变电站名称	所属供电局	户内/户外
1	500	陈家桥	沙坪坝	外
2	220	大溪沟	城区	内
3	220	巴山	杨家坪	外
4	110	储奇门	城区	外
5	110	丹桂	南坪	外
6	110	响水洞	南坪	外
7	110	南坪	南坪	外
8	110	石桥铺	杨家坪	外
9	110	陈家坪	杨家坪	外
10	110	小龙坎	沙坪坝	外

1）陈家桥 500kV 变电站

在变电站 2 条进线布设了 3 测点线，从实测结果来看，在变电站内和围墙外大多数地区的电场强度低于 4kV/m，磁感应强度仅为 $1.29 \times 10^{-6} \sim 6.02 \times 10^{-8}$ mT。在 22 个测点中有 4 个超过评价标准，超标率为 18％。由于这 4 个超标测点四周都是水田，只能在弯曲的田埂上测量，测量点 10、11、12 靠近 500kV 高压进线下方，约 5m 左右。其电场强度受高压线的影响，电场强度值分别为 4.06kV/m、4.16kV/m、5.4kV/m 分别超过评价标准的 1.01、1.04、1.36 倍。其余两条测点线距进线较远，实测值低于电磁辐射标准。

表 5-7　陈家桥 500kv 变电站环境电磁辐射测量结果

编号	测量距离（m）	测量高度（m）	测量项目		备注
			电场（kV/m）	磁场（mT）	
1	0	1.5	3.14	1.62×10^{-3}	
2	0	1.5	2.72	4.75×10^{-3}	
3	0	1.5	0.931	5.41×10^{-5}	
4	0	1.7	0.656	1.53×10^{-4}	
5	0	1.7	1.94	4.47×10^{-4}	
6	10	1.5	3.91	1.29×10^{-4}	
7	0	1.5	1.05	4.30×10^{-4}	
8	10	1.5	4.84	4.31×10^{-4}	
9	20	1.5	3.67	4.46×10^{-4}	靠近进线
10	30	1.5	4.10	4.57×10^{-4}	路下方
11	40	1.5	4.16	5.11×10^{-4}	
12	50	1.5	5.40	5.30×10^{-4}	
13	10	1.5	0.267	1.21×10^{-4}	
14	20	2	0.148	9.23×10^{-5}	
15	30	5	0.285	8.41×10^{-5}	测点处为
16	40	6	0.364	7.92×10^{-5}	小山包
17	50	7	0.412	6.02×10^{-5}	
18	10	−6	1.36	1.27×10^{-4}	
19	20	−6	1.17	1.18×10^{-4}	
20	30	−6	1.07	1.22×10^{-4}	
21	40	−6	0.963	9.51×10^{-5}	
22	50	−6	0.885	8.85×10^{-5}	

注：以变电站内地平面为 0m。

2）巴山 220kV 变电站

巴山变电站共布设个测试点，见表 5-8。测试结果表明，17 号测点处于变电站出线的正下方，受电力线的影响电场强度值较高。其余测点表明该站围墙外 50m 范围内电场强度均小于 IkV/m，磁场强度均小于 0.01mT，对环境影响甚微。

表 5-8　巴山 220KV 变电站环境电磁辐射测量结果

编号	测量距离（m）	测量高度（m）	测量项目		备注
			电场（kV/m）	磁场（mT）	
1	0	1.5	0.0565	4.77×10^{-5}	
2	10	1.5	0.0290	2.80×10^{-5}	
3	20	1.5	0.0201	2.75×10^{-5}	
4	30	1.5	0.00786	2.54×10^{-5}	
5	40	1.5	0.00354	2.36×10^{-5}	
6	50	1.5	0.00273	2.21×10^{-5}	
7	0	1.5	0.467	1.45×10^{-4}	

续表

编号	测量距离（m）	测量高度（m）	测量项目		备注
			电场（kV/m）	磁场（mT）	
8	10	1.5	0.441	1.34×10^{-4}	
9	20	1.5	0.284	1.36×10^{-4}	
10	30	1.5	0.276	8.01×10^{-5}	
11	40	1.5	0.227	8.75×10^{-5}	
12	50	1.5	0.125	6.11×10^{-5}	
13	0	1.5	0.370	2.31×10^{-4}	
14	10	1.5	0.159	2.67×10^{-4}	
15	20	1.5	0.358	4.58×10^{-4}	
16	30	1.5	0.190	4.68×10^{-4}	
17	0	1.5	8.32	3.14×10^{-3}	在出现的下方
18	30	1.5	0.635	1.01×10^{-3}	

3）南坪 110kV 变电站

该站的测量表明，在有输电线经过的测点 8 号、14 号、16 号和 18 号处，电场强度值分别 .422、4.04、4.45kV/m、5.40kV/m，超过了 4kV/m，其余测点均满足电磁场辐射环境要求。

表 5-9　南坪 110KV 变电站环境电磁辐射测量结果

编号	测量距离（m）	测量高度（m）	测量项目		备注
			电场（kV/m）	磁场（mT）	
1	0	1.5	0.627	6.45×10^{-4}	
2	10	1.5	0.321	3.35×10^{-4}	
3	20	−3	0.00443	1.76×10^{-4}	
4	30	−3	0.0462	2.26×10^{-4}	
5	40	3−	0.0275	1.77×10^{-4}	
6	50	−3	0.0297	1.59×10^{-4}	
7	0	1.5	0.518	3.54×10^{-4}	
8	10	1.5	4.22	7.46×10^{-4}	
9	20	1.5	0.0346	4.38×10^{-4}	
10	30	1.5	0.309	1.69×10^{-4}	
11	40	1.5	0.0863	5.39×10^{-5}	
12	50	1.5	0.00446	4.43×10^{-5}	
13	0	1.5	0.330	9.94×10^{-4}	
14	10	1.5	4.04	6.97×10^{-4}	
15	20	1.5	3.39	4.26×10^{-4}	
16	30	1.5	4.45	8.12×10^{-4}	在电力线的下方
17	40	1.5	3.76	1.35×10^{-3}	
18	50	1.5	5.40	1.39×10^{-3}	
19	0	1.5	0.120	1.57×10^{-3}	

续表

编号	测量距离（m）	测量高度（m）	测量项目		备注
			电场（kV/m）	磁场（mT）	
20	10	1.5	0.206	1.12×10^{-3}	
21	20	1.5	0.00512	1.20×10^{-4}	

通过本次测量，变电站测点不满足评价标准的占 5.6％ 左右，这些测点均位于变电站围墙外侧进出线路较多的地带，受线路电场强度叠加的影响，测点超过环境标准，最大超标倍数为 1.35。巴山变电站中的 17 号测点数据为 8.31kV/m，而 30m 以外测点数据为 0.6kV/m，与理论计算衰减趋势不相符合。故此，该点数据可剔除。110kV 以上高压变电设施在正常运转时，围墙外围电磁辐射影响较小，满足评价标准；500kV 高压输电线的电磁辐射对环境有一定的影响，应划一定的防护距离。

4. 珠海城区变电站监测实例

张泽林对珠海电网的多个 110kV、220kV、500kV 变电站进行的工频电场进行布点、测量及结果评估，共测量了 7 变电站共 376 个监测数据点，电场强度最高 23.074kV/m，最低 0.004kV/m，平均值为 2.438kV/m。按国家标准评价，89 个监测数据点的监测结果超标，总的超标率 23.67％。其中，电场强度在 5－10kV 范围内的比例为 19.68％，在 10－15kV 范围内的比例为 2.39％，在 15－20kVkV 范围内的比例为 0.80％，在 20kV 以上的比例为 0.80％。变电站的平均电场强度、最大值、最小值、超标率见表 5-10：

表 5-10 各电压等级变电站电场强度情况表

变电站	110kV 井岸变电站	110kV 柠溪变电站	110kV 翠香变电站	220kV 大港变电站	220kV 凤凰变电站	220kV 旧珠变电站	500kV 国安变电站
平均	1.194	0.325	0.115	3.785	2.737	2.240	3.624
总的数据点数目	34	38	30	62	64	62	86
最大值	7.812	1.232	0.753	13.173	11.1	9.456	23.074
最小值	0.0008	0.0013	0.001	0.001	0.0013	0.0019	0.004
超标数目	4	0	0	26	22	17	20
超标率	11.76％	0.00％	0.00％	41.94％	34.38％	27.42％	23.26％

可见，500kV、220kV 变电站超标率远大于 110kV 变电站。按电力行业标准即每天 8h 工作时间的情况下，高容许强度为 5kV/m。因工作需要必须进入超过最高容许量的地点或延长接触时间，应采取有效的防护措施。进行评价，因作业人员在超标地点的作业时间一般不会超过每天 8h，所以如以此计算超标率会有明显下降。500kV 国安变电站有较多作业点最高电场强度超过 10kV，在这些作业点也要加强防护。

中华人民共和国水利电力部《高压配电装置设计技术规程》修订版第 2.0.13 条规定：电压为 330kV 及以上的配电装置内设备遮拦外的静电感应场强水平（离地 1.5m 空间场强）不宜超过 10kV/m，少部分地区可允许达到 15kV/m。现场测量数据表明，500kV 国安变电站 500kV 配电装置多个点的电场强度在 12～23kV/m 范围，这些一般在高压断路器、电流互感器、电压互感器、和避雷器附近，对于工频电场大于 10kV/m 的区域，应该加强注意和防护措施。

5. 南京市高压线监测实例

蔡可庆等通过对南京地区部分 220kV～500kV 高压线路电磁辐射的实际测量，研究和讨论高压线路产生的电磁辐射对环境的影响。研究发现：繁东线、东南线、六汉♯1线、热汉♯1线、晓尧♯1、♯2线、上仙♯1、♯2线等电磁辐射值最大、以附近有民房的地方为测量对象进行了分析。各线路从导线正下方、弧垂最大处开始，以导线弧垂最大处线路中心的地面投影为测试原点，沿垂直于线路方向进行，测点间距为 5m，顺序测至垂直线路方向 30～50m 处。另外选择工频电场离地 1.5m 处的垂直分量、工频磁场离地 1.5m 处的垂直分量和水平分量进行测量。测量结果见表 5-11、表 5-12、表 5-13、表 5-14。

表 5-11　南京地区 500kV 高压线路工频电磁场测量结果

线路名称	杆段	电磁场分量	测量距离（m）										
			0	5	10	15	20	25	30	35	40	45	50
繁东线	♯237～♯238	工频电场垂直分（kV/m）	2.75	2.35	2.24	2.12	1.95	1.88	1.20	0.35	0.25	0.15	0.035
		工频电场垂直分量（mA/m）	565	278	220	215	202	190	150	132	97	32	11
		工频电场水平分量（mA/m）	960	870	780	513	340	270	200	132	109	89	52
东南线	♯11～♯12	工频电场垂直分（kV/m）	2.55	2.38	1.82	1.70	1.68	1.60	1.49	1	0.725	0.540	0.398
		工频电场垂直分量（mA/m）	1250	910	335	258	250	238	218	208	173	138	85
		工频电场垂直分量（mA/m）	675	545	430	418	313	290	243	214	160	125	110

其中：电磁强度 $mT = \sqrt{[mA/m]_x^2 + [mA/m]_y^2}/800000$，即电磁强度单位 mT 与我们测出来的工频磁场分量（mT/m）平方和成正比。

转化后电磁场强结果见表 5-12.

表 5-12　南京地区 500kV 高压线路下方磁场强度测量结果

线路名称	杆段	工频电磁场强	测量距离（m）										
			0	5	10	15	20	25	30	35	40	45	50
繁东线	♯237～♯238	磁场强度（μT）	1.392	1.142	1.013	0.695	0.494	0.413	0.313	0.233	0.182	0.118	0.066
东南线	♯11～♯12	磁场强度（μT）	1.776	1.326	0.681	0.614	0.501	0.469	0.408	0.373	0.295	0.233	0.174

其中：$\mu T = mT \times 1000$，即 $mT = \mu T/1000$。

表 5-13　南京地区 220kV 高压线路工频电磁场测量结果

线路名称	杆段	电磁场分量	测量距离（m）						
			0	5	10	15	20	25	30
六汊＃1线	＃30～＃31	工频电场垂直分量（kV/m）	0.6	0.59	0.34	0.21	0.125	0.0757	0.070
		工频电场垂直分量（mA/m）	750	255	149	138	120	109	88
		工频电场水平分量（mA/m）	770	670	530	330	216	146	100
热汊＃1线	＃25～＃26	工频电场垂直分量（kV/m）	0.685	0.46	0.28	0.16	0.104	0.73	0.095
		工频电场垂直分量（mA/m）	458	263	115	96	85	72	56
		工频电场水平分量（mA/m）	267	256	245	212	157	145	130
晓尧＃1、＃2线	＃6～＃7	工频电场垂直分量（kV/m）	0.456	0.385	0.343	0.258	0.137	0.088	0.079
		工频电场垂直分量（mA/m）	102	100	94	87	82	69	46
		工频电场水平分量（mA/m）	154	148	125	111	93	73	52
上仙＃1、＃2线	＃135～＃136	工频电场垂直分量（kV/m）	0.390	0.243	0.169	0.152	0.140	0.083	0.063
		工频电场垂直分量（mA/m）	482	470	456	390	342	237	145
		工频电场水平分量（mA/m）	710	575	450	345	235	175	107

其中：电磁强度 $mT = \sqrt{[mA/m]_x^2 + [mA/m]_y^2}/800000$，即电磁强度单位 mT 与我们测出来的工频磁场分量（mT/m）平方和成正比。

转化后电磁场强结果见表 5-14。

表 5-14　南京地区 220kV 高压线路下方磁场强度测量结果

线路名称	杆段	工频电磁场强	测量距离（m）						
			0	5	10	15	20	25	30
六汊＃1线	＃30～＃31	磁场强度（μT）	1.344	0.896	0.688	0.447	0.309	0.228	0.167
热汊＃1线	＃25～＃26	磁场强度（μT）	0.663	0.459	0.338	0.291	0.223	0.202	0.177
晓尧＃1、＃2线	＃6～＃7	磁场强度（μT）	0.231	0.223	0.196	0.176	0.155	0.126	0.087
上仙＃1、＃2线	＃135～＃136	磁场强度（μT）	1.073	0.928	0.801	0.651	0.519	0.368	0.225

其中：$\mu T = mT \times 1000$，即 $mT = \mu T/1000$。

从表 5-11、表 5-13 可以看出，最大值出现在 500kV 繁东线♯237～♯238 处，其工频电场垂直分量最大值为 2.75kV/m，位置在距线路中心弧垂投影点 0m 处，随着距离的增大，电场强度逐渐减小，35m 后为本底水平。

从表 5-12、表 5-14 可以看出，工频磁场强度最大值出现在 500kV 东南线♯11～♯12 下方，其工频磁场垂直分量和水平分量测量值分别为：1250mA/m、675mA/m，在 0m 处，随距离增加，测量值逐渐降低，30m 后为本底水平。

从测量结果可以得出，220kV～500kV 高压输电线路附近地面环境的工频感应电磁辐射强度相对较低，周围环境电磁辐射水平符合 HJ/T 241998《500kV 超高压送变电工程电磁辐射环境影响评价技术规范》中 4000V/m 居民区工频电场评价标准和对公众全天辐射时的工频限值 100μT 磁感应强度的评价标准。但在高压线路设计和建设运行中，预防电磁辐射污染仍是不可忽略的问题，应确保把电磁辐射降低到尽可能低的水平，确保公众不受辐射影响。在线路选址时尽量远离居民住宅，线路通道卜方的土壤率应严格控制在 100Ω/m 范围内。设计线路架设方式时，最大可能采用倒三角形和三角形架线方式，充分利用三相电的特性，将其各相产生的电磁场相抵消，以降低总辐射水平；严格按规范设计施工，保证高压构架和线路架设高度，增大与地面距离，降低地面感应辐射强度。

6. 焦作市高压线监测实例

付朝国对河南省焦作一 500kV 超高压输电线路中两段特殊地段进行电场强度测量，线路为同塔双回路垂直架设的 500kV 电压等级的输电线路，导线型号为 4 * LGJ400/35，线路地线用 GJ－70，子导线按方形四角分布，分裂间距 450mm，最低导线距离地面 17.4 米。测量原点在档距中央中线弧垂最低点的地面投影处（居民房大约在档距中间），每隔 5 米设置一个监测点，测量距地面 1m 高处的电场强度。居民房（离测量原点 10m，由 2 栋小平房中间加一个石棉瓦顶棚连接，靠近高压线方有个小院子，房子总长约 30m）和高压线路及桃树林和高压线分布如图 5-10 所示。利用电磁辐射分析仪 PMM8053B 与工频电磁场探头 EHP－50C，对高压线进行了电场强度实际测量，测量的数值见表 5-15。

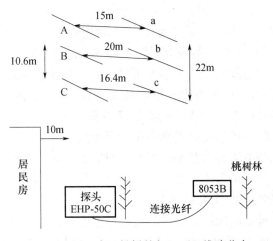

图 5-10　居民房、桃树林与 500kv 线路分布

表 5-15　空旷地带、居民房及桃树林的电场实测

距原点（m）	空旷地带 E/（kv/m）	居民房 E/（kv/m）	桃树林中 E（kv/m）
0	6.712	6.647	1.631
5	6.355	5.114	0.927
10	5.998	1.674	0.403
15	4.321	1.457	1.570
20	2.616	0.002	0.095
25	1.818	0.002	0.033
30	0.738	0.004	0.274
35	0.508	0.014	0.320
40	0.614	0.002	0.266
45	0.361	0.120	0.346
50	0.197	0.182	0.377

由于砖石结构的房屋墙壁内和顶部有一定的水分与钢筋，且与大地连接导通的，这相当于将零电位提高了，这必然导致工频电场的减小。在居民房中（10－40m）电场强度最大为 1.674kV/m，远小于工频电场限值（4kV/m）。同时由于树枝与树叶表面有许多微小的细孔，这些细孔通过管道与地下的树根相通，孔与管道中充满着溶解液，这样整棵树就是一个导体并与零电位地相连接，使桃树林中的电场强度也的到了大幅度的减小，最大电场仅为 1.631kV/m，在 15m 处电场强度达到了一个极大值，只是由于在 15m 处存在一小块空旷地带。产生上述情况的原因是因为树木对其下面空间起到屏蔽作用。由此得出，对居住在高压线附近的居民，在居民房周围种上适当高度的树木对减小电场强度有更好的效果。

7. 重庆市高压线监测实例

刘华麟测量了重庆市由陈家桥变电站至长寿变电站的 500kV 输电线路，测量点选在陈长－8 号塔到 9 号塔之间地面相对较平坦处，该位置处于正在建设的重庆市大学城内，两年以后将是人口高度密集区，因此，测量与分析研究该超高压输电线电磁分布具有非常重要的意义。

电磁测量布点如图 5-11 所示，1 点到 22 点之间相隔两点间距为 1m，22 点到 29 点之间相隔两点间距为 3m，点布在一条线上。图 5-12 和图 5-13 为工频电场和磁场的测量结果，比较测量结果与工频电场安全参考标准可以得出，在输电线正下方离中心线 4 到 17m 的走廊里工频电场超出 4kV/m 的安全标准，最大的是安全标准的 1.5 倍多，24 点以后受陈长二的影响，曲线走势向上，28 与 29 点比 27 点低 1.3m，测量结果上升趋势减小。考虑测量误差的存在，工频电场的安全走廊应扩大为中线左右 20m。对于超高压输电线，其工频电压相对较大，工频电流相对较小，因此，对应的工频电场比较大，而工频磁场比较小。工频磁感应强度测量结果远小于安全参考标准中的 0.1mT，最大值也仅为 1.103μT。24 点以后受陈长二的影响，曲线走势向上。

同时，刘华麟还测量了高压线旁房屋的电磁场强度，此房屋位于大竹林变电站至界石堡变电站的 220kV 双回输电线路 1 号与 2 号塔之间，房屋与输电线路位置及测量布点如图 5-14 所示，房屋为砖石结构 2 层农居楼房，测量点布在一条水平线上，1 点到 8 点之间相邻两点间距为 1m；8 点位于小屋的屋檐下。

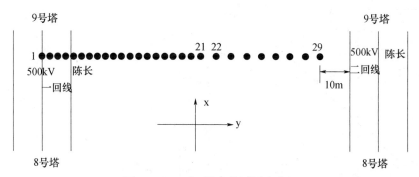

图 5-11　500kv 输电线测量布点图

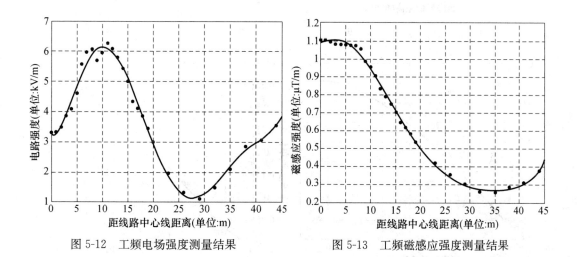

图 5-12　工频电场强度测量结果　　　　图 5-13　工频磁感应强度测量结果

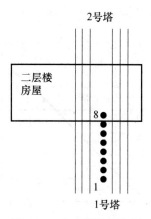

图 5-14　电磁测量布点图

　　图 5-15～图 5-18 为测量结果,从中可以看出,砖石结构的房屋,离房屋越近屏蔽效果越明显,由于砖石结构的房屋墙壁内有一定的水分与钢筋,与大地连接导通的,相当于将零电位提高了,这必然导致工频电场的减小,由于工频电场与磁场可看作互相独立的,提高零电位对工频磁感应无多大影响,从图 5-15 可知数值仅屏蔽 7％左右。对射频电场与磁场两者都有明显影响,在空间射频电场与磁场是互相转换,射频磁场的屏蔽效果可达 97％。

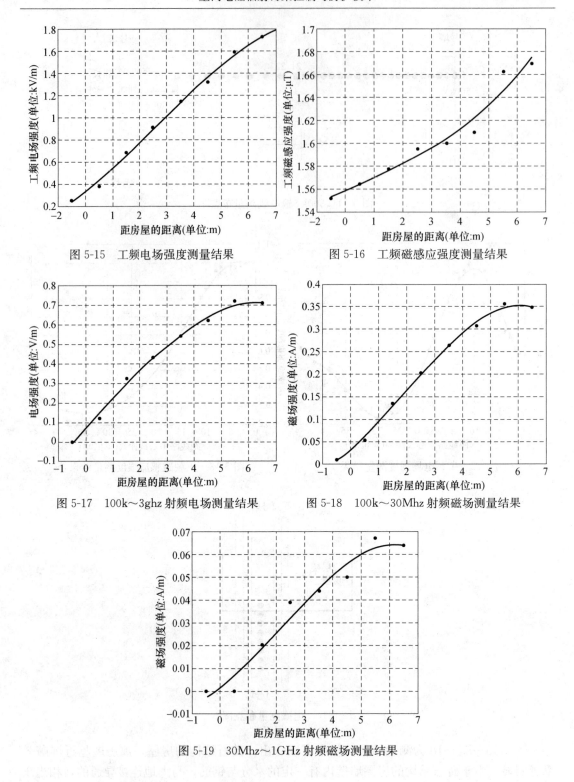

图 5-15　工频电场强度测量结果

图 5-16　工频磁感应强度测量结果

图 5-17　100k～3ghz 射频电场测量结果

图 5-18　100k～30Mhz 射频磁场测量结果

图 5-19　30Mhz～1GHz 射频磁场测量结果

5.1.4　电力系统电磁辐射现场调研

由于输电线长期处于工作状态，相应的电磁辐射污染就不容忽视，为了保护环境、保障公众的健康，促进伴有电磁辐射的正常生产活动和社会公益事业的良性发展，需对高压变电站及线路的电磁辐射进行监测。

1. 北京高碑店高压线现场测试

课题组选择了位于高碑店地铁口通惠河旁高压线的电磁辐射环境进行了研究（图 5-20）。对辐射源附近的民用建筑物进行了电磁辐射环境测试。根据测试辐射源周围环境的实际情况和本次监测的目的，共布设了监测点位 14 个。监测布点如图 5-21 所示，环境电磁辐射监测结果见表 5-16。

图 5-20　高碑店高压线电磁辐射监测周围环境示意图

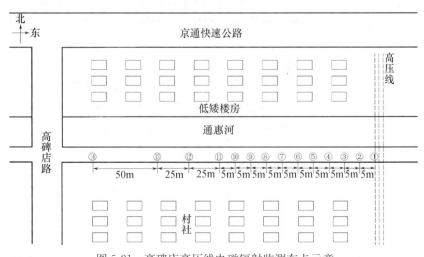

图 5-21　高碑店高压线电磁辐射监测布点示意

表 5-16　高碑店高压线电磁辐射监测结果

测量点位	电场（V/m）		磁场（μT）	
	MAX	RMS	MAX	RMS
①	120.89	109.42	0.704	0.668
②	117.04	106.73	0.740	0.714
③	39.763	36.683	0.699	0.661
④	94.028	87.087	0.625	0.623
⑤	224.85	216.06	0.583	0.571
⑥	338.36	322.90	0.486	0.482
⑦	306.93	304.75	0.441	0.430
⑧	271.61	269.45	0.296	0.378
⑨	192.49	191.69	0.343	0.384
⑩	123.86	123.28	0.310	0.303
⑪	90.252	89.973	0.274	0.263
⑫	74.556	73.986	0.160	0.154
⑬	56.278	52.362	0.124	0.119
⑭	31.365	30.962	0.094	0.091

　　为了全面了解高压线对周围电磁环境的影响，选取了一些代表性的点位。从监测结果可以看出，电场强度最大值为 338.36V/m，磁感应强度最大值为 0.740μT。其中，从 1～3 号点位的电场强度逐渐减小，4～6 号点位的数值逐渐增大，7～14 号点位电场强度逐渐减小。除了 2 号点位磁感应强度突然变大外，其他点位磁感应强度均随着距离增大而逐渐减小。1～3 号点位电场强度增大的原因可能是处于高压线正下方未在其辐射瓣内，故数值会减小。从 4～6 号点位正好位于辐射瓣内因此数值增大，但随着距离的增大，7～14 号点位数值呈现下降的趋势。磁场也是呈现随距离增大而减小的状态。2 号点位可能是由于测量时道路车辆的影响导致其数值突增。

　　2. 北京彩各庄高压线现场测试

　　课题组选择了位于北京市怀柔区彩各庄旁 220kv 的高压线的电磁辐射环境进行了研究（图 5-22）。对辐射源附近进行了电磁辐射环境测试。根据测试辐射源周围环境的实际情况和本次监测的目的，共布设了监测点位 16 个。监测布点如图 5-23 所示，环境电磁辐射监测结果见表 5-17。

　　为了全面了解高压线对周围电磁环境的影响，选取了一些代表性的点位。如表 5-17 所示，测量的 16 个点位中，有 11 个电测的电场强度是大于 1000V/m 的，最大值竟达到 2455.5V/m。若参照 GB8072—2014《电磁环境控制限值》中要求，监测结果是符合规范规定的居民区 4000V/m 工频电场强度限值；若参照俄罗斯标准中 1000V/m 的防护限值，其测量值是远远超标的。

图 5-22　彩各庄附近高压线电磁辐射监测环境示意图

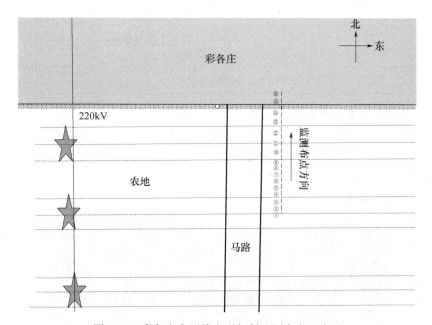

图 5-23　彩各庄高压线电磁辐射监测布点示意图

表 5-17　彩各庄高压线电磁辐射监测结果

测量点位	点位名	电场（V/m）		磁场（μT）	
		MAX	RMS	MAX	RMS
①	距离线下 0m	2044.1	1993.6	9.159	9.019
②	5m	2187.1	2715.1	8.326	8.246
③	10m	2403.9	2385.1	6.969	6.896
④	15m	2455.5	2396.0	5.029	4.983

续表

测量点位	点位名	电场（V/m）		磁场（μT）	
		MAX	RMS	MAX	RMS
⑤	20m	2228	2141.1	3.345	3.165
⑥	25m	1618.3	1573.3	1.678	1.661
⑦	30m	1148.3	1139.3	1.612	1.569
⑧	35m	825.55	811.53	2.622	2.591
⑨	40m	810.61	803.94	3.761	3.710
⑩	45m	805.71	799.93	4.420	4.384
⑪	50m	1629.0	1608.6	5.045	4.990
⑫	60m	2065.2	2052.0	5.114	5.056
⑬	70m	2095.3	2084.3	4.474	4.425
⑭	80m	1789.8	1775.9	3.665	3.609
⑮	90m	822.43	811.60	2.857	2.818
⑯	100m	295.91	294.11	2.482	2.450

3. 大连海苑花园高压线现场测试

课题组选择了位于大连市海苑花园旁的高压线的电磁辐射环境进行了研究（见图 5-24）。对辐射源附近进行了电磁辐射环境测试。根据测试辐射源周围环境的实际情况和本次监测的目的，共布设了监测点位 26 个。监测布点见图 5-25 和图 5-26，环境电磁辐射监测结果见表 5-18 和表 5-19。

图 5-24　海苑花园高压线电磁辐射监测环境示意图

注：♯1 和♯2 为 110kV 高压线塔

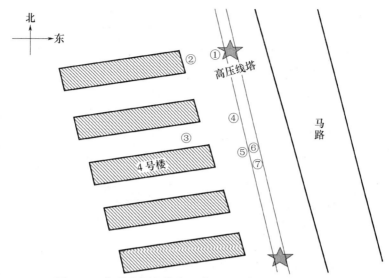

图 5-25　海苑花园室外高压线电磁辐射监测布点示意图

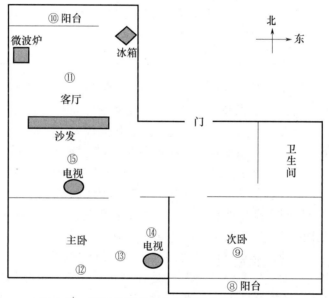

图 5-26　海苑花园室内电磁辐射监测布点示意图

表 5-18　海苑花园高压线室外电磁辐射监测结果

测量点位	电场（V/m）		磁场（μT）	
	MAX	RMS	MAX	RMS
①	207.36	206.54	1.109	0.996
②	271.39	267.45	0.701	0.686
③	157.81	156.57	0.556	0.532
④	517.09	504.57	0.844	0.829
⑤	1467.8	1453.7	0.923	0.911
⑥	1451.6	1423.6	0.890	0.885
⑦	369.28	362.73	0.798	0.788

表 5-19　海苑花园室内电磁辐射监测结果

测量点位	电场（V/m）		磁场（μT）	
	MAX	RMS	MAX	RMS
⑧	17.433	16.693	0.705	0.674
	15.714	15.426	0.670	0.656
⑨	0.634	0.323	0.560	0.553
⑩	5.065	4.969	0.571	0.559
⑪	0.608	0.368	0.463	0.452
⑫	0.721	0.457	0.483	0.473
	40.046	28.825	0.489	0.479
⑬	461.35	293.17	0.651	0.644
	214.63	98.93	0.659	0.627
⑭	3.889	3.781	0.493	0.479
	82.625	66.213	0.776	0.665
⑮	276.61	180.11	0.774	0.623

为了全面了解高压线对附近室外电磁环境和建筑室内电磁环境的影响，分别在楼内外选取了一些代表性的点位。其中，1～7 号点位为室外点位。1，2 号为水平的点位，相比于塔正下方的 1 号点位，2 号点位的电场强度数值较大，可能是由于 2 号位于高压线的辐射瓣内，而 1 号的磁场强度较大，可能是位于塔正下方的缘故。3 号点位为所测室内点位于的楼体，此点的电场数值仅为 157.81v/m，磁场强度仅为 0.556μT，要小于其他室外点位的数值，可能是由于楼体过于密集，附近的楼体对电磁波有了一定的屏蔽距离，且 3 号点位距离高压线较远，正说明随着距离的增大，电磁场数值会逐渐减小。1，4，5，7 是同一垂直线上的 4 个点位，其中，1，4，5 号点位的电场强度逐渐增大，说明高压线垂下的最低点（两塔之间的中点）处的电场强度最大，而且 4，5 号点位的磁场强度也逐渐增大。7 号点位由于偏离的最低点处，电磁场数值均有所减小。其中，5 号点位的电磁场数值最大，分别为 1467.8v/m 和 0.928μT。虽然 5，6 号点位同位于一水平线上，但 6 号点位附近有树林屏蔽的影响，导致其数值较小。8～11 号点位为未开任何电器时在室内所设的点位，其中 8 号点位（位于次卧阳台）的电磁场数值最大，由于此处距离高压线的位置最近。8 号点位共读取了两次数值，分别为开窗和不开窗状态，数值有一定的变动，由于金属窗对电磁波的屏蔽作用，是关窗时的电磁场数值较小，12 号点位也是如此的情况。另一数值较大的点位于客厅阳台 10 号点位，由于暴露于室外环境中，外界高压线对其室内电磁环境有一定的影响。9，11 号点位的数值相对较小。

4. 北京高井高压线现场测试

课题组选择了位于北京市高井高压线的电磁辐射环境进行了研究（图 5-27），对辐射源附近进行了电磁辐射环境测试。根据测试辐射源周围环境的实际情况和本次监测的目的，共布设了监测点位 9 个。监测布点见图 5-28，环境电磁辐射监测结果见下表 5-20。

图 5-27　高井高压线电磁辐射监测环境示意图

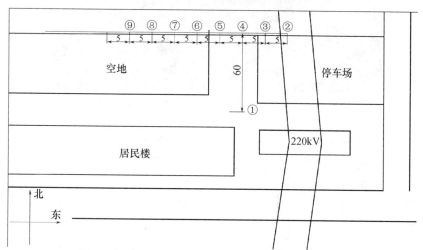

图 5-28　高井 110v 高压线电磁辐射监测布点示意图

表 5-20　高井高压线电磁辐射监测结果

测量点位	电场（V/m）		磁场（μT）	
	MAX	RMS	MAX	RMS
①	810.79	795.08	0.586	0.577
②	953.93	585.95	0.702	0.693
③	499.74	458.48	0.831	0.820
④	186.74	166.06	0.900	0.883
⑤	295.00	283.96	0.821	0.813
⑥	373.28	272.20	0.389	0.369
⑦	353.78	342.01	0.312	0.293
⑧	41.819	41.465	0.281	0.264
⑨	27.461	27.404	0.051	0.046

为了全面了解高压线对周围电磁环境的影响，选取了一些代表性的点位。从监测结果可以看出，随着距离的增大，电场强度整体上基本呈现降低的趋势，但是4、5号点位的数值偏小，具体的原因还有待查明。1号点位靠近高压线塔旁，相对于同一垂直位置的3、4号点位的电场强度偏大，而磁感应强度则呈现先增大后减小的趋势。

5. 北京王四营变电站现场测试

课题组选择了位于王四营220kv变电站的电磁辐射环境进行了研究（图5-29）。对辐射源附近进行了电磁辐射环境测试。根据测试辐射源周围环境的实际情况和本次监测的目的，共布设了监测点位15个。监测布点见下图5-30，环境电磁辐射监测结果见表5-21。

图5-29　王四营变电站电磁辐射监测环境示意图

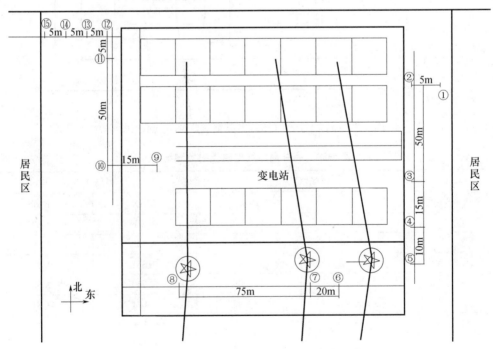

图5-30　王四营变电站电磁辐射监测布点示意图

表 5-21　王四营变电站电磁辐射监测结果

测量点位	电场（V/m）		磁场（μT）	
	MAX	RMS	MAX	RMS
①	57.184	56.608	0.176	0.172
②	59.484	58.715	0.202	0.198
③	74.471	73.80	0.563	0.561
④	123.95	123.53	0.812	0.808
⑤	746.40	735.02	0.682	0.679
⑥	34.056	33.768	0.279	0.274
⑦	82.229	79.823	0.375	0.362
⑧	23.337	16.798	0.162	0.156
⑨	10.712	10.402	0.058	0.052
⑩	84.021	82.198	0.057	0.044
⑪	30.234	25.316	0.076	0.073
⑫	38.729	37.606	0.128	0.0123
⑬	38.165	22.263	0.143	0.136
⑭	41.249	39.248	0.153	0.146
⑮	35.816	33.024	0.157	0.151

为了全面了解高压线对周围电磁环境的影响，选取了一些代表性的点位。首先，在距离变电站 5m 的三个方向各进行点位布设，发现东侧 2 号的电场强度数值偏小，南侧 7 号和西侧 10 号点位的数值相近，较 2 号点位较大，可能是 2 号点位 10m 处有建筑物屏蔽的影响。在变电站四周布设点位测量发现，电场强度均在 30v/m 左右变化。只有 3、4、5号点位的数值偏大，变电站输出高压线塔的影响导致的。除了 3、4、5 号点位磁感应强度超过 0.5μT 外，其他点位的磁感应强度均在 0.5μT 以下。

6.大连清恬园变电站现场测试

课题组选择了位于清恬园小区内的变电站的电磁辐射环境进行了研究（图 5-31）。对辐射源附近进行了电磁辐射环境测试。根据测试辐射源周围环境的实际情况和本次监测的目的，共布设了监测点位 17 个。监测布点如图 5-32 所示，环境电磁辐射监测结果见表 5-22和表 5-23。

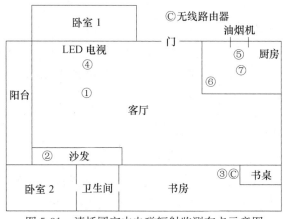

图 5-31　清恬园室内电磁辐射监测布点示意图

表 5-22　清恬园室内电磁辐射射频综合场强监测结果

监测布点	位点描述	监测单位（v/m）	
		MAX	RMS
①	电视与沙发中间	0.30	0.23
②	沙发左部	0.27	0.20
③	无线路由器上方	1.60	0.76
④	电视前	—	
⑤	油烟机前	0.29	0.25
⑥	厨房门口	0.39	0.34
⑦	厨房中间	—	—

表 5-23　清恬园室内电磁辐射工频综合场强监测结果

测量点位	电场（V/m）		磁场（μT）	
	MAX	RMS	MAX	RMS
②	0.586	0.258	0.032	0.029
④	3.927	3.804	0.034	0.030
⑦	5.922	5.589	0.047	0.044

注：房间外部为一小型变电站，夏天被草藤树木围，在其距离 6m 处测得电场强度和磁场强度最大值分别为
1.89v/m 和 0.037μT。

从表 5-22 和表 5-23 可以看出，1－7 号点位均小于 GB8072—2014《电磁环境控制限值》中的规定，电场强度在 0.3－0.4v/m 范围波动，最大值为 1.60V/m。房间外部为一小型变电站，夏天被草藤树木围，在其距离 6m 处测得电场强度和磁场强度最大值分别为 1.89v/m 和 0.037μT。室内的 2 号点位处电磁场数值要小于室外读取的数值，说明随着距离的增大，变电站的电磁辐射逐渐降低。4 号点位的数值叫 2 号的大，可能是由于 LED 电视机开启产生电场所致。7 号点位位于厨房中间位置，厨房中摆设着各类厨用电器如油烟机、蒸汽炉等，所以数值较客厅的 2、4 号大。

5.2　广播电视发射设备电磁辐射污染现场调研

广播电视的功能是综合运用现代化的信息传播手段，将各种可听、可视的声音和图像传播到千家万户，有单纯传播声音的广播节目和传播既有声音又有图像的电视节目之分。有多部发射机和多副天线、具有统一的音频或视频节目调度系统、联合供电供水系统和天线交换系统的发射台称为广播电视发射中心。广播电视发射设备包括长、中、短波广播、调频广播、电视及差转发射台．在广播电视系统中，主要有三类设备产生电磁辐射污染，即中短波广播、调频广播、电视广播。

据原国家环保总局调查，1998 年底全国共有广播电视发射设备 10235 台，总功率为 13 万千瓦。我国是世界上电视台最多的国家，一方面是幅员辽阔、人口众多，另一方面从中央到省、市、县各级几乎都有电视台。近年来，我国广播电视等电磁设备的数量和功率上都有了极大的增长，许多大城市都相继在市区内修建了高大的广播电视发射塔，安装

了上百千瓦的发射设备。其中发射塔高度超过 300m 的有北京、上海、天津、沈阳、武汉、南京、青岛、大连、成都等城市。从环境电磁辐射水平看，城市中影响最大的发生源是电视、广播发射塔。这是因为：

（1）天线发射塔辐射的是有用信号，为使接收效果良好或向遥远地方传送，往往要用辐射性能良好的天线和加大发射机功率，这将使发射体附近和邻近的局部环境存在很强的电磁污染水平；

（2）调频广播，电视发射塔一般建在市区或近郊区，这样可以使人口密集的地区有高场强电平，用户可用简易的天线收到较好质量的信号；

（3）随着城市发展、市区范围扩大，地处郊区的原广播发射台站已被居民区包围，专用天线发射场地被挤占，而这些地区正处于天线的强场区；

（4）大城市卫星城镇的发展，也都在城镇市区或附近建起自己的电视及调频广播台站。

5.2.1　广播电视发射设备电磁辐射特性

1. 中波广播

中波广播是指 526.5kHz～1606.5kHz 频段的广播。从标称频率 531kHz～1602kHz 每间隔 9kHz 一个频道。一共有 120 个频道，目前国外也有使用 10kHz—一个频道，我国以前也是使用 10kHz 间隔一个频道。

中波以天波和地波两种形式传播。由于中波波形较长，地波传播稳定，损耗较小，因此现在多采用地波传播。因为地面波传播采用的是垂直极化波，所以中波广播发射天线都使用垂直铁塔天线。中波信号传播模式见图 5-32：

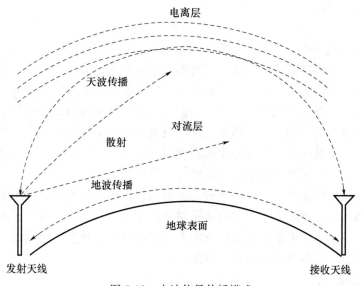

图 5-32　中波信号传播模式

根据电波传播特性，中波以天波和地波两种方式传播。地波主要依靠地球表面传播，因此地面的电气参数，地面的不平度对传播都有影响。地波传播除了沿地表面传播的波外，还有一部分经地面反射到接收区的电波。地波传播因地面的电参数不同而受影响。相对而言，地表面的电参数变化不大。因此地波传播相对稳定。在长中波段的无线电广播中，一部分地波传播较远的地区有时出现天波。而且天波信号越来越强，使得在这一地区无法收到较好的广播信号。天波、地波信号互相干扰，使这一地区成为衰落区。

地波在传播过程中也会衰减，这种衰减叫地损耗。它来自两个方面，一是地波传播过程中由于扩散造成的自然损耗，另一个是地面的有限电导率而导致的损耗。地面的电导率越大，引起的衰落就越小。在传播上，海洋比湿土好，湿土比干土好，干土比岩石好。由于趋肤效应，频率越高地损耗越大，地波衰减也越大。因此很少有高频进行地波传播。长、中波用地波，而短波不用地波。

中波广播的传播方式主要是地波传播。地面上有高低不平的山坡和房屋等障碍物，根据波的传播特性，当波长大于或相当于障碍物的尺寸时，电波才能明显的绕到障碍物后面继续传播，地面上的障碍物一般不太大，长波可能很好地绕过它们，中波也能较好地绕过，短波和微波由于波长较短，绕过障碍物的本领就很差了。地波在传播过程中要不断消耗能量，而且频率越高损失越大，因此中波的传播距离不大，一般在几百 km 范围内，收音机在中波段一般只能收听到本地或邻近省市的电台。中波信号传播模式见图 5-32：

目前，中波广播发射天线绝大多数用拉线塔，辐射垂直极化波。发射塔分为单塔形式、双塔形式、四塔形式和八塔形式。单塔形式其水平面辐射是全向的，即朝所有方向发射电波。双塔形式为弱定向，四塔和八塔形式为强定向。

单塔天线的辐射场强是天线上各段电流的辐射场强的矢量和，主要由波腹附近的电流起作用其他部分电流的影响较小，所以辐射方向图和垂直细振子的方向图相同，即水平面方向图为圆。随着垂直天线高度的增加，场强也随之增大，到 0.64λ 是达到最大，但也会随之出现副瓣。由于中波天线主要用于地波传播，也有天波传播，两个传播去中间存在一个衰落区。这个区域天波、地波都较弱切互相干扰，考虑到副瓣能量随高度增加而增加，因此天线选在 0.5λ 高。

2. 短波广播

短波广播的工作频率范围是在 3MHz～30MHz，利用无线电在受到高空中的电离层反射而进行中远距离传播的一种广播。通过电离层对电波的反射，短波广播可以进行从数百公里的中、近距离到数千公里的远距离电波传输。在长距离的电离层传播中，电波的损耗较大，在传播环境条件不利时更为明显。但是在对边远地区覆盖和对外来电台干扰两方面还是有着不可忽视的作用。为了达到更好的效果不得不断增加短波天线的有效辐射功率。用来增强在要覆盖区域的信号强度或者在场强上压倒对方电台。因此在对外广播中，随着发射机功率的增加天线的发射功率和增益日益提高。

短波在沿着地面传播时，由于频率较高而衰减快，因而传播不远。短波的传播主要靠天波。短波广播天线种类很多，主要有水平对称振子天线、茎形天线、同相水平天线、对数周期天线等，在垂直面内的最大发射方向有一定的仰角，传播距离越远，仰角越低，沿地面的居民活动范围可能处在辐射场的副瓣区内。

3. 调频和电视广播

在我国电视、调频设备都安装在同一发射台，电视和调频广播绝大部分共用同一发射塔。电视和调频广播的频率范围是 48.5MHz～960MHz，属于超短波与分米波频段，电磁波为空间直线传播。天线高度在 200m 左右时，最大落地电磁辐射场强值在 150m～500m 之间，天线高度在 400m 左右时，最大落地场强值在 300～800m 之间。这是因为发射天线在垂直面内具有一定的方向性，天线塔基附近的区域往往处于天线方向图的零点或远旁瓣角度范围。随着离天线塔距离的在增大，发射天线的主瓣将照射到地面，使电场强度逐渐上升，一般在天线主瓣宽度照射区达到最大值。距离再进一步增加时，所辐射的电场强度则由于产生发射的空间衰减而成反比下降。

5.2.2 广播电视发射设备电磁辐射测试方法

（1）监测环境及要求

环境条件应符合行业标准和仪器标准中规定的使用条件，即无雪、无雨、无雾、无冰雹。环境温度一般为 $-10℃\sim+40℃$ 相对湿度小于 80%。选择的测量点应尽量避开高压线、树木或建筑物等障碍物。

（2）监测方案及点位选择

广播电视塔水平方向监测布点如图 5-33 所示，布点安排为 50m，100m，200m，300m，400m，500m，600m，700m，800m，1000m，1500m，2000m，测量范围根据实际情况适当调整。同时为周围评价范围内敏感目标处进行测量，如为楼房可进一步选择不同楼层的阳台选点进行测量。测量高度一般距地面或立足点 1.7m~2.0m，也可根据不同目的，选择测量高度。

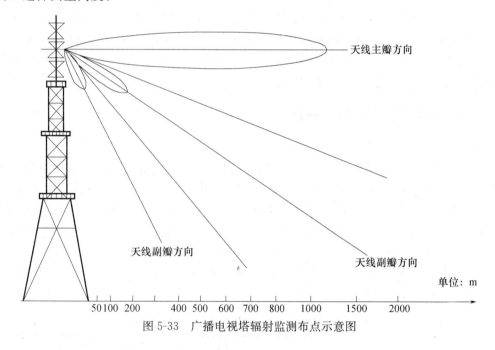

图 5-33　广播电视塔辐射监测布点示意图

中波广播天线塔布点位置选择 50m，100m，150m，200m，300m，400m，500m，600m，800m，1000m。对于 150kW 的半波天线塔，重点测量 800m 内，对于 10kW 的 1/4 波长天线塔重点测量 100m 以内。监测示意图如图 5-34 所示。同时为周围评价范围内敏感目标处进行测量，如为楼房可进一步选择不同楼层的阳台选点进行测量。

（3）监测记录

监测时段为广播的正常工作时间范围内建议在 8：00~20：00 时段进行。每个测点连续测 3 次，每次监测时间为 60s，并读取稳定状态下的最大值和均值。若监测读数起伏较大时，适当延长监测时间或次数。

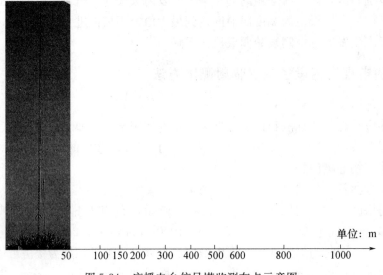

图 5-34　广播电台信号塔监测布点示意图

记录广播天线名称、建设地点、发射频率范围几项参数。还要记录环境温度、相对湿度等天气状况。记录监测开始结束时间、监测人员、测量仪器。记录广播天线距离 2000m 范围内的监测点位示意图，标注广播天线和其他发射源的位置。记录监测点位具体名称和监测数据。记录监测点位于广播天线的距离。

5.2.3　广播电视发射设备电磁辐射监测实例

1. 某短波广播监测实例

白磊用 EMR-300 综合场强仪对短波广播电台的电磁环境进行全面的实地监测。该发射台采用的三副短波天线均为 500kW 转动天线，每副转动天线均由高低频两副同相水平天线分别挂在相对的两面，低频天线工作在 5.9～12.7MHz，高频天线工作在 13.57～26.1MHz，而且根据覆盖范围的远近都可组成 HR4/4/0.5，HR4/2/0.5，HR2/4/0.5 和 HR2/2/0.5 等几种不同的形式，可对任意方向发射。

（1）当短波天线工作于 HR4/4/0.5 模式下 9635kHz 时，天线的发射功率为 500kW，测量高度为 2m 时实测结果见表 5-24：

表 5-24　HR4/4/0.5 模式下 9635KHZ 时测量值

距天线距离	实测值（V/m）
天线正前方 50 米	26.1
天线正前方 80 米	22.7
天线正前方 100 米	19.5
天线正前方 120 米	22.7
天线正前方 140 米	24.3
天线正前方 160 米	22.6
天线正前方 180 米	19
天线正前方 200 米	17.3

续表

距天线距离	实测值（V/m）
天线正前方 220 米	15.6
天线正前方 240 米	14
天线正前方 260 米	14.4
天线正前方 275 米	11.4
天线正前方 300 米	10.3
天线正前方 320 米	9.1
天线正前方 340 米	7.5
天线正前方 360 米	7.2
天线正前方 380 米	7.0
天线正前方 400 米	6.1
天线正前方 450 米	5.0
天线正前方 500 米	3.1

（2）当短波天线工作于 HR4/4/0.5 模式下 17880kHz 时，天线的发射功率为 500kW，测量高度为 2m 时检测结果见表 5-25：

表 5-25　HR4/4/0.5 模式下 17880KHZ 时测量值

距天线距离	实测值（V/m）
天线正前方 100 米	44.1
天线正前方 110 米	40.2
天线正前方 120 米	37.5
天线正前方 130 米	33.7
天线正前方 140 米	29.0
天线正前方 150 米	26.4
天线正前方 170 米	21.8
天线正前方 190 米	14.7
天线正前方 210 米	13.1
天线正前方 230 米	12.5
天线正前方 250 米	9.7
天线正前方 300 米	6.6
天线正前方 350 米	5.1
天线正前方 400 米	4.5
天线正前方 450 米	3.2

分析上面的实测数据可知，在同相水平短波天线的远场区，随着与天线水平距离的增加，地上 2m 高度电场强度逐渐减小，开始降幅大于后面的降幅。由于短波发射其主要电磁波向空中福射，沿地面传播的电磁波衰减很快，传播距离较短。因此在地面短波对电磁环境的影响远比中波要小的多。

2. 北京 491 广播电台监测实例

广电总局 491 台承担中央人民广播电台第二套节目中波 720kHz 对北京及周边地区广播覆盖任务。另有十多付短波发射天线担负广播电台节目向我国边远地区的转发任务。中波发射塔为拉线单塔（720kHz）高184m，为全向发射。原发射功率300kW（150kW双机并机发射），现已换新发射机，为单机200kW发射；短波频率依据昼夜及空中电离层变化而改变，单台发射机功率100～150kW（详见表5-26）。

表5-26 广电总局491台概况

频率	T天线形	方向性	发射机功率	备注
中波720kHz	中波拉线单塔，80m	全向	200kW	全天播音约20h
短波3～26MHz	带反射网短波天线	定向	100～150kW	十多付天线不定时

由于491台中波发射天线为全向发射，康泉新城二期工程最高楼为28层（80m），而且珠江绿洲与康泉新城的最前端距491台都约3km。所以，为了解广电总局491台720kHz发射塔周边高层建筑物顶层及高层电磁环境状况，李永卿在东北方的康泉新城一期和二期范围内及西北方向珠江绿洲31层高楼上进行了电磁辐射现状监测康泉新城小区已建22号楼监测结果如表5-27所示。

表5-27 康泉新城22号楼电磁环境监测结果 （V/m）

监测地点	测量值	备注
10层顶平台东南角（1.8m）	10.2	露天值
10层顶平台东南角（3m）	11.5	露天值
10层顶平台西南角（1.8m）	8.9	露天值
10层顶平台西南角（3m）	12.5	露天值
8层东南窗口	0.8	室内值
地面（1.8m）高	2.9	露天值

从491台周边场源、衰减特征和康泉新城敏感建筑（一期工程）场强监测结果可知：康泉新城小区的场强1.8m高为1.0～5.0V/m，3m高为1.7～6.3V/m；场强随楼层升高而增强，康泉新城22号楼顶层平台高达12.5V/m左右，小于规定的限值40V/m。

3. 哈尔滨龙塔监测实例

图5-35 龙塔

　　龙塔系一座集广播电视发射、旅游观光、餐饮娱乐、广告传播、环境气象监测、微波通讯、无线通讯于一体的综合性多功能塔，基本结构为天线、塔楼、塔身和塔座四部分，总建筑面积为 16600m²，天线段顶标高 336m，总长度 118m，已有 5 套电视节目和 7 套调频节目在此塔发射，发射频率在短波、超短波频段，总发射功率 100kW。齐宇勃于 2006 年 7 月对其进行了电磁辐射环境监测，采用八个方位辐射状布点方式，即以辐射体为中心，以间隔 450 的八个方位为测量线，每条测量线上分别选取距场源 50m、100m、150m……2000m 进行布点，如图 5-36 所示，监测结果见 5-28。

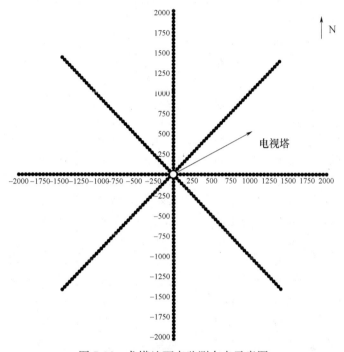

图 5-36　龙塔地面点监测布点示意图

表 5-28　辐射体八个方位综合场强监测结果（电场强度：v/m）

距离（m）	北	东北	东	东南	南	西南	西	西北
50	0.91	0.70	0.58	—	—	—	1.00	1.50
100	1.86	1.80	1.90	—	1.83	—	1.01	1.74
150	1.60	1.60	1.66	—	1.48	—	0.91	1.23
200	1.10	1.20	1.23	0.30	2.00	1.20	1.48	1.80
250	1.20	1.60	2.26	0.70	1.26	1.10	0.91	0.39
300	2.21	1.90	2.39	1.30	1.61	2.02	1.10	1.48
350	1.50	0.70	2.58	1.80	1.40	1.57	0.95	1.13
400	1.20	0.58	1.78	1.50	1.15	1.44	0.70	0.67
450	1.01	0.61	1.29	0.51	1.32	0.48	0.80	1.12
500	0.39	0.55	1.32	0.43	1.55	0.34	0.91	0.43
550	0.75	0.51	1.60	0.39	2.36	0.39	1.20	0.67
600	0.70	0.39	1.82	0.39	2.95	0.34	1.15	0.51
650	0.70	0.39	2.15	0.39	2.39	0.48	0.99	—

续表

距离（m）	北	东北	东	东南	南	西南	西	西北
700	1.20	0.39	2.10	0.43	1.84	1.10	1.01	0.67
750	0.80	0.80	1.91	0.43	1.47	0.39	1.06	0.51
800	0.61	0.61	1.52	—	1.35	—	1.15	0.67
850	0.51	0.61	1.27	—	0.39	0.73	0.93	0.58
900	0.39	0.39	1.57	—	1.48	0.51	0.85	0.30
950	1.10	0.70	1.36	—	1.05	0.39	1.05	0.30
1000	0.95	0.51	1.15	—	0.82	0.34	1.05	0.30
1050	0.80	0.39	1.20	—	0.70	0.30	1.05	0.30
1100	0.91	0.39	1.30	—	1.57	0.30	0.91	0.30
1150	0.91	0.39	1.30	0.39	1.33	0.30	1.03	0.30
1200	0.80	0.51	1.32	0.51	0.43	0.39	0.80	0.43
1250	0.51	0.51	1.40	0.43	0.51	0.43	0.99	0.51
1300	0.70	0.39	1.62	0.34	0.48	0.30	1.05	0.58
1350	1.10	0.61	1.60	0.39	0.67	0.67	0.64	0.55
1400	1.20	0.51	1.61	0.39	0.39	0.73	0.89	—
1450	0.85	0.70	1.60	0.34	0.55	0.80	0.87	—
1500	0.75	0.61	1.61	0.34	0.67	0.85	0.85	—
1550	0.75	0.39	1.50	0.34	0.48	0.64	0.67	—
1600	0.51	0.34	1.54	0.34	0.93	0.67	0.55	—
1650	0.51	0.34	1.60	0.30	0.34	0.70	0.73	—
1700	1.10	0.55	1.65	0.30	0.39	0.67	0.70	—
1750	1.20	0.43	1.50	0.30	0.48	0.34	0.64	—
1900	0.70	0.51	1.32	0.39	0.61	0.34	0.36	—
1950	0.70	0.39	1.20	0.39	0.73	0.30	0.39	—
2000	0.61	0.30	1.10	0.30	0.30	0.30	0.30	—

注：由于障碍物阻挡、高压线以及金属结构等原因，部分点位不符合监测条件，以"—"表示。

综合分析得知：在水平方向上（即地面点）电场强度随着距场源的距离的增加呈波动性递减趋势；各个方位在200～600m范围内电场强度达到峰值，然后呈上下波动的形式逐渐衰减，这种波动性分布主要与周围环境、发射塔发射天线工作参数等因素有关。所有监测结果均在标准规定的5.4V/m以下，电磁辐射水平相对较高、超过1.0V/m的点占总体的31.9%；最大值在距场源南部600m，其电场强度2.95V/m，为标准的54.6%。

由于塔地处哈尔滨市繁华地段，所有又在距场源为中心的2000m范围内确定敏感点25个，并对各敏感点分别进行了布点监测，监测结果见表5-29。

表5-29 敏感点综合场强监测结果

序号	名称	距离（m）	方位	监测点	电场强度（V/m）
1	名人B栋	140	东南	室外地面	2.21
				3层	2.42
				5层	2.21

序号	名称	距离（m）	方位	监测点	电场强度（V/m）
2	金桂圆 D 栋	188	西南	9 层	1.60
				11 层	2.10
				15 层	2.42
				17 层	2.53
3	名人 E 栋	200	东南	5 层	2.34
				7 层	2.78
				9 层	1.55
				11 层	3.01
				19 层	4.82
4	民航家属楼	200	正北	室外地面	1.10
				7 层	1.74
				9 层	2.04
				11 层	2.42
				13 层	2.08
11	中行 B 栋	484	西南	19 层	3.48
12	金马兆祥座	492	东南	5 层	1.95
				7 层	1.97
				9 层	2.02
				11 层	1.90
				13 层	2.60
				15 层	2.66
				17 层	2.02
				19 层	2.81
				21 层	2.92
13	世广富景座	500	东北	室外地面	0.55
				3 层	1.49
				5 层	3.77
				7 层	1.59
				9 层	3.19
				11 层	2.94
				13 层	3.73
				17 层	2.67
				19 层	3.82
				21 层	3.93
				25 层	1.98
				27 层	3.30
				29 层	2.90
14	世广豪景座	540	东北	室外地面	0.85
				3 层	2.82
				5 层	3.43

续表

序号	名称	距离（m）	方位	监测点	电场强度（V/m）
				9层	3.89
				15层	3.88
				17层	2.74
				21层	3.92
				23层	3.94
				25层	2.74
				27层	2.32
				29层	2.24
15	荣耀宝座	540	西南	3层	1.83
				5层	1.43
				9层	1.54
				11层	2.50
				15层	2.41
				17层	2.98
				19层	+3.75
16	管理大厦	650	正东	3层	1.64
				5层	2.60
				9层	2.51
				11层	2.51
				13层	2.58
				15层	2.58
				17层	2.55
				19层	2.58
				21层	2.64
				23层	2.55
				25层	2.55
17	丽景和风座	670	西南	室外地面	1.18
				9层	2.59
				13层	2.16
				15层	2.26
				23层	2.17
18	丽景搅翠座	680	西南	5层	1.11
				9层	3.54
				11层	2.74
				13层	2.49
				15层	2.91
				19层	4.23
19	工大教学楼	850	东北	室外地面	0.61
				3层	1.01
				5层	0.75

续表

序号	名称	距离（m）	方位	监测点	电场强度（V/m）
				7 层	1.03
				9 层	1.15
				11 层	+2.6
20	新加坡酒店	900	正南	室外地面	1.48
				7 层	1.43
				9 层	1.39
				11 层	1.39
				15 层	1.94
				17 层	1.65
				19 层	1.74
				21 层	2.13
21	金源 A 栋	950	正东	室外地面	1.66
				3 层	1.77
				5 层	1.94
				7 层	1.53
				9 层	1.65
				11 层	1.68
				13 层	1.55
				15 层	1.92
				19 层	1.91
				21 层	2.44
				23 层	+2.69
22	福顺天天	1000	西南	7 层	0.99
				9 层	1.29
				11 层	1.16
				13 层	2.02
				15 层	1.96
				17 层	2.30
				19 层	3.04
				21 层	+3.19
23	得意园	1100	西北	7 层	1.72
				9 层	1.80
				11 层	2.78
				15 层	3.37
				17 层	4.00
24	红星名苑	1150	西北	13 层	1.43
				15 层	1.88
				19 层	2.15
				23 层	+2.91
25	天鹅饭店	1650	西南	室外地面	0.70

序号	名称	距离（m）	方位	监测点	电场强度（V/m）
				3层	1.56
				5层	1.97
				7层	2.00
				9层	1.74
				11层	1.75

从表5-29可以看出：

a. 由于高层楼房监测点与地面监测点相比，测量点与发射天线的相对高度较小，即高层楼房监测点更靠近天线主辐射方向，且电磁波空间衰减较小，因此高层楼房监测点电磁辐射水平相对较高。

b. 各敏感点大部分为高层楼房建筑，该部分的环境监测值反映了广播电视塔周围环境电磁波垂直方向的分布特性。在垂直方向上，随着楼层高度的增加，多数监测点电场强度值有上升趋势，但其分布并无规律性，其中2热5♯、7♯、10热12♯、15♯、18热24♯监测点均在最高层达到峰值；而1♯、6♯、8♯、9♯、13♯、14♯、16♯、17♯监测点分别在不同楼层达到峰值。

c. 5♯监测点电力A座25层电场强度达到5.54V/m，超过标准5.4V/m0.03倍，其它监测数据均符合标准的规定。

5.2.4 广播电视发射设备电磁辐射现场调研

1. 北京杜仲公园广播发射设备现场测试

课题组选择了位于双桥东柳村附近的杜仲公园的广播天线的电磁辐射环境进行了研究（图5-37）。对辐射源附近的民用建筑物进行了电磁辐射环境测试。根据测试辐射源周围环境的实际情况和本次监测的目的，共布设了监测点位24个，监测布点如图5-38，环境电磁辐射监测结果见表5-30。

图5-37 杜仲公园下沉广场广播天线电磁辐射监测周围环境示意图

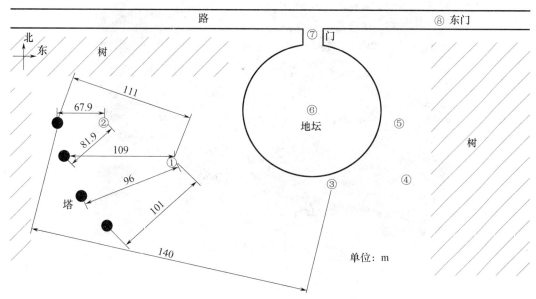

图 5-38　杜仲公园下沉广场广播天线电磁辐射监测布点示意

表 5-30　高碑店下沉公园广播天线电磁辐射监测结果

序号	监测位置	监测结果（V/m）	
		MAX	RMS
①	塔前	8.56	8.01
②	塔前	9.08	8.66
③	地坛旁边，较空旷	10.23	9.82
④	地坛旁，较远	9.57	8.87
⑤	地坛旁边	10.58	9.65
⑥	地坛中心	7.63	7.11
⑦	门口	6.97	6.63
⑧	外部小门	7.14	6.87

　　为全面了解广播天线的辐射情况，共设了 8 个点位。1~3 号点位随着距离的增大，电场强度增强，可能是由于广播天线高度较高，近距离无法测量到其真实的数据，只有在一定距离外才能监测到。3、4、5 号点位数值均在 10V/m 左右，四号点位附近的大量树木对其结果有了影响。且随着远距离长度的增大，数值又呈现减小的趋势。其中，6 点位距离天线也较近但数值却较小，是因为此监测点位是位于地面下方广场中，低于地面，由于辐射高度的原因导致其数值偏小。

　　2. 北京中国教育电视塔现场测试

　　课题组选择了位于复兴门附近的中国教育电视塔的电磁辐射环境进行了研究（图 5-39）。对辐射源附近进行了电磁辐射环境测试。对辐射源附近进行了电磁辐射环境测试。根据测试辐射源周围环境的实际情况和本次监测的目的，共布设了监测点位 12 个，监测布点如图 5-40 所示，环境电磁辐射监测结果见表 5-31。

163

图 5-39　中国教育电视塔电磁辐射监测环境示意图

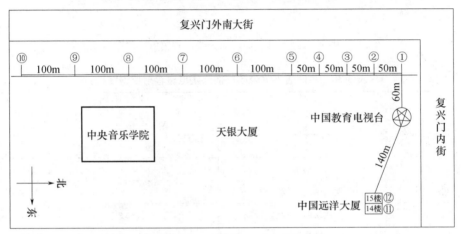

图 5-40　中国教育电视塔电磁辐射监测布点示意图

表 5-31　中国教育电视塔电磁辐射监测结果

测量点位	电场（V/m）	
	MAX	RMS
①	1.56	1.38
②	1.22	1.07
③	1.15	0.96
④	0.69	0.63
⑤	1.26	1.08
⑥	0.74	0.66
⑦	1.14	0.98
⑧	0.77	0.52
⑨	0.62	0.57
⑩	0.99	0.92
⑪	2.92	2.11
⑫	5.73	4.15

从监测结果可以看出，中国教育电视塔的射频电磁环境可以满足 GB8702—2014《电磁环境控制限值》的要求。为了全面了解中国教育电视塔的电磁辐射情况，共设了 12 个点位。其中，12 号点位的电场强度最大，为 5.73V/m，此点位位于中国远洋大厦楼顶，与电视塔基本位于同一高度，由于广播电视塔的发射的信号为远距离传输，顾传播途径均位于比较高的位置，受其电磁辐射影响较大。随着距离的增大，1～10 号点位电场强度的没有明显的变化趋势，其一是由于外界影响因素太多，其二是由于广播电视塔的辐射瓣角比较大，近距离很难真实观察到电视塔的实际的电磁辐射情况。

3. 郑州某中波电台现场测试

课题组选择了位于郑州某中波广播天线组的电磁辐射环境进行了研究。对辐射源附近进行了电磁辐射环境测试。对辐射源附近进行了电磁辐射环境测试。根据测试辐射源周围环境的实际情况和本次监测的目的，共布设了监测点位 11 个，监测布点如图 5-41 所示，环境电磁辐射监测结果见表 5-32。

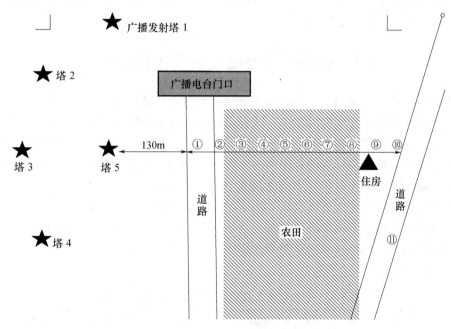

图 5-41　中波广播的电磁辐射监测布点示意图

表 5-32　中波广播的电磁辐射监测结果

测量点位	与测试点的距离（m）	电场（V/m）	
		MAX	RMS
①	130	87.10	61.27
②	150	95.01	43.74
③	200	125.75	112.23
④	250	113.58	87.80
⑤	300	96.16	77.14
⑥	350	72.84	59.54
⑦	400	62.77	25.27

续表

测量点位	与测试点的距离（m）	电场（V/m）	
		MAX	RMS
⑧	450	52.60	32.86
⑨	500	60.06	39.50
⑩	550	54.63	28.34
⑪	550	54.06	51.33

为了全面了解荥阳 554 台中波广播天线组的电磁辐射情况，共设了 11 个点位。其中，3 号点位的电场强度最大，为 125.75V/m，此点位距离天线 5 位置 200 米，受其电磁辐射影响较大。在一水平线上取了不同距离额 11 个点，其中 1~3 号点位电场强度逐渐增大，4~11 号点位电场强度又逐渐减小，满足了随距离增大场强减小的规律，选取的 11 个点位数值均大于标准值。其中与 9 号点位位于同一水平线上的农家住房所受辐射也超于标准值，严重的影响了居民的生活。

5.3 通信基站电磁辐射污染现场调研

随着通信行业的飞速发展，移动电话基站在数量不断增加的同时，一部分基站进入居民区环境，或建在高层楼电梯间顶上，或在多层楼上立天线框架，易造成周边楼住户的不安全感。为防止频率复用电磁波越界带来的同频干扰，基站天线高度随之降低，天线辐射的电磁波在楼群中传送与反射的几率增多，即照射到居民楼的机会增加；基站与基站之间的距离逐渐减小，基站发射机功率随之降低，在广州闹市区基本每隔 200－300m 就有一个基站，在商业区分布可能更为密集；由于架设距离较近，可能造成多个基站之间场强和功率密度叠加。这些电磁辐射源虽然每个功率不大，但由于在市区内遍地开花，使城市高空电磁波场强增强，局部高层建筑受到污染。目前，我国国内各通信运营商频率的使用情况如表 5-33 所示。

表 5-33 目前国内各移动通信运营商频率使用情况

运营商	上行频率/MHz	下行频率/MHz	频宽	合计频宽	网络制式	
	885—909	935—954	24MHz		GSM800	2G
	1710—1725	1805—1820	15MHz		GSM1800	2G
中国移动	2010—2025	2010—2025	15MHz	184MHz	TD-SCDMA	3G
	1880—1890	1880—1890				
	2320—2370	2320—2370			TD-LTE	4G
	2575—2635	2575—2635				
	909—915	954—960	6MHz		GSM800	2G
	1745—1755	1840—1850	10MHz		GSM1800	2G
中国联通	1940—1955	2130—2145	15MHz	81MHz	WCDMA	3G
	2300—2320	2300—2320	40MHz		TD-LTE	4G
	2555—2575	2555—2575				
	1755—1765	1850—1860	10MHz		FDD-LTE	4G

续表

运营商	上行频率/MHz	下行频率/MHz	频宽	合计频宽	网络制式	
中国电信	825—835	870—880	15MHz		CDMA	2G
	1920—1935	2110—2125	15MHz		CDMA2000	3G
	2370—2390	2370—2390		85MHz	TD-LTE	4G
	2635—2655	2635—2655	40MHz			
	1765—1780	1860—1875	15MHz		FDD-LTE	4G

5.3.1　通信基站电磁辐射特性

移动通信基站由发射和接收两部分组成。在接收端有接收天线、接收祸合器和接收机及馈线等设备,接收端设备接收和处理来自移动台的信号,本身不向周围环境发射电磁波,所以不会对周围环境造成辐射污染。发射端有发射机、功率放大器、合路器、双工器、馈线和发射天线。天线是基站接收和发送无线电的装置,是基站组成不可或缺的组成元件,发射功率一般在 20W～60w 范围,天线多采用板状定向天线,天线增益 9～13 分贝左右,天线的水平角度 600,垂直角 18～27 度左右。如图 5-42 所示天线的架设方式根据基站的位置一般有楼顶塔楼、顶抱杆、落地塔、美化天线。城市中的基站大多设于高层建筑物的楼顶,采用楼顶抱杆和楼顶塔的方式架设天线;乡镇的基站则大多采用落地塔的方式架设天线。

屋顶塔

屋顶抱杆

屋顶增高架

落地通信杆

落地铁塔

图 5-42　通信基站天线的架设方式

移动通信基站的电磁辐射主要来自三方面，一是发射机的电磁泄露，二是发射天线的信号辐射，三是高频电缆及其接头处的电磁泄漏。发射机一般放置在发射机机柜内，发射机屏蔽性能的好坏决定其电磁泄露的大小。早期产品和国产设备电磁泄露要大一些，新产品和进口产品由于屏蔽性能好其泄漏也。但不论何种设备，其辐射到发射机房外的强度是极小的。高频电缆的屏蔽性能很好，它的辐射也非常小。因此，基站的发射天线是电磁辐射的主要来源。由基站工作原理及工作频段可知，基站接收来自环境的上行频段的电磁波信号，发射天线向环境发射下行频段的射频电磁波信号。因此，基站对周围环境的影响主要是870MHz～880MHz，954MHz～960MHz及1840MHz～1850MHz频段范围内的电磁波所产生的。

移动通信基站对周围环境产生的电磁辐射污染的主要因素是接收点与基站发射天线的距离、天线板设置的角度、同一方向发射天线的话务量、实际发射功率、环境本底等。移动通信基站电磁波为直射波，主要特点是：通信距离通常在视线距离之内；天线高度远大于工作波长；由于多径传播现象的存在，使反射波和直射波相互干扰，引起接收点场强发生起伏变化，并随距离波动。

移动通讯基站的主要环境污染因子是电磁辐射污染，基站与基站之间通过移动通讯网络连接在一起，从而为用户提供方便快捷的服务，通过优化网络结构和合理布置建设基站，尽可能在保证用户的通话质量的前提下，最终实现区域的全覆盖。当一定发射功率的移动通讯基站建立后，在正常运行的情况下自然就会产生不同强度的电磁波，在达到满足无线通讯的要求下也能对该区域一定范围内环境造成电磁辐射污染。

城区移动电话基站多采用三个板状的定向天线，每一个板状天线覆盖120。区域，其天线三扇区水平方向辐射的电磁波的呈"三叶草"状（每个主瓣宽度65。），主射方向（主瓣方向）电磁辐射强，非主射方向（副瓣方向）电磁辐射弱。虽天线波束主射范围较小，垂直分布也较窄，但部分基站周围楼房的环境敏感点存在电磁辐射水平超标的现象，从而对产生电磁辐射污染。超标基站的架设方式存在以下几种情况：

1. 在个别情况下，落地铁塔附近建设有高层建筑，或规划拟建设高层建筑，建筑的高度与铁塔高度接近，甚至超出，并且相对的水平距离也比较近，在这种情况下，发射天线的主瓣方向则正对临近的高层建筑，位于天线发射方向的高层建筑屋顶、露台或者阳台处电磁辐射功率密度可能出现超标，如图5-43所示。

2. 个别情况下，楼顶抱杆架设的建筑物附近有高层建筑或者有规划将来拟建高层建筑，并且如果建筑的高度与天线架设高度接近，甚至超出，并且相对水平距离较近，在这种情况下，发射天线的主

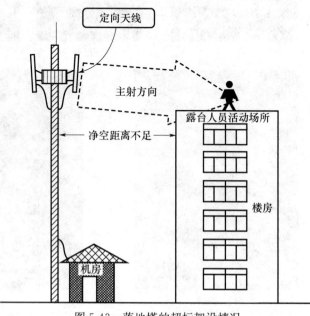

图5-43 落地塔的超标架设情况

射方向正对临近的高层建筑，对在高层建筑的屋顶、露台或者阳台等直接暴露位置活动的
人群可能产生超标的电磁辐射，如图 5-44 所示。

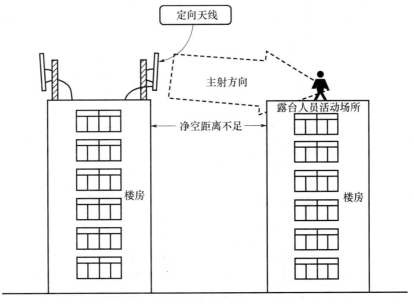

图 5-44　楼顶抱杆的超标架设情况—1

3. 在个别情况下，楼顶抱杆架设在楼顶电梯间或水箱等构筑物上，由于架设高度较
低，天线主射方向部分直接面对楼顶露台或阳台等位置，导致在上述位置活动的人群可能
产生超标的电磁辐射，如图 5-45 所示。

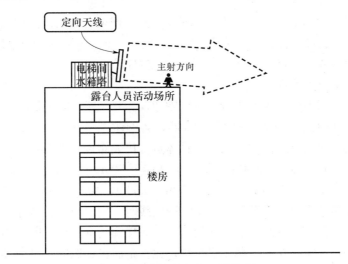

图 5-45　楼顶抱杆的超标架设情况—2

4. 在个别情况下，楼顶铁塔所在建筑物附近建设有高层建筑，或规划拟建设高层建
筑，建筑的高度与铁塔高度接近，甚至超出，并且相对水平距离较近，在这种情况下，发
射天线的主射方向正对临近的高层建筑，对在高层建筑的屋顶、露台或者阳台等直接暴露
位置活动的人群可能产生超标的电磁辐射，如图 5-46 所示。

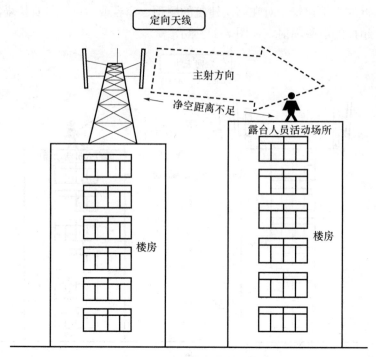

图 5-46　楼顶铁塔的超标架设情况

5.3.2　通信基站电磁辐射测试方法

（1）监测环境和要求

监测环境建议为无雨雪的天气条件。现场监测工作须有两名以上监测人员才能进行监测，探头（天线）尖端与操作人员之间距离不少于 0.5m。测量高度为测量仪器探头（天线）尖端距地面（或立足点）1.7m。根据不同监测目的，可调整测量高度。

（2）监测方案及点位选择

移动通信基站周围电磁辐射环境监测范围建议为 0～500m，此距离为与电线地面投影点的水平距离。其中在 0～25m 内为盲点区域，会出现"灯下黑"现象，可不必测量，根据现场环境情况可对点位进行适当调整。具体点位优先布设在公众可以到达的距离天线最近处。50～100m 内为重点测量区域。最后可延伸至 500m 处。测量点设置为 25m，50m，60m，70m，80m，90m，100m，125m，150m，200m，300m，400m，500m。测量布点如图 2 所示。当移动通信基站发射天线为定向天线时，则监测点位的布设原则上设在天线主瓣方向内。对于发射天线架设在楼顶的基站，在楼顶公众可活动范围内布设监测点位。

如果天线主射方向 500 米内存在建筑物，尤其是居民、医院、办公场所和幼儿园等固定的敏感人群，应对建筑物进行逐层垂直布点，一般选取不同楼层窗户（阳台）、建筑物中层中部位置和天台进行布点设置。在室内监测，一般选取房间中央位置，点位与家用电器等设备之间距离不少于 1m。在窗口（阳台）位置监测，探头（天线）尖端应在窗框（阳台）界面以内。

进行监测时，应设法避免或尽量减少周边偶发的其他辐射源的干扰。

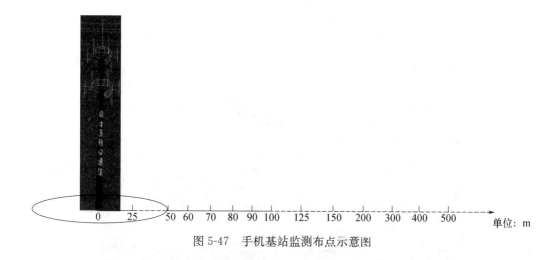

图 5-47　手机基站监测布点示意图

（3）监测记录

监测时段为基站的正常工作时间范围内建议在 8：00～20：00 时段进行。每个测点连续测 3 次，每次监测时间为 60s，并读取稳定状态下的最大值和均值。若监测读数起伏较大时，适当延长监测时间或次数。

记录移动通信基站名称、建设地点、发射频率范围几项参数。还要记录环境温度、相对湿度等天气状况。记录监测开始结束时间、监测人员、测量仪器。记录移动通信基站发射天线距离 500m 范围内的监测点位示意图，标注基站和其他发射源的位置。记录监测点位具体名称和监测数据。记录监测点位于移动通信基站发射天线的距离。

5.3.3　通信基站电磁辐射监测实例

1. 某移动通信基站监测实例

范方辉为验证移动通信基站的电磁辐射在天线电磁控制距离内的影响程度，选取了已建成并运行的某座基站作为分析对象。基站建设在农民自建房楼顶，天线支架类型为美化天线，天线隐藏在楼顶水箱内。该基站发信机信号为 NOKIA 公司 FLEX1，有 GSM900 定向发射天线一套，天线型号为 ODP-065R15D17K，发射功率为 20W，天线增益为 15dBi，发射频段为 935～954MHz，其中一个扇区的方向为正东。现场照片和现场监测点位示意图见图 5-48。

在基站东侧农民自建房楼顶监测点位上，距离天线不到 10m 处，综合场强功率密度监测值超过了 GB8702—2014 中相应频段对公众曝露控制限值（$40\mu W/cm^2$）和 HJ/T10.3—1996 规定的对单个项目的管理约束值（$8\mu W/cm^2$）。由于天线架设位置与敏感建筑距离过近，主瓣方向没有保留足够的电磁控制距离，才导致了电磁环境影响超标的现象。事后业主拆除了该方向的发射天线，并经再次电磁环境现场监测合格后，最终才解决了该基站电磁环境超标污染的问题。

2. 沈阳移动通信基站监测实例

当高层建筑与基站发射天线塔架水平距离较近，高度与发射天线高度相似时，发射天线主瓣正对高层建筑的一侧，其功率密度值往往超过许多倍。李纯朴对沈阳分公司"惠工站"基站进行了测量，发射天线塔架高 42m 左右，路西侧新建一座 15 层楼写字间，总高

图 5-48　某座超标基站现场照片和监测点位示意图

45m。经监测：写字楼东侧正对发射天线一面九层以上窗外的环境电磁辐射功率密度都超标严重。13 层最大功率密度：东侧为 $38uw/cm^2$，南侧最大功率密度为 $237uw/cm^2$，见图 5-49 和表 5-34。

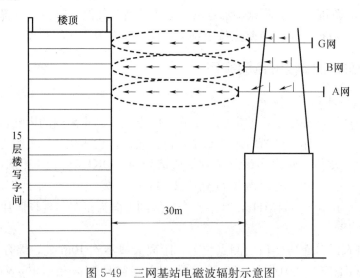

图 5-49　三网基站电磁波辐射示意图

表 5-34　"惠工站"路西侧 15 层写字楼各层室外环境实测电磁辐射功率密度值（单位：$\mu W/cm^2$）

楼层	东　　侧				南侧（有寻呼台信号）			
	室内		室外		室内		室外	
	平均值	最大值	平均值	最大值	平均值	最大值	平均值	最大值
15 顶层			12	28				
15	0.6	0.8	9	11	1.0	1.2	18	23
14	0.6	0.7	9	12	1.9	2.2	114	139

续表

| 楼层 | 东　侧 | | | | 南侧（有寻呼台信号） | | | |
| | 室内 | | 室外 | | 室内 | | 室外 | |
	平均值	最大值	平均值	最大值	平均值	最大值	平均值	最大值
13	1.5	1.8	28	38	1.5	1.7	40	69
12								
11	1.2	1.4	1.7	21	2.0	2.3	180	237
10								
9	0.6	0.7	3.3	4.5	1.2	1.5	36	38
8								
7	0.5	0.6	1.6	2.5	0.3	0.4	0.8	1

3. 某市 GSM 移动通信基站监测实例

王学诚等对 GSM 移动通信基站在运行中产生的电磁辐射污染进行了监测分析，重点监测发射天线主瓣方向，且高度与天线挂高相近的建筑物的室内外及地面人群活动场所。同时，对不同站型在不同距离、不同高度上布设多个测点，监测结果见表 5-35。

表 5-35　某市 GSM 移动通信基站现场监测结果

序号	基站名称	高度(m)	扇区	测量位置(m)	测量结果(V/m)	测点说明	天线架设形式及环境描述
1	1号站	32	A	30	3.74	9 楼 E 座	8 层酒店楼上抱杆 A 区 30 米新建 22 层 大厦远高于天线挂高
			A	30	6.68	8 楼 E 座	
			A	30	10.15	7 楼 E 座	
			A	30	3.04	5 楼 E 座	
			A	30	1.40	4 楼 E 座	
			A	30	0.48	地面点	
			B	30	0.44	地面点	
			B	50	0.37	地面点	
2	2号站	32	C	30	5.68	701 房间	7 层办公楼上升 高架住宅小区 C 区 30 米正对 7 层 住宅在此住宅楼上布点
			C	30	5.90	702 房间	
			C	30	1.40	601 房间	
			C	30	1.58	602 房间	
			C	30	0.42	地面点	
			A	30	0.59	地面点	
3	3号站	36	B	30	1.67	住宅 8 楼	8 层办公楼上抱杆 办公、住宅混合区 B 区 30 米有 8 层住宅
			B	30	0.89	住宅 7 楼	
			B	30	0.68	住宅 6 楼	
			B	30	0.65	住宅 5 楼	
			B	30	0.52	地面点	
			C	30	0.54	地面点	

序号	基站名称	高度(m)	扇区	测量位置（m）	测量结果（V/m）	测点说明	天线架设形式及环境描述
4	4号站	48			0.42	地面点	8层宾馆楼上塔住宅区但高差较大
			A	30	0.46	地面点	
			B	30	0.64	地面点	
			C	50	0.23	宾馆8楼	
					0.21	宾馆7楼	
5	5号站	50	A	50	0.18	地面点	体育场旁地面塔四周较空旷
			B	50	0.25	地面点	
			C	50	0.22	地面点	

1号站天线以抱杆形式架设在8层酒店楼上，天线挂高32米，发射功率50W，载频配置S222。基站所在区域属繁华的住宅区，以住宅为主，有部分商服和办公设施。在基站A区主瓣方向30米是一座新建22层大厦，大厦远高于天线挂高，A扇区完全被该大厦遮挡。该基站A扇区主瓣对大厦的电磁辐射环境影响显著，其中对大厦7楼、8楼部分房间的影响超过了5.4V/m的环境保护管理限值。

2号站天线架设在7层办公楼楼上升高架，天线挂高32米，发射功率50W，载频配置S222。该基站所在办公楼后面为住宅楼小区（最高为7层），基站与最近的住宅楼距离30米。对基站C区主瓣方向所对的30米住宅楼进行了重点监测，在701、702室的电磁辐射测量值超过了5.4V/m的环境保护管理限值。

3号站天线架设在8层办公楼楼上抱杆，天线挂高36米，发射功率50W，载频配置S122。基站所在办公楼位于较密集办公与住宅混合区，临街多为办公楼，后面多为居民住宅，属比较典型的办公楼上抱杆站。基站A、B、C三个扇区主瓣方向30米处地面点电场强度测量值分别为0.59V/m、0.52V/m和0.54V/m，对B扇区30米处的8层住宅进行了垂直布点，8楼电场强度测量值为1.67V/m，7楼测量值为0.89V/m，6楼测量值为0.68V/m，5楼测量值为0.65V/m。以上各点测量值均低于5.4V/m的环境保护管理限值。

4号站天线架设在8层宾馆楼上塔上，天线挂高48米，发射功率50W，载频配置S232。基站所在宾馆临街，后面为住宅小区，天线挂高明显高于附近的住宅楼高，属楼上塔站。在基站A区主瓣方向30米、B区主瓣方向30米、C区主瓣方向50米地面电场强度测量值分别为0.42V/m、0.46V/m和0.64V/m，宾馆内8楼和7楼测量值分别为0.23V/m和0.21V/m。以上各点测量值均低于5.4V/m的环境保护管理限值。

5号站为地面塔，塔下房，四周较空旷，天线高度50米，发射功率50W，载频配置S222。该基站100米以内均为平房，针对此特点，对基站三个扇区主瓣方向进行了地面点的水平监测，A、B、C三个扇区主瓣方向50米电场强度测量值分别为0.18V/m、0.25V/m和0.21V/m。均低于5.4V/m的环境保护管理限值。

对现场监测基站的电磁辐射环境影响分析表明，电磁辐射监测值随高度衰减明显，地面点监测值全部低于国家标准，超标点出现在一定高度的建筑物上，且在天线主瓣方向上，与天线挂高相近。通过对5个典型GSM移动通信基站的监测，说明该类型基站的建设使周围环境，主要是相邻建筑的电磁辐射水平升高明显，但如果合理布局，设置得当是能够达到国家标准限值的。

5.3.4　通信基站电磁辐射现场调研

1. 北京东苇路移动基站现场测试

课题组选择了东苇路旁中国移动手机通信基站的电磁辐射环境进行了研究，对辐射源附近进行了电磁辐射环境测试。根据测试辐射源周围环境的实际情况和本次监测的目的，共布设了监测点位 15 个，监测布点如图 5-50 所示，环境电磁辐射监测结果见表 5-36。

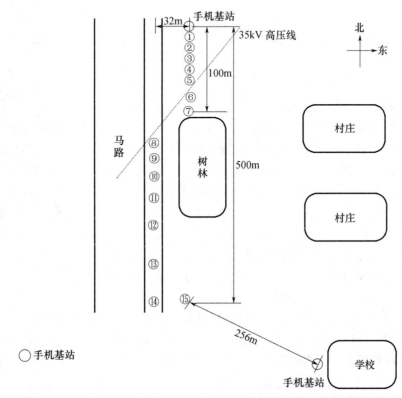

图 5-50　东苇路移动基站电磁辐射监测布点示意

表 5-36　东苇路移动基站电磁辐射监测结果

序号	监测点与基站距离（m）	监测结果（V/m）		功率密度 P_d（$\mu W/cm^2$）	
		MAX	RMS	MAX	RMS
①	25	0.66	0.58	0.115543767	0.089230769
②	50	0.74	0.70	0.145251989	0.129973475
③	60	0.83	0.78	0.182732095	0.16137931
④	70	0.89	0.83	0.210106101	0.182732095
⑤	80	1.04	0.96	0.286896552	0.244456233
⑥	90	1.04	0.99	0.286896552	0.259973475
⑦	100	0.67	0.63	0.119071618	0.105278515
⑧	125	1.27	1.20	0.427824934	0.381962865
⑨	150	1.09	1.02	0.315145889	0.27596817

续表

序号	监测点与基站距离（m）	监测结果（V/m）		功率密度 P_d（$\mu W/cm^2$）	
		MAX	RMS	MAX	RMS
⑩	200	1.20	0.88	0.381962865	0.205411141
⑪	250	0.85	0.79	0.191644562	0.165543767
⑫	300	0.61	0.56	0.098700265	0.083183024
⑬	400	0.74	0.70	0.145251989	0.129973475
⑭	500	1.56	1.31	0.645517241	0.455198939
⑮	500	1.34	1.23	0.476286472	0.401299735

注：$Pd = E^2/377 \times 100$

为了全面了解基站对周围电磁环境的影响，选取了一些代表性的点位。从监测点位示意图中，可以看出点位位于基站的一个方向上，只是与其距离不同。由于7号附近有大片的树林，而树林会影响测试结果，故没有继续沿着7号测试，而是选择同一方向上空旷的8～15号点位。从监测结果可以看出，监测点位距离基站125米范围内，电场强度随着距离的增大，数值也逐渐增大。一般的基站高达30～50米，其发射的电磁波在近距离范围内应逐渐变大。1～6号点位的监测结果可以印证这一点。其中点位7的数值突然变下，可能是附近大片树林对电磁波有一定的影响。从100～400米，电场强度逐渐变小，说明电场强度会随着距离增大而变小。而14号点位电场强度突然变大，通过观察发现附近有另一通信基站，可能是这一基站对监测结果造成了影响。对比同一距离的14号和15号点位发现，15号监测数值要小于14号，可能是由于附近树林的影响。

2. 北京通州移动基站现场测试

课题组选择了位于北京市通州区富河园-碧水明珠园小区楼顶的手机移动基站电磁辐射环境进行了研究（图5-51），对辐射源附近进行了电磁辐射环境测试。根据测试辐射源周围环境的实际情况和本次监测的目的，共布设了监测点位6个，监测布点如图5-52所示，环境电磁辐射监测结果见表5-37。

图5-51　富河园-碧水明珠园电磁辐射监测环境示意图

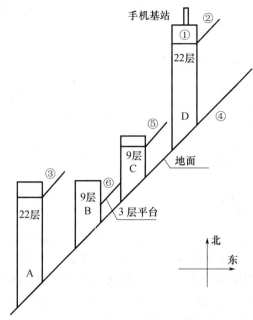

图 5-52　富河园-碧水明珠园电磁辐射监测布点示意图

表 5-37　富河园-碧水明珠园电磁辐射监测结果

测量点位	电场（V/m）		功率密度 P_d（μW/cm²）	
	MAX	RMS	MAX	RMS
①	3.81	3.66	3.850	3.550
②	0.30	0.25	0.024	0.017
③	1.74	1.62	0.803	0.696
④	0.24	0.20	0.015	0.011
⑤	0.88	0.70	0.205	0.130
⑥	0.89	0.69	0.210	0.126

注：$Pd = E^2/377 \times 100$

中国移动通信基站的频率范围大多在 800MHz～2.2GHz 之间，根据 GB8702—2014《电磁环境控制限值》，30～3000MHz 电磁辐射场功率密度限值为 0.4W/m²（40μW/cm²）。从监测结果可以看出，最大的功率密度才 3.850μW/cm²，远小于标准限值，说明富河园-碧水明珠园楼顶的手机移动基站的射频电磁环境满足规定的要求。从表 1 可以看出，楼顶窗台处测得的数值最大，随着测试高度的降低，数据呈现逐渐减小的趋势。其中 2 号点位的数值偏小可能是由于所处位置正好处于辐射盲角处，无法正常测量出手机基站的电磁辐射数据。

5.4　家用电器电磁辐射污染现场调研

5.4.1　家用电器电磁辐射特性

中国室内环境监测工作委员会顾问、电磁防护专家赵玉峰教授指出，一般来说，每种家电产品都有国标规定的固定工作频率。按照家电工作频率的大小，可分为超低频、中频和微波频段。在相同的工作强度下，家电工作频率越高，对人体的辐射作用越明显。

表 5-38　家用电器按工作频率分类

名称	频率范围	家用电器
超低频	30Hz−300Hz（主要是50Hz）	电动剃须刀、吸尘器、洗衣机、电熨斗、咖啡机、加湿器、电吹风、空调、电饭煲、电磁炉、搅拌器、电热毯、日光灯、电冰箱
中频	30kHz−3MHz	电视机、电脑
微波频段	300MHz～300GHz	手机、微波炉

工频电磁场：通过电力系统，家用电器得以运转，我国一般采用正弦交变电流来传输和使用电能，采用50Hz作为我国的电力标准频率，在家用电器使用时，就会在周围产生工频电磁场。例如：电视、电脑、电饭煲、空调等。工频家用电器在一般情况下不会对人体造成太大威胁，但其中有一些电器，如果不注意控制使用的频率、每次使用的时间以及方法，也可能引起一系列健康问题。电脑视和家用电视机都会产生电磁辐射。

射频电磁场：电磁炉、微波炉的使用原理是通过微波透过介质达到加热的目的，是由相互关联的交变电场和磁场所组成的，就其本质而言，属于频率较高的时变电磁场，所发射的电磁辐射为射频辐射。常用家用电器的电磁辐射强度如图 5-53 所示。

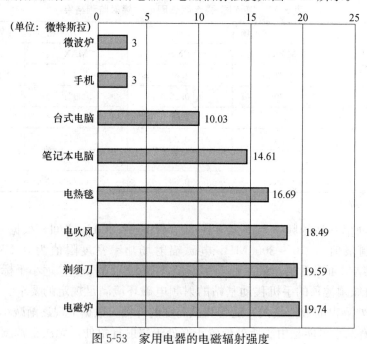

图 5-53　家用电器的电磁辐射强度

5.4.2　家用电器电磁辐射测试方法

1）监测环境

环境条件应符合行业标准和仪器标准中规定的使用条件，即无雪、无雨、无雾、无冰雹。环境温度一般为−10℃～＋40℃相对湿度小于80%。选择的测量点应尽量避开其他辐射源和障碍物。

2）监测方案及点位选择

根据电器的使用原理，选用合适的测量探头和测量方式。布点方式可采取在家用电器的四周布点，即前方、后方、左右侧、上下位置处，测量距离可安排为 0m，0.5m，1.0m，1.5m，2.0m，2.5m，3.0m，3.5m，4.0m，4.5m，5.0m，测量范围根据实际情况适当调整。同时为周围评价范围内敏感目标处（如沙发、床、椅子等经常休息的地方）进行测量。测量高度一般与电器所处高度相同，也可根据不同目的，选择测量高度。测量一种家用电器时，保证其他电器处于关闭状态，以免相互影响，导致测量结果不准。

3）监测记录

监测时将电器开启，作为对比，未开启状态时也需测试。每个测点连续测 3 次，每次监测时间为 60s，并读取稳定状态下的最大值和均值。若监测读数起伏较大时，适当延长监测时间或次数。

记录家用电器的名称、型号、生产商、电压、电流、额定功率等参数。还要记录环境温度、相对湿度等天气状况。记录监测开始结束时间、监测人员、测量仪器。记录家用电器距离 5m 范围内的监测点位示意图，标注家用电器和其他发射源的位置。记录监测点位具体名称和监测数据。

5.4.3　家用电器电磁辐射监测实例

许同樵等对微波炉、电磁炉、电饭锅、节能灯、洗衣机、液晶电视、电冰箱、电扇、电脑等几种家用电器的电磁辐射进行了监测。其中，微波炉为（PJ21C-BF，700W 旋转圆盘式微波炉，由广州美的微波炉制造有限公司制造），电磁炉（CZ21-ST2118 型，2100W 可调功能电磁炉，美的集团股份有限公司）三种节能灯（MT2370 型 11W 荧光台灯，上海良亮灯饰有限公司；MT-118 型 18W 护眼灯，中山市华派照明有限公司；N2UL07 型 7W 节能灯，瑞典宜家集团），落地电扇（FS40-B2 型，55W，美 50 型，500mm，7W，台州市中联电器限公司），监测结果如表 5-39 至 5-43。

表 5-39　距离微波炉各面不同距离的磁场辐射（μT）

距离（cm）	正面	上面	左面	右面	后面
180	0	0.3			
160	0.02	0.7	0		
150	0.3	1.5	0.1	0	
140	0.5	2.5	0.8	0.1	0
120	4	8	1	0.4	0.05
100	＞20	14.5	1.5	0.9	0.2
50	＞20	＞20	10.5	13	＞20

测量微波炉的电磁辐射显示其主要为磁场辐射，见表 5-39，电场辐射仅在 1m 内有低于安全值的测量结果（＜2V/cm）。结果可见微波炉正上方和正前方、左侧（炉腔侧）微波腔体的辐射比较大，正前方的安全距离在 1.6m 以上。实验还显示，微波炉的磁场辐射可以穿透普通的墙壁，但墙壁可以使其强度衰减，25cm 的墙壁大约相当于 50～60cm 空气中降低的幅度。

表 5-40　电磁炉不同位置及距离的电磁辐射

起点位置及测量方向	测量点距起点的距离（cm）	500W		1000W		1800W	
		磁场（μT）	电场（V/m）	磁场（μT）	电场（V/m）	磁场（μT）	电场（V/m）
加热面正中间（垂直向上）	40	0.03	0	0.07	0	0.9	0
	30	1.45	6	2.6	0	7.3	3.5
	25	>20	15	8.1	3.5	16.8	40
	20	>20	240	19	65	>20	135
	15	>20	865	>20	385	>20	775
	10	>20	>2000	>20	1175	>20	>2000
加热面前沿中点（水平）	40	7.8	0	7.8	0	14.1	0
	30	16.8	0	16.8	0	19.8	1
	25	19	3	>20	1	>20	23
	20	>20	160	>20	90	>20	300
	15	>20	610	>20	640	>20	1275
	10	>20	1570	>20	>2000	>20	>2000
距离垂直加热面前沿中点13cm（水平向外）	40	15.4	0	15.9	0	16.7	0
	30	18.9	0	>20	0	>20	0
	25	>20	>20	>20	1	>20	1
	20	>20	0	>20	0	>20	23
	15	>20	0	>20	170	>20	270
	10	>20	0.5	>20	505	>20	745
距离垂直加热前沿中点23cm处（水平向外）	40	16.1	0	16.5	0	18.2	0
	30	19.3	0	>20	0	>20	0
	25	>20	0	>20	0	>20	0
	20	>20	0	>20	0	>20	1
	15	>20	0	>20	0	>20	1
	10	>20	0.5	>20	0	>20	4.5

表 5-41　电磁炉不同方位磁场辐射的安全距离（m）

距离电磁炉面高度	500W			1000W			1800W		
	正面	侧面	背面	正面	侧面	背面	正面	侧面	背面
0（水平高度）	45	65	75	50	70	80	50	70	80
0.3m（坐姿头部）	80	95	90	85	95	90	95	100	100
0.7m（站姿头部）	80	95	95	85	100	95	100	100	110

　　电磁炉的电磁辐射值见表 5-40，可见电磁炉的电磁辐射也很强。在测量时，选择了垂直方向和水平方向，水平方向包括对电磁炉高度、人坐姿心脏高度（约13cm）和头部

的高度（23cm 以上）平面上不同距离的电磁辐射进行分别测定。结果除正上方＞40cm 且功率＜1000W 的情况外，其周围 40cm 内不存在安全区域，由于许多火锅店使用电磁炉，吃火锅时距离电磁炉通常在 20cm 左右，坐姿时身体基本处于电磁辐射的非安全区，时间也比较长，电磁炉产生的电磁辐射会对健康产生不利影响。

从表 5-41 可见，在坐姿和站姿头部的高度，电磁炉的安全距离均在 80cm～1m；在炉面水平高度（坐姿胸部位置）其电磁辐射小一些，安全距离为 50～80cm。因此，从电磁辐射的角度考虑，电磁炉不太适合用于需要人在附近频繁操作的火锅和炒菜用炉，但可用于人可以离开一定距离或间歇操作的煮粥、烧水、炖汤等。

表 5-42 台灯下方不同位置的电磁辐射

距离（cm）	护眼灯 18W		荧光台灯 11W		节能灯 7W	
	电场辐射（V/m）	磁场辐射（μT）	电场辐射（V/m）	磁场辐射（μT）	电场辐射（V/m）	磁场辐射（μT）
10			0	0	0	0.01
8	0	0	3.0	0	0	0.07
7	0	0.01	13	0	0	0.25
6	0	0.01	85	0	0	0.63
5	1	0.04	300	0	0	1.40
4	90	0.27	565	0	0	2.25
3	475	0.68	925	0	0	2.90
2	1230	2.65	1670	0.01	0	3.75
1	＞2000	4.85	＞2000	0.02	9.5	4.4
0			＞2000	0.06	360	4.9

表 5-43 电扇的磁场辐射（单位：μT）

与电机间的距离（m）	0	30	40	50	60	70	80	90
落地电扇	16	0	0					
微风吊扇	＞20	20	8	2	1	0.3	0.07	0

测得几种节能台灯的电磁辐射见表 5-42，其安全距离在 8cm 以内。从其中的数据可以看到，不同的灯会有不同强度的电磁辐射，节能灯（7W）和护眼灯（18W）的电磁辐射明显要高一些。另外，对 40W 白炽灯，在 2cm 处即测不出电磁辐射。因此在使用护眼灯和节能灯，特别是在学习和工作时，在能看清楚纸张或书本上内容的情况下不要离灯太近，特别是不要离其灯头附近的电子元件太近。

落地电扇在运转时，电机部位存在明显的磁场辐射（最高达到 16μT），但在距离电机 30cm 以上迅速衰减到均测不出电磁辐射。而微风吊扇在下面距离电机 30cm 时仍有 20μT 的辐射，安全距离在 80cm 以上（0.07μT）。落地电扇和微风吊扇的磁场辐射见表 5-43。微风吊扇的功率远小于落地电扇，但磁场辐射明显大于前者，原因可能是落地电扇在电机外使用了金属外罩，而微风吊扇只有电磁屏蔽差的塑料外罩。因此，在使用有金属外罩的落地电扇和台扇时，距离 30cm 即可避免电磁辐射。而对没有金属屏蔽罩的微风吊扇，要注意在距离 80cm 以上使用（最好 1m 以上），特别是不要长时间近距离坐在微风吊扇下面。

5.4.4　家用电器电磁辐射现场调研

课题组选择了不同种类的家用电器，对其电磁辐射进行全方位检测，以方便公众对微波炉的电磁福射有更直观的认识。根据测试辐射源周围环境的实际情况和本次监测的目的，本文共选取了 6 种家用电器，对其进行了工频、射频测试，环境电磁辐射监测结果见下表，表中 Max 表示最大值，RMS 表示有效均值。

1. Snowflake BCD-229 型号冰箱

测量点位	点位描述	工频电磁场				射频电场（V/m）	
		电场 E（V/m）		磁场 H（μT）		MAX	RMS
①	运行时正前方	0.594	0.398	0.020	0.018	0.32	0.21
②	上部保鲜层	1.710	1.650	0.020	0.018	0.35	0.23
③	正前方 0.5m	0.640	0.398	0.020	0.018	——	——
④	正前方 1.0m	0.692	0.413	0.021	0.018	——	——
⑤	侧面	——	——	——	——	0.36	0.24
⑥	正后方	——	——	——	——	1.11	0.43

2. KFR-72LW/DY-GC（R2）型号美的分体落地空调器

测量点位	点位描述	工频电磁场				射频电场（V/m）	
		电场 E（V/m）		磁场 H（μT）		MAX	RMS
①	通电，不运行，前 1 米	0.583	0.328	0.020	0.017	0.30	0.30
②	通电，运行，前 1 米	0.583	0.331	0.020	0.017	0.30	0.30
③	运行，左侧 1m	0.507	0.340	0.020	0.017	——	——
④	运行，正前方 0m	3.336	3.238	0.024	0.021	——	——
⑤	运行，正前方 1.5m	0.996	0.840	0.020	0.017	——	——
⑥	运行，正前方 2.0m	1.342	1.151	0.020	0.018	——	——
⑦	运行，正前方 2.5m	0.789	0.630	0.020	0.018	——	——
⑧	运行，正前方 3.0m	0.460	0.202	0.019	0.017	——	——
⑨	运行，侧后方 0.0m	0.882	0.763	0.022	0.019	——	——

3. 联想笔记本电脑

测量点位	点位描述	工频电磁场				射频电场（V/m）	
		电场 E（V/m）		磁场 H（μT）		MAX	RMS
①	键盘上方	2.576	2.120	0.056	0.047	0.52	0.27
②	运行时左侧散热口	2.209	2.152	0.054	0.048	0.97	0.41
③	笔记本下方	1.131	0.885	2.075	0.625	0.36	0.28
④	运行时屏幕后方	1.760	1.653	0.050	0.045	0.61	0.27

4. P702/TP-6 型号格兰仕微波炉

测量点位	点位描述	工频电磁场				射频电场（V/m）	
		电场 E（V/m）		磁场 H（μT）		MAX	RMS
①	通电，未运行，正前方	17.387	15.446	0.020	0.018	0.32	0.19
②	中火，2min，运行，正前方	18.603	17.323	1.916	1.466	4.73	1.57
③	高火，5min，运行，正前方	18.722	18.478	2.016	1.951	3.73	1.50
④	插电，未运行，后方 0.5m 处	16.795	15.867	0.020.	0.018	0.32	0.22
⑤	中火，2min，运行，后方 0.5m 处	18.581	17.390	2.985	2.420	2.57	1.11
⑥	高火，5min，运行，后方	18.558	17.528	2.938	2.850	1.38	0.74
⑦	插电，未运行，左侧 0.5m 处	20.388	19.304	0.024	0.018	0.30	0.25
⑧	中火，2min，运行，左侧 0.5m 处	12.048	11.199	1.604	1.309	1.60	0.96
⑨	中火，2min，运行，正前方 1m	4.488	4.059	0.296	0.225	3.57	1.01
⑩	中火，2min，运行，正前方 1.5m	1.970	1.748	0.106	0.085	1.51	0.83
⑪	中火，2min，运行，右侧 0.5m 处	10.036	9.349	1.327	1.100	1.78	0.91
⑫	中火，2min，运行，正前方 0.5m 处，高 1.0M	5.520	5.123	0.621	0.506	1.95	1.20
⑬	中火，2min，运行，正前方 0.5m 处，高 1.5M	5.476	5.173	0.549	0.457	1.87	1.01

5. 台式组装电脑

测量点位	点位描述	工频电磁场				射频电场（V/m）	
		电场 E（V/m）		磁场 H（μT）		MAX	RMS
①	机箱正前方	1.413	1.281	0.022	0.018	0.34	0.21
②	机箱侧面	1.176	1.050	0.023	0.019	0.23	0.18
③	机箱正后方	13.043	12.795	0.038	0.032	0.69	0.40
④	键盘	1.779	1.575	0.019	0.017	1.17	0.47
⑤	显示器正面	2.119	1.855	0.024	0.021	0.23	0.18
⑥	显示器背面	1.771	1.649	0.020	0.018	0.31	0.21
⑦	使用位置处	1.618	1.433	0.020	0.018	0.78	0.32

6. 长虹大背头电视

测量点位	点位描述	工频电磁场				射频电场（V/m）	
		电场 E（V/m）		磁场 H（μT）		MAX	RMS
①	通电，未运行，正前方 0 米	5.963	5.548	0.044	0.039	——	——
②	通电，运行，正前方 0 米	205.33	105.01	0.741	0.597	1.74	1.35
③	通电，运行，右侧 1 米	3.425	2.581	0.133	0.100	——	——
④	通电，运行，正前方 1 米	5.544	2.824	0.054	0.048	0.28	0.21
⑤	通电，运行，正前方 0.5 米	2.119	1.855	0.024	0.021	0.56	0.44
⑥	通电，运行，右侧 0 米	1.771	1.649	0.020	0.018	0.91	0.82
⑦	通电，运行，顶部	——	——	——	——	2.03	1.84
⑧	通电，运行，后部	——	——	——	——	7.'19	6.73

　　课题组选取了 6 种常用的家用电器：电视、电脑、空调、微波炉、冰箱、笔记本电脑，对其工频和射频电磁辐射进行了测量。根据 HJ/T24—1998《500kv 超高压送变电工程电磁辐射环境影响评价技术规范》，居民区工频电场强度限值为 4kv/m，磁感应强度限值为 0.1mT（100μT）。从监测结果可以看出：微波炉运行时，除状态为中火，2min，运行，正前方 1.5m 时所测电场强度没有超标，其他点位数据均超过标准值，磁场强度未检出超标。位于台式电脑机箱后方的点位电场强度也是超标的；老式的背头电视在插电待机状态及开启时 1m 范围内的电场强度也是超标的，说明此区域的电磁辐射超标。其他电器的工频电场强度和磁场强度均符合国家标准，未检出超标。

参考文献

[1] 邵红，聂佳研. 高压输变电工程的电磁辐射及其环境影响评价 [J]. 沈阳化工学院学报，2009，4（23）：32-333.

[2] 陆东阁. 变电器和输电线的电磁环境影响研究 [D]. 沈阳：沈阳理工大学，2013.

[3] 张正平，赵庆. 变电站射频干扰及电磁辐射的测量与分析 [J].

[4] 唐建军. 变压器和输电线电磁辐射对环境影响的研究 [D]. 重庆：重庆大学，2003.

[5] 张泽林. 珠海地区电网 500kV、220kV、110kV 变电站工频电场强度的测量和分析 [D]. 广州：华南理工大学，2012.

[6] 蔡可庆，陈新陵，李刚. 南京地区 220kV～500kV 高压线路电磁辐射污染的影响分析及防治对策 [J].

[7] 吴健，吕平海，张格红，等. 建筑物对高压输电线路工频电磁场屏蔽效果分析 [J]. 华北电力，2010，8（38）：1217-1219.

[8] 付朝国. 高压输电线路和变电站工频电磁辐射分析 [D]. 郑州：河南理工大学，2011.

[9] 刘华麟. 高压输电线、变电站电磁场环境测量方法研究 [D]. 重庆：重庆大学，2005.

[10] 张莉. 不同环境条件下射频电磁污染的时空分布研究 [D]. 杭州：浙江大学，2003.

[11] 朱艺婷. 环境电磁功能区域研究 [D]. 杭州：浙江大学，2008.

[12] 白磊. 中短波天线电磁辐射分析 [D]. 北京：华北电力大学，2012.

[13] 邓迪勇. 电磁污染的辐射源与控制技术探讨 [J]. 环境科学与技术，2010，6E（33）：473-477.

[14] 李永卿. 北京地区典型电磁辐射环境调查与分析 [D]. 北京：北京工业大学，2004.

[15] 齐宇勃. 哈尔滨市城区环境电磁辐射的监测与分析 [D]. 哈尔滨：东北林业大学，2007.

[16] 王淑娟. 移动通信基站电磁辐射在环境中的分布研究 [D]. 武汉：华中农业大学，2010.

[17] 范方辉. 移动通信基站电磁辐射污染特性及污染控制 [D]. 杭州：浙江大学，2015.

第6章　电磁辐射防护技术

6.1　电磁辐射防护技术的基本原理

预防或减少电磁辐射的伤害，其根本出发点是消除或减弱人体所在位置的磁场强度，主要措施包括电磁屏蔽和电磁吸收。目前，世界各国都着力于研究有实用价值的电磁屏蔽材料和电磁吸收材料。针对不同环境和不同波段的电磁波，目前已有很多不同的具有电磁屏蔽和吸收特性的材料投入到市场应用中。

6.1.1　电磁波吸收理论

1. 电磁波吸收原理

吸波材料的物理机制是材料将入射的电磁波能量转换成热能或其他形式的能量消耗掉或使电磁波因干涉而消失，实现对入射电磁波的有效吸收、衰减，如图 6-1 所示。实现第一个要求的方法是利用特殊的边界条件来达到材料的输入阻抗与空间波阻抗相匹配，实现第二个要求的方法则是使材料具有较大的电磁损耗。而在实际应用中，这两个方面常常是相互矛盾的。另外，还要求所设计的吸波材料具有吸收频带宽、力学性能优良以及易于施工和价格便宜等特点。制备吸波材料，需要考虑到对材料吸波性能起决定性作用的几个主要基础理论，材料的电物理性能、热物理性能、物理化学基础以及微波吸收剂电磁参数的匹配，在吸波材料体内使电磁波能量转化成热能和其他形式的能而耗散掉。好的吸波材料应具有两个条件，即好的磁阻抗匹配效应和良好的电磁波衰减效果。

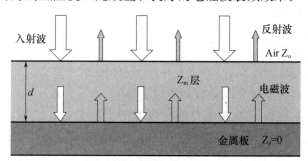

图 6-1　电磁吸收机理

（1）阻抗匹配

能使入射的电磁波最大限度进入材料内部，具有波阻抗匹配特性，即使入射电磁波在材料介质表面的反射系数 R 最小。当电磁波由自由空间垂直射到介质表面时，

$$R = 20 \lg \left| \frac{Z - Z_0}{Z + Z_0} \right| \tag{6-1}$$

式中　Z_0——空间中的波阻抗；

Z——介质中的波阻抗。

$$Z = Z_0 \sqrt{\frac{\mu_r}{\varepsilon_r}} \tanh\left(j \frac{2\pi d}{\lambda}\right) \sqrt{\varepsilon_r \mu_r} \tag{6-2}$$

式中　μ_r——介质相对磁导率；

　　　ε_r——介质的相对介电常数。

在理想的情况下，当 $Z = Z_0$ 时反射系数 R 为最小值零，材料的匹配效果达到最好。

（2）电磁波衰减

将进入的电磁波衰减，使其转化为热能耗散掉，即具有衰减特性。当介质有损耗时，介质的相对磁导率 μ_r 和相对介电常数 ε_r 为复数：

$$\mu_r = \mu_r' - i\mu_r'', \varepsilon_r = \varepsilon_r' - i\varepsilon_r'' \tag{6-3}$$

损耗大小可以用电损耗因子和磁损耗因子表示

$$\tan\delta_e = \frac{\varepsilon_r''}{\varepsilon_r'} \tag{6-4}$$

$$\tan\delta_m = \frac{\mu_r''}{\mu_r'} \tag{6-5}$$

式中　δ_e、δ_m——分别为电损耗角和磁损耗角。因此复介电常数虚部 ε_r'' 和复磁导率虚部 μ_r'' 越大，损耗就越大，吸收的电磁波也就越多。吸波能力的好坏除了和材料的吸波性能有关外也和吸波制品的结构相关。

2. 电磁参数

对于介质材料，无外界场时，物质介质内部的电偶极子或磁偶极子的取向不一，杂乱排列，通常是平衡到它本身建立不起可见的宏观场为止。但是，当外界场作用到材料上时，内部场的相互补偿遭到破坏，产生了介质的极化和磁化，即电磁场的本构关系，表示为：

$$D = \varepsilon E \tag{6-6}$$

$$B = \mu H \tag{6-7}$$

式中　D——电感应强度；

　　　B——磁感应强度；

　　　E——电场强度；

　　　H——磁场强度；

ε 和 μ 分别是材料的绝对介电常数和绝对磁导率。

ε 也定义为电容器极板间充满电介质时电容增大的倍数，表征介质对电子的束缚能力，μ 是表示介质磁性的物理量。在实际中常用到的是相对介电常数和磁导率，和绝对介电常数及磁导率有如下关系：

$$\varepsilon = \varepsilon_r \varepsilon_0, \mu = \mu_r \mu_0$$

式中　ε_r 和 μ_r——分别是介质的相对介电常数和磁导率；

　　　ε_0 和 μ_0——真空中的介电常数和磁导率，为定值：

$$\varepsilon_0 = 8.854 \times 10^{-12} (\text{F/m}), \mu_0 = 4\pi \times 10^{-7} (\text{H/m})。$$

介质的 ε 和 μ 是材料在场的作用下所表现出来的固有性质，它们是表征电磁波与材料相互作用最重要的两个参数，理想的电介质对电磁辐射没有吸收作用，ε 和 μ 为实数，但实际中在外场的作用下，它们通常表现为复数形式：

$$\varepsilon = \varepsilon' - j\varepsilon'' \tag{6-8}$$

$$\mu = \mu' - j\mu' \tag{6-9}$$

式中　实部 ε' 和 μ'——分别代表材料在电场和磁场作用下产生的极化或磁化程度的量值；

　　　　μ''——在外加磁场作用下，材料磁偶极矩重新排列引起的损耗程度；

　　　　ε''——在外加电场作用下，材料的电偶极矩产生重新排列引起的损耗程度。

由此可见：材料对电磁波能量的损耗是由 ε'' 和 μ'' 决定的，在选用吸波材料时，ε'' 和 μ'' 是重要考虑的因素。

除 ε'' 和 μ'' 之外，ε' 和 μ' 对吸波材料的影响同样重要，因为 ε' 和 μ' 还关系到阻抗的匹配问题。所以要综合介电常数的实部和虚部考虑，介质的损耗角正切是另一个比较重要的反映材料衰减电磁波性能的参数。它表征每个周期内介质损耗的能量与其贮存能量之比。介质的电损耗角正切和磁损耗角正切表示为：

$$\tan\delta_E = \frac{\varepsilon''}{\varepsilon'} \tag{6-10}$$

$$\tan\delta_\mu = \frac{\mu''}{\mu'} \tag{6-11}$$

可见，ε''、μ'' 和 $\tan\delta$ 决定了电磁波的耗散程度，是选择吸波材料的重要条件。在其他条件一定的情况下，三者的取值越大越好。

此外，吸波材料的导电性对吸波性能也有较大的影响，导电性也是吸收性能要考虑的因素之一。因为导电性强的材料在电场的作用下会产生较大的涡流，继而会产生与入射电磁波方向相反的电磁波（遵循反射定律），导电性越强反射越大，强导电性也会导致趋肤深度小，影响吸波性能。由电动力学和麦克斯韦方程可以推出，复介电常数的虚部与电导率 σ、角频率 ω 有如下关系：

$$\varepsilon'' = \frac{\sigma}{\omega} \tag{6-12}$$

由此可见电导率也是影响材料吸波性能的一个重要参数。对于介电损耗型吸波材料，根据式（6-10），其相对电导率 σ_r 与复介电常数虚部有如下关系：

$$\sigma_r = \frac{\varepsilon''_r \varepsilon_0}{\sigma_0}\omega \tag{6-13}$$

3. 波阻抗

由麦克斯韦方程组，可以得到在无源的理想介质空间的时谐电磁场的波动方程：

$$\nabla^2 E + k^2 E = 0 \tag{6-14}$$

$$\nabla^2 H + k^2 H = 0 \tag{6-15}$$

$$k^2 = \omega^2 \mu\varepsilon \tag{6-16}$$

式中　k——相位常数；

　　　ω——圆频率；

　E、H——复振幅。

若选取直角坐标系并假设时谐电磁波仅随坐标 Z 和时间 t 变化，上式的解可写成如下格式：

$$E_x(z,t) = E_{xm}e^{j(\omega t - kz)} \tag{6-17}$$

$$H_y(z,t) = H_{ym}e^{j(\omega t - k_0 z)} = \frac{kE_{xm}}{\mu\omega}e^{j(\omega t - k_0 z)} \qquad (6\text{-}18)$$

随 Z 轴传播的电场 E_x 分量和磁场 H_y 分量随时间变化呈线性比例关系，两分量的比值定义为理想介质空间的特征阻抗（Intrinsic impedance），表示为：

$$\eta = \frac{E_x(z,t)}{H_y(z,t)} = \sqrt{\frac{\mu}{\varepsilon}} \qquad (6\text{-}19)$$

在自由空间中，$\eta_0 = \sqrt{\mu_0/\varepsilon_0} = 120\pi\,\Omega$，$\eta_0$、$\mu_0$、$\varepsilon_0$ 分别是自由空间中的阻抗、磁导率和介电常数。

在匀质、各向同性的有耗介质中，可以得到同样形式的波动方程，只是其中：

$$\varepsilon_c = \varepsilon - j\frac{\sigma}{\omega} \qquad k_c^2 = \omega^2\mu\varepsilon_c \qquad (6\text{-}20)$$

得到的波阻抗为：

$$\eta_c = \sqrt{\frac{j\omega\mu_c}{\sigma_i + j\omega\varepsilon_c}} \qquad (6\text{-}21)$$

其中：

$$k_c = \omega\sqrt{\mu\left(\varepsilon - j\frac{\sigma}{\omega}\right)} = \alpha - j\beta \qquad (6\text{-}22)$$

$$\alpha = \omega\sqrt{\frac{\mu\varepsilon}{2}\left(\sqrt{1 + \left(\frac{\sigma}{\omega\varepsilon}\right)^2} + 1\right)} \qquad (6\text{-}23)$$

$$\beta = \omega\sqrt{\frac{\mu\varepsilon}{2}\left(\sqrt{1 + \left(\frac{\sigma}{\omega\varepsilon}\right)^2} - 1\right)} \qquad (6\text{-}24)$$

式中　α——传播常数 k_c 的实部，称为衰减常数，它表示沿电磁波传播方向每单位长度上电磁波振幅的衰减量；

　　　β——虚部，称为相位常数，代表电磁波沿传播方向每一单位长度上相位的变化量。

4. 良好吸波性能的必要条件

要想使材料具有良好的吸波性能，应尽可能满足两个条件：一是要使电磁波充分进入吸波材料而不引起反射，吸波材料和空气介质形成阻抗匹配，即：

$$\sqrt{\frac{\mu}{\varepsilon}} = \sqrt{\frac{\mu_0}{\varepsilon_0}} \qquad (6\text{-}25)$$

若用材料的相对介电常数和磁导率表示有更简便的形式：$\sqrt{\mu_r/\varepsilon_r} = 1$；

二是材料有良好的吸波性能，即能较强地衰减进入材料的电磁波，由式（6-10）和（6-11）可知，这跟材料的 ε''、μ'' 和 $\tan\delta$ 有关，在满足阻抗匹配条件的情况下，三者越大，吸波效果越好。

但在实际中这两个条件很难同时满足，因为由式（6-12）和式（6-13），ε'' 是和材料的导电性即 σ 相关的，两者是线性递增关系，但由趋肤深度公式 $\delta = 1/\sqrt{\pi f \mu \sigma}$ 可知，随着材料导电性的增加，趋肤深度越来越浅，材料的反射和屏蔽电磁波的能力越来越强，不能有效消耗电磁波；其次，吸波基体的选用、吸波剂添加量、吸波材料的结构、制作工艺及厚度等均对材料的吸波性能有影响，需要综合考虑。另外，根据实际需要，还要求所设计的吸波材料具有吸收频带宽、力学性能优良的特点，还要求易于施工和价格便宜。因此在设计和研制吸波材料时必须对其厚度、材料参数与结构进行优化。

6.1.2　电磁波屏蔽理论

电磁屏蔽是防止交变电磁场感应和辐射干扰的有效方法。为了阐明屏蔽原理，首先必须对交变电磁场的传播特性进行分析。干扰源产生的交变电磁场总是同时包含电场分量和磁场分量，而且这两个分量的大小随传播距离以及干扰源的不同特性会有所差别。

当干扰源为高电压小电流的电振荡发射时（如垂直导体、拉杆天线等），干扰源为高阻抗。在近场（$r < \lambda/2\pi$），电磁场特性以电场为主导，磁场分量可以忽略。这时电场强度比磁场强度大得多，波阻抗 Z_c 为

$$Z_c = 377/(\lambda/2\pi r) \tag{6-26}$$

当干扰源为低电压大电流的磁振荡发射时（如环形导体、环形天线等），场源为低阻抗，在近场区波阻抗与 r 长正比，随距离 r 增加而增大，其值等于：

$$Z_c = 377(2\pi r/\lambda) \tag{6-27}$$

它远小于波阻抗常数 277Ω，表明磁场强度比电场强度大得多，因此这种场源的近场内以磁场为主导，电场分量可以忽略。不论干扰源的特性如何，在远场区波阻抗 Z_c 主要取决于传播介质，当介质为自由空间时，波阻抗恒等于 377Ω，表明电场分量和磁场分量两者都不可忽略，电场矢量和磁场矢量在时间上同相位而在方向上它们正交。

人们按照场源特性以及场区的不同，把近区电场和磁场称为感应场，远区电磁场又称辐射场。电磁场分成交变电场、交变磁场和交变电磁场三种，由于这三种场的屏蔽原理和方法不同，因此需要分别予以阐述。

对于远场情况的交变电磁场，电场分量和磁场分量同时存在，交变电磁屏蔽的机理有三种理论：（1）感应涡流效应。这种理论解释电磁屏蔽机理比较形象易懂，物理概念清楚，但它们难推导出定量的屏蔽效果表达式。关于干扰源特性、传播介质、屏蔽材料的磁导率等因素对屏蔽效果的影响也不能解释清楚。（2）电磁场理论。严格来说，它是分析电磁屏蔽原理和计算屏蔽效能的经典学说。但是由于电磁场的边值问题，分析复杂而求解烦琐，因此大多采用传输线理论。（3）传输线理论。它是根据电磁波在金属屏蔽体中传播的过程与行波在传输线中传输的过程相似，用传输线方程来等效分析计算。这一理论和方法不仅可以简明分析屏蔽机理，而且还能方便地定量计算屏蔽效果。

1. 电磁屏蔽原理

电磁屏蔽的作用是控制由某些辐射源所产生的某个区（不包含这些源）内的电磁场效应，有效地降低电磁波从某一区域向另一区域辐射而产生的危害。其作用原理是采用对电磁能流具有反射和引导作用的低电阻导体材料，在导体材料内部产生与源电磁场相反的电流和磁极化，从而减弱源电磁场的辐射效果，通常用屏蔽效能（SE）来表示。所谓屏蔽效能是指没有屏蔽时入射或反射电磁波，与在同一地点经屏蔽后反射或透射电磁波的比值，即屏蔽材料对电磁信号的衰减值，单位为 dB。

电磁波传播到达屏蔽材料表面时，通常按三种不同机理进行衰减（图 6-2）：

（1）在入射表面阻抗突变引起的电磁波的反射衰减（R）；

（2）未被反射而进入屏蔽体的电磁波被材料吸收的衰减（A）；

（3）在屏蔽体内部的多次反射衰减（只在吸收衰减 < 15dB 情况下才有意义），这一项衰减也叫反射修正系数（M）。

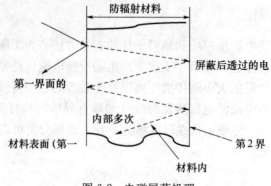

图 6-2 电磁屏蔽机理

屏蔽效能 SE 等于吸收因子 A 加上反射因子 R，加上多次返射因子 B，所有因子都用 dB 表示，即

$$SE = A + R + B$$

吸收损耗因子（A）的计算公式：

$$A = 1.13t \sqrt{f\mu_r\delta_r} \, \text{dB}$$

平面反射损耗（R）的计算公式：

$$R = 168 - 10 * \lg(\mu_r \cdot f/\delta_r) \, \text{dB}$$

式中　t——屏蔽厚度，cm；

δ_r——屏蔽材料的相对导电率；

μ_r——屏蔽材料的相对导磁率；

f——频率，Hz。

如果吸收因子在 6dB 以上，多次反射因子（B）可以忽略，仅当屏蔽层很薄或频率低于 20kHz 时，B 才是重要的。可以看出，性能良好的电磁屏蔽材料应具有较高的电导率及磁导率。某些金属或合金是电的良导体，如铜、铝等，阻抗电场有很好的屏蔽作用，但对低阻抗磁场的屏蔽却不够理想；而有些金属或合金，如铁、坡莫合金等却对低阻抗磁场有很好的屏蔽作用。为了在较宽广的频率范围内都有好的屏蔽作用，屏蔽材料应是高电导率及高磁导率材料的组合。

（1）吸收损耗：吸收损耗是导体材料中的电偶极子或磁偶极子与电磁场作用的结果。由于吸收损耗 A 发生在屏蔽体内，它与波的类型（电场波或磁场波）无关，只与屏蔽层的厚度、频率、导电率及导磁率有关。具有较大磁导率的镍铁钼超导磁合金和镍铁高导磁合金具有良好的吸收电磁波的性能。多层材料叠加可以减小磁畴壁增加磁导率，因此材料越厚 A 值也就越大。

（2）反射损耗：反射损耗是由于空间阻抗和屏蔽层的固有阻抗之间不匹配而引起的，是导体材料中的带电粒子（自由电子或空穴）与电磁场的相互作用的结果。其大小与 μ_r/δ_r 大小有关，材料的电导率越高或磁导率越低，反射损耗越大，所以金、银、铜等金属都是电磁波的良反射体。反射损耗不仅与材料的表面阻抗有关，也与辐射源的类型及屏蔽体到辐射源的距离（D）有关。对于近场源磁场波：

$$R = 20\lg\{[1.173 \, (\mu_r/\delta_r f)^{1/2} \, / \, D] + 0.0535D \, (f\delta_r/\mu_r)^{1/2} + 0.354\}$$

对于近场源电场波：

$$R = 362 - 20 \lg [D (f \mu_r / \delta_r)^{1/2}]$$

（3）多重反射损耗：由于透射波通过表层反射衰减后，到材料内部时又碰到屏蔽层的另一侧，在这个侧面上又进行反射和透射，反射波再次通过内部，如此进行多次的反复反射，使能量迅速衰减。对于高频，当 t/δ 或 A 很大时，多重反射消耗趋于 0 可忽略不计；而对于低频，由于 t/δ 或 A 很小，应考虑多重反射。通常对于 $A > 10$dB 时，多重反射损耗可以忽略。由于电子设备的高精密发展，要求反射回来的电磁波应尽可能少，以免影响设备的正常工作，因此研究高吸收低反射的电磁屏蔽材料是当前研究的重点；可是很难找到一种单一的材料，同时满足 $\mu_r \cdot \delta_r$ 乘积大而 μ_r / δ_r 比值小，因此高吸收低反射的电磁屏蔽材料的研究成了电磁屏蔽材料界的难点。

按 SE 值大小可将电磁屏蔽材料分为以下几类，见表 6-1。一般认为，用作常规电子器材屯电磁屏蔽的材料，在 $30 \sim 1000$MHz 频率范围内，其 SE 值达到 35dB，即具有有效屏蔽作用。

表 6-1　电磁波衰减分级标准

SE（dB）	衰减程度	用途
0	无	—
<	差	—
10～30	较差	—
30～60	中等	可用于一般工业或商业电子用品
60～90	良好	可用于航空航天及军用仪器设备的屏蔽
>90	优	适用于有高精度、高敏度感要求的产品

2. 屏蔽分类

屏蔽是利用屏蔽体（具有特定性能的材料）阻止或衰减电磁骚扰能量的传输，是抑制电磁干扰的重要手段之一。屏蔽有两个目的：限制内部辐射的电磁能量泄漏；防止外来的辐射干扰进入。根据屏蔽的工作原理可将屏蔽分为以下三大类。

（1）电场屏蔽

电场屏蔽主要是为了防止电子元器件或设备间的电容耦合，它采用金属屏蔽层包封电子元器件或设备，其屏蔽体采用良导体制作并有良好的接地，这样就把电场终止于导体表面，并通过地线中和导体表面上的感应电荷，从而防止由静电耦合产生的相互干扰。

电场屏蔽使金属导体内的仪器不受外部影响，也不会对外部电场产生影响，主要是为了消除回路之间由于分布电容耦合而产生的干扰，静电屏蔽只能消除电容耦合，防止静电感应，屏蔽必须合理地接地。在实际应用中，屏蔽措施经常科学地与接地相互结合才能更好地发挥作用。

（2）磁场屏蔽

磁场屏蔽是抑制噪声源和敏感设备之间由于磁场耦合所产生的干扰。磁场屏蔽是把磁力线封闭在屏蔽体内，从而阻挡内部磁场向外扩散或外界磁场干扰进入，为屏蔽体内外的磁场提供低磁阻的通路来分流磁场。

屏蔽体是用高导磁率材料，有效防止低频磁场的干扰。其屏蔽效能主要取决于屏蔽材料的导磁系数，材料的磁导率越高，磁阻越小，屏蔽效果就越显著。磁场屏蔽又分为低频磁屏蔽和射频磁屏蔽。

低频磁屏蔽技术适用于从恒定磁场到 30kHz 的整个频段，它是利用铁磁性物质的磁导率高、磁阻小、对干扰磁场进行分路来实现的。屏蔽材料的屏蔽效能主要由吸收损耗和反射损耗两部分构成，低频磁场由于其频率和波阻抗较低，故吸收损耗和反射损耗都很小。为了提高屏蔽材料的屏蔽效能，因此重点考虑材料的吸收损耗和反射损耗。为了获得高额的吸收损耗，可以使用导磁率高的材料；但是，导磁率高的材料通常导电性不是很好，这导致了反射损耗减小。为了增加反射损耗，可在高导磁率材料的表面增加一层高导电率的材料。通常采用铁磁性材料如铁、硅钢片、坡莫合金等进行磁场屏蔽。射频磁屏蔽则是利用良导体在入射高频磁场作用下产生涡流，并由涡流产生反向磁通，抑制入射磁场。低频磁场屏蔽的方法在高频时并不适用，主要原因是铁磁性材料的磁导率随频率的升高而下降，从而使屏蔽效能变坏，并且高频时铁磁性材料的磁损增加。因此需要良导体，可以产生很强的感应涡流，常用屏蔽材料有铝、铜及铜镀银等。

（3）电磁屏蔽

电磁屏蔽主要用于防止在高频下的电磁感应，利用电磁波在导体表面上的反射和在导体中传播的急剧衰减来隔离时变电磁场的相互耦合，从而防止高频电磁场的干扰。利用趋肤效应可以阻止高频电磁波透入良导体而做成电磁屏蔽装置。电磁屏蔽是抑制干扰、增强设备的可靠性及提高产品质量的有效手段，合理地使用电磁屏蔽，可以抑制外来高频电磁波的干扰，也可避免作为干扰源去影响其他设备。

6.2　电磁辐射防护材料研究

电磁污染是由过多的电磁辐射引起。电磁辐射的来源包括天然源和人为源，而室内的电磁污染主要是电器设备带来的人为源。广义的电磁辐射分为电离辐射和非电离辐射。而室内的电磁辐射大多是非电离辐射，虽然能量不高，但是正是这种非电离辐射导致了室内的电磁污染。

随着经济的发展、社会的进步、人民生活水平的提高，各式各样的家电产品逐步进入到寻常百姓的家中。人们在享受高科技的同时，也在承受着高科技带来的负面影响。这些电器设备辐射出一定能量的电磁波，不仅造成了电磁干扰，而且对人类的身心健康带来威胁，给我们的工作和生活带来了一定的危害。这些电器设备包括：较大功率的空调、吸尘器、微波炉、电脑、复印机等及小功率的剃须刀和台灯等。表6-4为部分家电使用时的电磁辐射量（μT）。在有限的时间、空间及有限的频谱资源条件下，密集程度逐步增大，造成室内空间电磁环境的恶化。而且随着这些电器设备的老化、陈旧以及更新换代的加快，电磁辐射的程度也会随之增大，这就使得整个室内电磁环境形势不容乐观。

表 6-4　部分家电电磁辐射量

名称	辐射量（μT）	名称	辐射量（μT）
电视机	20	微波炉	＞19.99
吸尘器	20	电吹风使用中	19.95
台式机显示器后面	19.5	台式机主机后面	16.47
智能手机通话	12.73	电热毯	10
笔记本运转	6.85	电锅	4
复印机	4	洗衣机	3
电冰箱	3	空调	2

为了实现人类环境与电子设备及电器装置的和谐共存，我们在充分享受后者带来的便利服务时，必须采取一些行之有效的措施预防及减少电磁辐射带来的各种危害。目前，人们发现的能有效抑制和防止电磁辐射的方式有两种：电磁屏蔽和电磁波吸收，且着力于研究具有实用价值的电磁吸波材料和屏蔽材料，取得了不错的预防效果。

6.2.1　电磁波吸收材料

电磁吸波材料是指能吸收、衰减入射的电磁波，并将其电磁能转换成热能耗散掉或使电磁波因干涉而消失的一类材料，按其工作原理可分为以下基本类型：复磁导率与复介电常数基本相等的吸波体；$\lambda/4$ 波长"谐振"吸收体；阻抗渐变"宽频"吸收体；衰减表面电流的薄层吸收体。

在减少反射的同时提供损耗是吸波材料应用中的关键思想。建筑室内的电磁波污染的防护，不仅要有效防止室外各种电磁波的影响，也同时要尽量减少室内产生的电磁波的危害，所以不适合采用高反射的电磁屏蔽材料，比较适合的是选择较高吸收能力的材料，即通常所说的电磁波吸波材料。

1. 电磁波吸收材料的研究背景

电磁波吸收材料最早应用于军事中，在第二次世界大战期间，美、英、德等国针对雷达电子侦察和反侦察，开始对吸波材料进行了大量的探索工作。雷达侦察的原理是首先发射一定频段的电磁波，当该电磁波遇到障碍物（如飞机）时会进行反射，反射波再次被雷达接收从而可以得知目标的位置。而如果飞机的机身可以对电磁波进行有效的吸收，那么就可以躲过雷达的侦测，也就是俗称的"隐形技术"。美国于 20 世纪 60 年代开始把吸波材料应用于空军的 F-14、F-15 和 F-18 等几种战机上，即"隐形飞机"技术。20 世纪 80 年代美国政府投资 25 亿美元从事这一课题研究。由于海湾战争中 F-117 隐形飞机成功的轰动效应，世界各国开始投巨资加大对吸波材料研究的力度。

现在，吸波材料的应用已远远超出军事隐形与反隐形、对抗和反对抗的范围，更广泛地应用在微波暗室消除设备、通讯及导航系统的电磁干扰、安全信息保密、改善整机性能、电磁兼容以及人体电磁辐射安全防护等许多方面。随着科技的进步及电子电器设备的不断更新，电磁波的污染日益加剧，室内的电磁污染越来越受到人们的关注，电磁吸波材料更为广泛的应用于民用方面，如吸波建材等方面。日本在 20 世纪 80 年代已将吸波材料用于民用建筑，以达到保护人类免受电磁辐射的用途。吸波材料在室内建筑中的应用对改善室内电磁环境、减少电磁污染、保护居民的身体健康、保护生态平衡有着重要的意义。

理想的吸波材料应当具有吸收频带宽、质量轻、厚度薄、物理机械性能好、使用简单等特点。

2. 电磁波吸收材料的组成及分类

吸波材料的主要成分是吸收剂，一般还有胶粘剂及各种助剂组成。吸收剂提供了吸波材料所需要的电性能，它的数量、性能以及匹配在吸波材料中起关键作用，决定了涂层吸波性能的好坏；胶粘剂是基材，是吸波涂层的成膜物质，决定了吸收剂的加入量、吸收性能的强弱、涂层性能的好坏；各类助剂起辅助作用，虽然用量较小，但必不可少，它决定了涂层的质量，而且对吸收剂的加入量也有影响。常用的微波吸收剂主要有微、超微磁性金属及合金粉末吸收剂、铁氧体吸收剂和导电高聚物吸收剂等，吸收剂也在向高效、轻量化和复合化方向发展。

目前，吸波材料主要有以下四种分类方法：

按材料成型工艺和承载能力，可分为涂覆型吸波材料和结构型吸波材料。涂覆型吸波材料是具有电磁波吸收功能的涂料，是将吸收剂（金属或合金粉末、铁氧体、导电纤维等）与粘合剂混合后，涂覆于目标表面形成吸波涂层；结构型吸波材料通常是将吸收剂分散在层状结构材料中，或是采用强度高、透波性能好的高聚物复合材料（如玻璃钢、芳纶纤维复合材料等）为面板，蜂窝状、波纹体或角锥体为夹芯的复合结构，因此具有承载和吸波的双重功能，既能减轻结构质量，又能提高有效载荷，已得到广泛应用。涂覆型吸波材料因为工艺简单、使用方便、容易调节而受到重视，隐身兵器几乎都使用了涂覆型吸波材料。

（2）按吸波原理，吸波材料又可分为吸收型和干涉型两类。吸收型吸波材料本身能对雷达波进行吸收损耗，基本类型有复磁导率与复介电常数基本相等的吸收体、阻抗渐变"宽频"吸收体和衰减表面电流的薄层吸收体；干涉型吸波材料则是利用吸波层表面和底层两列反射波的振幅相等、相位相反进行干涉相消，如 $1/4$ 波长"谐振"吸收体，这类材料的缺点是吸收频带较窄。

（3）按材料的损耗机理，吸波材料可分为电阻型、电介质型和磁介质型三大类。电阻型吸波材料，电导率大，载流子引起的宏观电流大，电磁能易于转化成热能，电磁能主要衰减在材料电阻上，如碳化硅、石墨等；电介质型吸波材料，电导率低，材料中几乎没有自由电子，其机理为介质极化弛豫损耗，如钛酸钡之类；磁介质型吸波材料的损耗机理主要归结为铁磁共振吸收，如铁氧体、羟基铁等。

（4）按研究时期，可分为传统吸波材料和新型吸波材料。铁氧体、钛酸钡、金属微粉、石墨、碳化硅、导电纤维等属于传统吸波材料，它们通常都具有吸收频带窄、密度大等缺点。其中铁氧体吸波材料和金属微粉吸波材料研究较多，性能也较好。新型吸波材料包括纳米材料、手性材料、导电高聚物、多晶铁纤维及电路模拟吸波材料等，它们具有不同于传统吸波材料的吸波机理。其中纳米材料和多晶铁纤维是众多新型吸波材料中性能最好的两种。

3. 电磁波吸收材料的研究现状

工程应用上除要求吸波材料在较宽频带内对电磁波具有高的吸收率外，还要求材料具有质量轻、耐温、耐湿和抗腐蚀等性能。目前国内外使用和开发的吸波材料都是以强吸收为主要目标的传统吸波材料，存在着一些明显的缺点，应用范围受到一定限制。新型的吸波材料包括纳米材料、多晶铁纤维、手性材料等，要求在尽量薄的厚度能够快速吸收入射到材料内部的电磁波，并且在足够宽的频带中，通过合理设计，使材料与空气有良好的匹配，使空气与材料界面间的总反射很小，充分利用材料的性能。此外，还需要高的力学性能及良好的环境适应性和理化性能，即要求材料具有粘结强度高、耐温、适应环境变化的特性。

（1）铁氧体吸波材料

铁氧体是一种具有铁磁性的金属氧化物，价格低廉，制备工艺简单，吸波性能好，是目前研究较成熟的电磁波吸收剂。铁氧体吸波建材的工作原理分为透过衰减性和反射控制性两种。它的吸波性能来源于亚铁磁性及介电性能，其相对磁导率和相对介电常数均呈复数形式，它既能产生介电损耗又能产生磁损耗，因此具有良好的微波性能。不同形态和组分的铁氧体，其吸波性能不同，可分为立方晶系尖晶石型、稀土石榴石型和六角晶系磁铅石型等三种类型，尖晶石型铁氧体应用的历史很长，但其电磁参数（介电常数和磁导率）较小，且难以满足相对介电常数和相对磁导率尽可能接近的原则。其中，六角晶系铁氧体由于其具有不同于其他铁氧体的片状结构和较高的自然共振频率成为优异的高频段微波吸收材料。铁氧体具有较高的电阻率（$10^8 \sim 10^{12}\,\Omega \cdot cm$），可避免金属导体在高频下存在的趋肤效应，因此在高频时仍能保持较高的磁导率，并且其介电常数较小，可与其他吸收剂混合使用来调整涂层的电磁参数，特别适合作为吸波材料的阻抗匹配层而在多层吸波材料中广泛应用。

铁氧体是一种磁损耗型吸波材料，它具有较高的磁损耗角正切以及较大的磁导率，决定了它既有一般介质材料的欧姆损耗、极化损耗、离子和电子共振损耗，同时还有其特有的磁滞损耗、畴壁共振、自然共振损耗和后效损耗等机制来衰减吸收电磁波。磁性材料在不可逆交流磁化过程中所消耗的能量，统称铁心损耗，简称铁耗。它由磁滞损耗 W_n、涡流损耗 W_e 和剩余损耗 W_c 三部分组成，总损耗功率表示为：

$$P_m = P_n + P_c + P_e$$

式中 P_n——磁滞损耗功率；

P_c——剩余损耗功率；

P_e——涡流损耗功率。

铁氧体在外电磁场的作用下，将部分的电磁能转变成热能损耗掉。损耗机制有以下三个方面：

1）趋肤效应和涡流损耗：根据法拉第电磁感应定律，磁性材料在交变磁化过程中会产生感应电动势，进而产生涡流。涡电流大小与材料的电阻率成反比，因此金属材料的涡电流比铁氧体要严重的多。涡电流的流动，在每个瞬间都会产生与外磁场产生的磁通方向相反的磁通，在材料内部时，反向作用更强，致使磁感应强度与磁场强度沿样品截面严重不均匀，这就如同材料内部的磁感应强度被排斥到材料表面，称为趋肤效应。

2）磁滞损耗：磁滞损耗指铁磁材料在磁化过程中由磁滞现象引起的能量损耗。磁滞指铁磁材料的磁性状态变化时，磁化强度滞后于磁场强度，它的磁通密度 B 与磁场强度 H 之间呈现磁滞回线关系。经一次循环，每单位体积铁芯中的磁滞损耗等于磁滞回线的面积。这部分能量转化为热能。

3）剩余损耗及磁导率减落现象：剩余损耗主要是磁后效产生的。磁后效是由于处于外磁场为 Ht0 的磁性材料突然受到外磁场的阶跃变化到 Ht1，磁性材料的磁感应强度并不是立即全部达到稳定值，而是一部分瞬时到达，另一部分缓慢趋近稳定值。磁导率减落是由于材料中电子或离子扩散后效造成的。

铁氧体吸收剂具有吸收强、频带较宽、抗蚀能力强及成本低等特点，但也存在密度大、高温特性差等缺点。理论与实践证明，单一的铁氧体制成的吸波材料难以满足吸收频带宽、质量轻和厚度薄的要求，通常要与其他吸收剂复合才能满足性能要求。因此，世界各国均在开发研究新型铁氧体吸波剂。当前研究的重点主要有以下几方面：1）把铁氧体制成超细粉末，大大降低其比重，并改变其电、磁、光等物理化学性能；2）对铁氧体进行掺杂处理以提高其吸波性能；3）通过改变立方晶系、六方晶系和反铁磁铁氧体的化学成分、粒径、粒度分布、粒子形状和表面处理技术来提高铁氧体吸波性能；4）把铁氧体制成微孔晶体或在空心的玻璃微球表面涂上铁氧体粉末以及在碳纤维、玻璃纤维表层镀覆铁氧体。

随着纳米技术的不断发展，纳米铁氧体材料的制备方法也越来越多，有物理法和化学法。物理法主要为高能机械球磨法，化学法有水热合成法、化学共沉淀法、微乳液法、sol-gel 法和自蔓延高温合成法。纳米铁氧体和其他非磁性材料复合能显著提高铁氧体吸波性能。

（2）纳米吸波材料

纳米材料是指颗粒尺寸在 $1\sim100$nm 的粉体材料。纳米微粒具有小尺寸效应、表面与界面效应、量子尺寸效应及宏观量子隧道效应等。纳米材料的优异特性为吸波材料提供了新的微波损耗机理。纳米技术的迅速发展使得纳米吸收剂成为国内外吸收剂研究的主要方向和热点。

纳米材料由于具有高浓度晶界，晶界面原子比表面积大，悬挂的化学键多，界面极化强等特点，它在电磁场的辐射下容易磁化而使电磁能更加有效地转化为热能，从而产生强烈的吸波效应。量子尺寸效应的存在使得纳米离子的电子能级分裂，分裂的能级间隔正好处于微波的能量范围（$10^{-2}\sim10^{-5}$ eV）内，这为纳米材料的吸波创造了新的吸波通道；在微波场的辐射下，原子和电子运动加剧，促使磁化，使电磁能转化为热能，从而增加了对电磁波的吸收；此外，纳米颗粒具有较高的矫顽力，可引起大的磁滞损耗。

纳米技术的迅速发展及纳米微粉优良的电磁吸波性能使得纳米吸收剂成为国外吸收剂研究的主要方向和热点，美、德、俄、法、日等国都把纳米材料作为新一代隐身材料加以研究和探索。美国已研制出一种称为"超黑粉"的纳米吸波材料，其对雷达波的吸收率高达 99%；法国研制出一种宽频微波吸收涂层，这种吸收涂层由粘结剂和纳米级微粉填充材料组成，具有很好的磁导率，在 50MHz$\sim$250GHz 内具有良好的吸波性能。国内关于纳米吸收剂的研究也作了不少工作，其中具有代表性的是成都电子科技大学研制的纳米针形磁性金属粉、多层纳米膜复合吸收剂。

（3）金属微粉吸波材料

金属超细微粉是指粒度在 10μm 甚至 1μm 以下的粉末，具有磁导率较高、温度稳定性好等优点，但在实际应用中，金属超细微粉在低频段磁导率低，抗氧化和耐酸碱能力差，相对来说，密度偏大，并不是理想的吸收剂。

金属超细微粉吸波剂主要包括 Co、Ni、Co/Ni、Fe/Ni 等通过蒸发、还原有机醇盐等工艺得到的磁性金属微粉吸波剂以及羰基铁粉、羰基镍粉、羰基钴粉等羰基金属微粉吸波剂。其吸波原理主要是通过磁滞损耗、涡流损耗等来吸收、衰减电磁波，其透波性能和吸波性能取决于其粒度。它一方面由于粒子的细化使组成粒子的原子数大大减少，活性大大增加，在微波辐射下，分子、电子运动加剧，促进磁化，使电磁能转化为热能。另一方面，具有铁磁性的金属超细微粉具有较大的磁导率，与高频电磁波有强烈的电磁相互作用，从理论上讲应该具有高效吸波性能。Fanya Jin 等通过在钒土合金基体上微弧氧化制得含铁钒土合金薄膜，在 $6.5\sim18.0$GHz 通过矢量网络分析发现：含有 16.16%（质量分数）的钒土合金薄膜所得的介电常数和磁导率都与微波相匹配，匹配厚度为 2mm 时，在 9.6GHz 频率点的最小反射率达 -10.5dB，16.3GHz 处的最小反射率为 -9.1dB；我国的曹琦等人研究了 Fe-Si-Al 系合金粉的微波吸收特性，结果表明：采用扁平法或者化学包覆改性后的 Fe-Si-Al 系合金粉在 $1.0\sim3.5$GHz 频段具有较好的吸波性能。

（4）多晶铁纤维材料

多晶铁纤维吸波材料是一种新型的电磁吸波剂，包括 Fe、Ni、Co 及其合金纤维，属于一维磁性材料，用它制备的电磁吸波涂层具有质量轻、频带宽等优点。从磁学性质来看，其电磁参数不再是各向同性，而是具有显著的各向异性，因此具有不同的损耗机制。其吸波机理主要是涡流损耗、磁滞损耗和介电损耗，可在很宽的频谱范围内实现高吸收率。影响多晶铁纤维吸收剂的因素有纤维的磁导率、电阻率、直径和长径比等，因此在实际应用中会遇到诸多问题，如多晶铁纤维的表面电阻率非常低，在涂层中掺杂使用时纤维不仅会搭接在一起，在涂层内部形成导电网络，对电磁波进行反射，还会影响涂层的表面电阻率，这些都会对吸波性能产生影响。为了提高其电阻率，可对多晶铁纤维进行改性。国外对多晶铁纤维的表面改性已取得了很大进展，国内对多晶铁纤维的研究及其表面改性尚属起步阶段，如何在不显著影响磁性能的前提下，使纤维表面电阻率得到进一步的提高从而降低对电磁波的反射还是有待解决的问题。

（5）手性吸波材料

手性吸波材料是 20 世纪 80 年代中期开始研制的新型吸波材料。手性是指一种物体与其镜像不存在几何对称性且不能通过任何操作使物体与镜像相重合的现象，是物体对称性的一种纯粹的描述，和物体的物理化学性质无关。手性吸波材料是近年来发展起来具有良好吸波性能的材料，描述手性材料的电磁性质除了磁导率和介电常数以外，还有一个成为手性参数的物理量，与普通吸波材料相比有两个优势：一是手性参数易于调整，并且不影响材料的吸波性能和工作频率；二是手性材料的频率敏感性比介电常数和磁导率小，易于实现宽频吸收。通过对材料手性参数的调整，可以达到预期的吸波效果，使吸波材料的制备更具有针对性。

一项美国的专利（US4948922）介绍了一种吸波涂层，它的基体由石油导电聚合物或其他的低损耗电介质组成，手性材料以螺旋状形态掺杂在基体中。这种吸波涂层可以在较宽频带范围内对电磁波进行有效的反射和吸收。与普通材料相比，手性材料有如下两个优势：一是调整手性参数比调整介电常数和磁导率容易，大多数材料的介电常数和磁导率不能在较宽的频带上满足无反射要求；二是手性材料参数的频率敏感性比介电常数和磁导率小，可实现宽频吸收。但截至目前，吸波的手性材料应用于实际的例子还比较少，这是由于手性材料加工时需要精细的尺寸以及精确的掺杂。

（6）碳纤维吸波材料

碳纤维结构吸波材料是功能与结构一体化的优良微波吸收材料。与其他吸波材料相比，它不仅具有硬度高、高温强度大、热膨胀系数小、热传导率高、耐蚀、抗氧化等特点，还具有质轻、吸收频带宽的优点。通过研究碳纤维的吸波性能和吸波机理，并对纤维吸收剂进行改性和结构设计，研制出高性能的碳纤维复合材料是现在研究的热点课题。

碳纤维具有优良的导电性能。早期研究中，碳纤维作为树脂增强体加入，添加的碳纤维量达 40% 甚至更多，这种碳纤维复合材料对电磁波几乎是全反射，只有经过特殊处理的碳纤维才具有一定的吸波性能。这些方法包括在碳纤维表面包覆金属、镀覆 SiC、沉积石墨碳粒以及将碳纤维原料与其他的成分混合制成复合碳纤维材料等，其中碳纤维表面沉积或镀覆碳粒或 SiC 膜是碳纤维电磁改性的常用方法。

Yang Y 等用电化学的方法制得一种铁涂层碳纤维，碳纤维较长的导电长度和铁涂层较大的电导率使得这种涂层纤维在 2～18GHz 具有很大的介电常数实部，碳纤维良好的电性能也使其具有很大的介电常数虚部。国外有报道将铁系 $0.5～10\mu m$ 的金属粉末按一定体积比混入聚丙烯腈或木质系碳纤维等有机纤维原料中，经 $350～800℃$ 加热碳化，可以制得不仅具有较高电导率，而且有较高磁导率的质地柔软的高强度碳纤维，它是一种较为理想的吸波碳纤维。

甘永学等研究了纤维的平均长度为 1.5mm 短切镀镍碳纤维与环氧树脂复合和纤维的平均长度为 3mm 镀镍碳纤维与铁氧体和环氧树脂复合构成的材料的吸波性能，发现在 8.2～12.4GHz，随着频率的增大，材料对雷达波的吸收逐渐增强。赵东林等也研究了镀镍短切碳纤维的吸波性能。他们两人在解释机理时发生分歧，甘永学认为短切镀镍碳纤维在吸波材料中起半波谐振子的作用。在短切镀镍碳纤维的近区存在似稳感应场，此感应场激起耗散电流，在铁氧体和周围基体作用下，耗散电流被衰减，从而雷达波能量转换为其他形式的能量，主要为热能。赵东林认为在含短切碳纤维的吸波材料中，可以把短切碳纤维作为偶极子，短切碳纤维偶极子在电磁场的作用下，会产生极化耗散电流，在周围基体作用下，耗散电流被衰减，从而雷达波能量转换为其他形式的能量。邢丽英等人研究了掺混短碳纤维后材料在电磁波作用下某些宏观物理量的响应特性。结果表明，调整纤维长度及含量可在很宽范围内改变材料的电磁参数与衰减量；对于不同长度的短碳纤维，在介质中的最佳填量不同，在对应的最佳填充量（此时纤维的长度接近传输波长的一半），可对电磁波起较大衰减作用；而且短碳纤维的加入，可大大减少粉料吸收剂的添加量。这样，在保证材料电性能的同时，可提高材料力学性能，并能起到一定的减重效果。

(7) 其他吸波材料

除上所述吸波材料外还有其他一些吸波特性较佳的吸波材料，如电解质陶瓷吸波材料、导电高分子材料、多频谱吸波材料、等离子体吸波材料等。

导电高聚物是由共主链的绝缘高分子，通过化学或电化学的方法与掺杂剂进行电荷转移复合而成。它具有密度小，结构多样，及独特的物理、化学性能的特点。导电高聚物具有电子共轭体系，其电导率在绝缘体、半导体和金属范围内变化，将其与无机磁损耗物质或超微粒子复合可成为一种新型的轻质宽频吸波材料。

美国 Brunswick 公司研制出一种多频谱超轻型吸波材料，这种新型材料为柔性复合材料，主要成分为聚合物，经过多道工序制得。该材料很轻，其质量只有 $131g/m^3$，既可吸收雷达发射的频率高达 140GHz 的厘米波和毫米波，又可防近红外（$0.6～0.9\mu m$）、中红外（$3～5\mu m$）、远红外（$8～10\mu m$），还能防波长为 $0.3～0.7\mu m$ 的可见光。我国已研制出复合隐身涂料，它能使 8～12GHz 和 26.5～40GHz 波段的雷达散射面积衰减 8～10dB，相当于雷达探测距离减小，它还能改变被保护目标的红外辐射特性，降低红外成像制导的发现和识别概率。

随着研究的不断深入，复合吸波材料的研究成为了国内外隐身技术领域的一个热点。多元复合吸波材料尤其是无机相与有机聚合物复合轻型吸波材料的研究已有较多的报道。西安交通大学朱长纯等对碳纳米管薄膜对电磁波吸收特性的研究，表明了碳纳米管薄膜在不同的基材上的导电能力是存在差异的。还有学者对掺杂锡的氧化铟（ITO）薄膜的吸波机理作了探索，ITO 薄膜的高可见光透过率和中远红外波段优良的红外反射性能及微波衰减性能，使其具有较好的应用前景。

吸波材料的发展趋势为：纳米化、多元化和多介质化。复合吸波材料可以提高单一材料的吸波性能，并能克服单一材料的一些缺点，如纳米铁氧体中掺杂不同的金属元素，可提高其吸波性能，并能克服材料密度大的缺点。

4. 建筑吸波材料

虽然建筑吸波材料沿用了军事上吸波材料的概念，但二者之间存在明显差异。例如在应用的频率上，军用雷达波段的涵盖范围虽然较广，但是其频段主要集中在 8~18GHz，频率比较高。而对于建筑吸波材料，因为和日常生活贴近的家用电器、电视、广播、无线局域网、电子器件等绝大部分的频率集中在 3GHz 以下，所以其工作频段则应是 30MHz~3GHz 之间。而对于吸波材料来说，往往具有频率选择性，在不同的频段有不同的吸收能力，所以为军事用途设计的吸波材料要在相关民用波段达到良好的吸波效果，还需要进一步研究或者开发新的低频吸波材料。从材料的成本看，先进的吸波材料在军事领域的开发，成本高、价格昂贵。而在建筑领域的运用，由于用量大，用途广泛，材料成本则是必须考虑的因素之一，选择来源广、产量大、经济、有效的材料用于建筑吸波，才是推广应用的前提。另外，民用的吸波建材还要求制作工艺和施工工艺相对简单，便于涂装和加工。我们可以依靠已有的较为成熟的吸波材料理论和研制思路，如吸波机理、材料结构的设计、模拟计算方法等，作为建筑吸波材料开发的基础，结合建筑材料本身特性开展研究。目前建材开发的热点是建筑用量大的水泥、砂浆和涂料等。

关于水泥基的电磁防护体，一般是将水泥作为基体向其中填充吸波剂制成，复合材料的电磁波吸收主要靠添加的吸波剂实现。在 20 世纪 90 年代就开始研究具有屏蔽功能的混凝土，国外的研究有 D. D. L. CHUNG 等，其添加 0.1mm 直径碳纤维制成的水泥基吸波材料，在 1~2GHz 范围内，屏蔽性能可达 -30dB。CAO 等人分别研究了掺入胶状石墨和焦炭粉的厚度为 4.4mm 和 4.8mm 的波特兰水泥，发现其在 1~1.5GHz 频段内，屏蔽性能分别达到 -22dB 和 -45dB。由于屏蔽材料只是反射电磁波，对电磁波的吸收量很小，反射电磁波会形成二次污染，所以吸收型水泥基吸波材料将是今后研究的热点。

目前国内对水泥基吸波材料的研究逐渐成为热点，吸波剂主要选用研究比较成熟、价格低廉的传统吸波剂，如炭黑、石墨和铁氧体等。为了改变水泥基吸波材料整体的阻抗，使之与空气的阻抗相匹配，可向其中填充一些透波介质材料，如 EPS 等，或者采用透波层、吸波层双层结构。如杜纪柱研究了 EPS 基球体和炭黑复合填充水泥的吸波性能，分析了 EPS 和炭黑的填充率以及 EPS 直径大小和水泥基厚度对吸波性能的影响，以及双层吸波结构对吸波性能的影响。分层水泥基平板具有很好的阻抗梯度结构，吸波效果比单层水泥基平板理想。匹配层填充 50VOL% EPS 和吸收层填充 6VOL% 炭黑、60VOL%EPS 的试样，在测试频段 8~18GHz 内，反射率都低于 -10dB，有很好的吸波效果。韩斌以 200 目的石墨粉为吸波剂制备了水泥基膨胀珍珠岩吸波砂浆涂层，石墨粉添加量为 20% 时在 4~18GHz 频段内反射损耗最小值为 -26dB，此吸波砂浆在中央人民广播电台 554 发射台的电磁辐射防护示范工程中，吸收效果也很明显。轻骨料膨胀珍珠岩的加入改变了砂浆涂层的波阻抗，使其与空气波阻抗相匹配，提高了吸波性能。

吸波涂料也是目前研究的热点之一，其中粘结剂的选取和吸波剂的选取同样重要，粘结剂是使涂层牢固粘附于目标物上形成连续模的主要物质，其选取应遵循几个原则：①与吸波剂的相容性较好，可高比例添加；②粘合性、柔韧性和耐冲击性好；③耐候性好；④和吸收剂复合之后的阻抗与空气阻抗能形成较好的匹配。目前发现较好的粘结剂有环氧树脂和聚氨酯等。吸波剂的选取目前主要还是用传统的吸波剂。

对于吸波板材，目前国外的研究仅限于对磁性人造板上的改进，如 HIDEO OKA 等研究出一种建筑木基吸波体，以不锈钢金属微球和铁氧体按一定比例复合均匀分散到木屑中压制成板，发现不锈钢金属微球和铁氧体以质量比 2：3 混合，体积为木屑的 20%，板厚在 4mm 时有较好的吸波效果，吸收峰在 2.62GHz，峰值可达−45.18dB，但频段较窄，仅为 1.5GHz。

国内王俊玲以 SiC 为透波层添加剂，MnZn 铁氧体为主吸波剂，以聚醋酸乙烯乳液为基体制成吸波涂层涂覆于人造板上，制成匹配层、吸收层、木质基体和金属反射层结构，在匹配层厚度为 1.8mm，SiC 填充为 70%；吸波层厚度为 3mm，MnZn 铁氧体填充量为 60% 时，在 1.42GHz 时反射率最低为−18.50dB，在 1～1.5GHz 内反射率在−10dB 以下，带宽为 220MHz。其在试验中人造板只是作为无损介质基底，本质上还是以涂覆层作为吸收层，且涂覆层普遍具有耐候、耐久性差的缺点。

目前吸波材料总体向着"薄、宽、轻、强"的趋势发展，即厚度薄、吸收频带宽、质量轻和强吸收的特点，对于民用吸波剂还要求有经济、耐用及多功能的特点。这就要求同时对吸波剂和吸波结构进行优化选择，以获得良好的吸波性能。

随着吸波建筑材料的应用不断扩大，人们对其性能要求也越来越高，已有的吸波建筑材料很难满足实际应用的要求。目前吸波建筑材料存在众多问题，如宽频吸波建筑材料主要应用在微波暗室，不但厚度大，而且成本很高；已有的吸波建筑材料普遍成本很高，难以得到广泛应用；多个领域都迫切需要同时具有多种性能的吸波建筑材料。如在军事上需要同时具有能够吸收微波、红外线、声波的吸波建筑材料，而民用上需要同时具有吸波、吸声、保温等性能的吸波建筑材料。未来，研究开发吸波频段宽、材料厚度薄的吸波建筑材料，大幅度降低吸波建筑材料成本，尤其是在民用应用中的材料成本，以及展开多功能吸波建筑材料的研究，是电磁污染防护技术中急需解决的关键问题。

5. 电磁波吸收材料的发展趋势

目前国内外在吸波材料的研制方面还存在着频带窄、密度大、性能低等缺点，应用范围受到一定的限制，因此，未来的吸波材料在设计和研究时需要综合考虑低反射率，响应频带宽，密度小、厚度薄，力学性能优良，耐候性好及成本低等几个重要因素。并且要开展研究兼容性吸波材料，提高吸波性能。纳米材料因其结构的特殊而具有极好的吸波特性，同时具备宽频带、质量轻等优点，是未来吸波材料发展的主要趋势。进一步开发更多的室内吸波材料，如吸波涂料、吸波混凝土等，可以有效地进行室内电磁污染防治、保护人民身体健康。

6.2.2 电磁波屏蔽材料

1. 电磁波屏蔽材料的研究背景

人们生活水平的提高，不仅是物质生活的提高，更重要的是环境质量的提高，这就要求办公环境和生活环境，不仅要环境优美、空气清新，而且也要能远离一切污染，如何采用有效的办法屏蔽外来辐射，防止电磁辐射对人的伤害，以及减少电磁辐射污染，保护生态环境，已成为亟待解决的问题。在室内的日常生活中，我们所接触到的电磁波穿透能力都不是很强，可以用屏蔽方法减少或阻止电磁波的辐射，利用电磁屏蔽材料就是最直接有效的防护方式之一。

电磁屏蔽和电磁兼容技术是目前国际上发达国家最前沿的高新技术之一，电磁辐射污染已引起世界各国的重视，欧美等国对电磁辐射设备的选址和辐射强度的要求都有严格的规定，不能满足相关电磁标准的设备不允许销售。

采用电磁屏蔽材料如外壳屏蔽、电缆屏蔽、窗口屏蔽等，对社会有着重大的现实意义。

2. 电磁波屏蔽材料的组成及分类

由电磁波屏蔽原理可知，一般情况下，金属导体的波阻抗远小于空气波阻抗，因此透入到金属内部的波强度远小于入射波强度。电磁波衰减幅度取决于空间阻抗和金属体固有阻抗的匹配情况，不匹配程度越大反射衰减也越大。

按电磁屏蔽机制，电磁屏蔽材料分为 3 种：反射性，吸收性，反射吸收性；按屏蔽材料的组成，可分为铁磁类、良导体类和复合类；按屏蔽材料应用形式即制备与存在形态，可分为涂敷型和结构复合型。目前电磁波屏蔽材料主要包括导电涂料、金属敷层屏蔽材料、本征型导电高分子材料和填充复合型屏蔽材料四大类。

（1）高分子导电涂料

高分子导电涂料由合成树脂、导电填料和溶剂组成，将其涂敷于材料表面形成一层固化膜从而产生导电及电磁波屏蔽效果。

导电涂料是伴随现代科学技术而迅速发展起来的特种功能涂料，至今约有半个世纪的发展历史。1948 年，美国公布了将银和环氧树脂制成导电胶的专利，这是最早公开的导电涂料。我国也在 20 世纪 50 年代开始研究和应用导电涂料。近年来，导电涂料已在电子、电器、航空、化工、印刷等多种军、民用工业领域中得到应用。与此相应，导电涂料的理论研究也得到迅速发展，并促进了应用技术的日益成熟与完善。

电磁屏蔽导电涂料按导电机理和组成可以分为本征型和掺合型，属于反射损耗为主或反射与吸收损耗相结合的材料。目前研究较多的是掺合型导电涂料。掺合型导电涂料是指以高分子聚合物为基础加入导电物质，利用导电物质的导电作用，来达到涂层电导率在 $10\sim12S/m$ 以上。掺合型导电涂料主要由高分子聚合物、稀释剂、添加剂以及导电性填料组成，即把导电微粒如金属粉末金、银、铜、镍等和非金属粉末碳、石墨、云母片等掺入到高分子聚合物，如丙烯酸树脂、环氧树脂、聚氨酯和乙烯基树脂等，并使其具有导电性。掺合型导电机理比较复杂，导电效果与填料种类以及填料在聚合物中的分散程度有关。

导电涂料的成本低、生产工艺简单，施工方便，并且具有长效性，使用过程中无小分子渗出污染物，不含金属粉体且易于回收，因此得到广泛应用。在国外已有许多品种商品化，其中绝大多数是镍粉、铜粉、银粉以及碳黑等填充性的导电涂料。

银系导电涂料导电性高，具有优良的屏蔽性能，但价格昂贵，限制了其使用范围，主要用在军事等某些特殊领域，在民用上应用较少。铜系导电涂料的电阻率低导电性好，价格低廉，缺点是易氧化、密度较大易下沉，在聚合物基体中分散不好。为防止铜粉氧化，常用无机化合物、不活泼金属包覆，或者在制备涂料过程中加入还原剂或其他添加剂等成分，制得具有一定抗氧化性的导电涂料。镍系导电涂料价格适中，化学稳定性好，氧化问题比铜轻，具有有效的抗电磁干扰性能，成为当前欧美等国电磁屏蔽用涂料的主流。单组分电磁屏蔽有一定的局限性，难以实现宽频屏蔽等。为进一步增强电磁屏蔽效果，多元复合涂层也得到了研制。如今利用纳米材料特殊的性能，制备纳米功能涂层成为了研究热点。

对于石墨和碳黑等碳素系导电涂料，需要用高导电性和高结构性的碳黑作填料才能使体积电阻率降至 $1\Omega\cdot cm$ 以下，最低可达 $10^{-3}\Omega\cdot cm$ 左右。由于碳素系涂料的导电性能相对较差，用作电磁屏蔽涂料的效果并不十分理想。但碳素系涂料具有耐环境性好、质轻、结构高、价格低、无毒无害等突出的优点，因此，碳系导电涂料应用量较大。目前对碳素系涂料的研究工作主要是努力开发和利用高导电性和高结构性碳黑，以及在复合过程中如何提高碳黑分散性的同时保持其结构性等。

（2）表面覆层性屏蔽材料

这类材料是使塑料等绝缘体的表面附着一层导电层，从而达到屏蔽的目的，属于以反射损耗为主的屏蔽材料。通过贴金属箔、化学镀金、喷涂、真空镀金等方法，对绝缘体表面进行导电化处理，达到电磁屏蔽的效果。粘贴金属箔工艺简单，把铜、镍、不锈钢等金属箔片与塑料薄板粘结后经等压成型，屏蔽效果达 60～70dB；化学镀金通常采用非电解电镀法将 Ni、Cu 等镀覆到 ABS 等工程塑料材料的表面，具有导磁导电性好、结合力牢固、不受外型限制等特点，可以获得较厚的镀层，有较好的屏蔽效果，是目前塑料表面金属化用得最多、效果最好的一种方法；真空镀金采用物理气相沉积技术使金属气化，然后在基材表面形成金属导电膜，可获得高屏蔽效果。

这类表层导电薄膜屏蔽材料普遍具有导电性能好、屏蔽效果明显等优点，其缺点是表层导电薄膜附着力不高，材料粘结牢度较差，容易产生剥离，二次加工性能较差，不易制成形状复杂的壳体状屏蔽材料。

（3）本征型导电高分子材料

高分子材料本身具有导电能力的被称为本征型导电高分子材料，其内部不含其他导电性物质，完全由导电性高分子材料组成。这种材料是由具有共轭 π 键的聚合物，经化学或电化学"掺杂"后使其由绝缘体转变为导体的一类高分子材料。这类材料具有优异的物理化学性能，导电性显示强烈的各向异性，通过大分子 π 键电子云交叠形成导带，共轭分子键的方向就是导电方向。

这种磁性屏蔽材料成本高、合成加工困难、掺杂剂多，是毒性大、腐蚀性强烈的物质，其应用范围受到很大限制。

（4）填充复合型屏蔽材料

填充复合型屏蔽材料是由电绝缘性能较好的合成树脂和具有优良导电性能的填料及其他添加剂组成，经注射、注塑或挤出成型等方法加工成各种电磁波屏蔽材料。电磁屏蔽效能良好，综合性能优良。其中常用的合成树脂有聚苯醚、聚碳酸酯、ABS 尼龙和热塑性聚酯等。导电填料一般选用大尺寸的纤维状与片状材料，目前常用的有金属纤维金属片等，此外还有碳纤维、超导炭黑、金属合金填料等。填充型屏蔽材料是继表层导电性材料之后推入市场的新型材料，主要有金属纤维填充型屏蔽材料、碳纤维 \ \ 炭黑填充型屏蔽材料、超细粉末填充型屏蔽材料、石墨基填充型屏蔽材料。

（5）其他屏蔽材料

除上述几类电磁屏蔽材料以外，其他一些屏蔽材料也在研究之中，包括新机理的屏蔽材料，如发泡金属屏蔽材料、纳米屏蔽材料等，它们的发展前景还有待进一步的观察。

在反射性屏蔽材料中，优良导电性材料由于其良好的导电性，能使电磁波损耗显著，屏蔽效果良好，但是其基体价格昂贵，只适用于某些特殊场合，限制了其推广应用。而且银离子在湿热条件下容易发生迁移而导致涂层电阻升高，性能下降。对于铜基屏蔽材料，由于铜存在化学性能活泼、容易被氧化而降低导电性的问题，影响了其使用。

对于电磁波屏蔽涂料，考虑粘结性、可涂覆性等实际应用，也存在很多不足：如吸收剂粉末密度过大导致复核后的整体屏蔽材料密度大；由于吸波剂粉末与粘结剂的分层，从而影响整体的均匀性。因此，研究制备导电性的屏蔽性强、轻质、涂覆性能良好、适应频率范围广且价格便宜的电磁屏蔽材料是一个重要的方向。

国内导电涂料的研制和应用起步很晚，银系导电涂料在军工领域得到了应用。近几年来，对碳系导电涂料、镍系和铜系导电涂料的制备与应用研究也正在大力发展。目前国内已有一定的导电涂料的研究基础，但未形成大批量产品，且在工程化方面及屏蔽效能、物理性能、环境性能上还有不少问题有待解决。

3. 电磁波屏蔽建筑材料的研究现状

电磁污染已成为危害人体健康的第四大环境污染源，尤其是室内电磁辐射污染，对人体健康的危害更为突出。目前国内外开发并且推广了很多具有电磁屏蔽功能的建筑材料，如电磁屏蔽混凝土、电磁屏蔽涂料、电磁屏蔽玻璃、电磁屏蔽木基复合材料等，可以有效防止办公室和家居的电磁辐射污染。

（1）电磁屏蔽混凝土

混凝土出于其较强的改造性和复合性，已成为世界上应用范围最广、用量最大的建筑材料。随着人们对电磁污染认识的逐步提高，混凝土逐渐被用来做电磁屏蔽材料，并且已经投入到实际的应用中。

电磁波空间辐射耦合的防护主要靠屏蔽的方法，混凝土屏蔽体对高频电磁波的屏蔽原理主要是反射和吸收。只有电磁波在空间传播的波阻抗和混凝土的波阻抗相差很大时，电磁波到达空间和混凝土界面才会产生反射，而电磁波能量吸收靠混凝土内部损耗。普通混凝土对高频电磁波具有一定的屏蔽功能，但屏蔽效果不佳，只有给其添加电磁损耗物质后才具有较高的屏蔽功能，如添加纳米金属粉末。最近几年，国内外对混凝土的研究较为活跃，研究的着重点在于对混凝土电磁屏蔽的改性，通过一定的生产工艺和设备生产出能够高效屏蔽电磁波的复合型电磁屏蔽混凝土。

纳米金属粉体是一种良好的吸波材料，这是由于金属粉末本身就是低电阻的导体材料，符合电磁屏蔽的一般原理，另外纳米材料的表面效应，增加了纳米材料的活性，在微波场的辐射下，原子和电子运动加剧，促使磁化，使电磁能转化为热能，从而增加对电磁波的吸收，因此把纳米金属粉体作为电磁波屏蔽材料添加到混凝土中具有一定的应用前景。但由于目前加工纳米矿粉的成本高，限制了它在水泥混凝土中的应用，因此必须要尽快解决纳米矿粉制备的工艺，降低其成本。

另外，为了使电磁屏蔽混凝土既实用又经济，可以在混凝土中掺入碳纤维。日本研究人员发现，在 500Hz 的电磁辐射下，混凝土中掺入碳纤维，可以使原来仅为 1dB 的电磁屏蔽效应提高到 15dB。

对混凝土电磁屏蔽改性的研究，使建筑物具有满足相应电磁屏蔽性能的指标，将会带来重大的经济和社会效益，使得电磁屏蔽混凝土具有极其重要的现实意义和巨大的潜在应用价值。

（2）电磁屏蔽玻璃

家居和办公用建筑为了采光和通气，不可能全部使用混凝土做墙体，这时需要使用透明玻璃装饰窗口。普通玻璃不仅对可见光部分是透明的，对危害人体健康的高频电磁波也是透明的，但如果使用电磁屏蔽玻璃就可以有效屏蔽高频电磁波。电磁屏蔽玻璃是一种防电磁辐射、抗电磁干扰的透光屏蔽器件，通过特殊工艺的处理，对电磁干扰产生衰减，涉及光学、电学、金属材料、化工原料、玻璃、机械等诸多领域，广泛用于电磁兼容领域。

电磁屏蔽玻璃通常有三种形式：一是由两片（或多片）玻璃或导电膜玻璃、PVB 胶片和经特殊处理的金属丝网在高温高压下采用夹层工艺制造的一种特种玻璃；二是在玻璃或有机玻璃表面上镀制金属薄膜，制成起到电磁屏蔽作用的玻璃；三是夹金属丝网和镀金属相结合的玻璃。电磁屏蔽玻璃在国内外均有研究，日本某玻璃公司研制的一种防电磁玻璃，其内侧镀有导电性很强的特殊金属，可遮挡室外电磁波的入侵，使电磁辐射减少到千分之一甚至到十万分之一；而国内目前研制生产的电磁屏蔽玻璃主要用于军用计算机显示器及其他军用电子显示设备。

（3）电磁屏蔽涂料

电磁屏蔽涂料是一种在化学溶剂中掺入导电颗粒，并能喷涂于 ABS 等工程塑料、玻璃钢、木材、水泥墙面等非金属材料上，对电磁波进行屏蔽的功能性涂料，具有室温固化、附着力强的特点。

目前所用的电磁屏蔽涂料主要是以复合法制得的，是由合成树脂、导电填料、溶剂配置而成，可将其涂敷于基材表面形成一层固化膜，从而产生电磁屏蔽效果。在各种电磁屏蔽材料中，涂料作为一种流体材料，可以方便地喷涂或刷涂在其他基材上面，并因其使用的方便性、轻量、占空间小、屏蔽效能高和价格低廉等优势而广泛用于各类电子产品、装置和系统的电磁辐射防护，是目前应用最广泛的电磁屏蔽材料。

（4）电磁屏蔽木基复合材料

木材是自然界唯一可再生、可自然降解的生物材料，除了混凝土，木材是建筑必不可少的用材之一，木材的美观、大方和舒适在家居与办公室装修中大受欢迎。普通的木材是电的不良导体，对电磁波几乎没有屏蔽作用，但以木制单元为主体，与一些金属或非金属复合而成的电磁屏蔽木基复合材料具有一定的屏蔽效能，能够遮挡或吸收电磁波。木基复合电磁屏蔽材料与其他屏蔽材料相比，其废旧物可回收再生利用，不会产生二次污染，是一种环保且有很好应用前景的新型电磁屏蔽材料。目前，研究和应用较多的电磁屏蔽木基复合材料主要有高温碳化型和复合型，这两种类型的材料又包括填充型和表面镀金导电型。20 世纪 80 年代日本研究者对木材化学镀方面进行了大量研究。国内也有部分学者进行了相关研究，如中国林科院木材工业研究所就选择镍粉、石墨粉、不锈钢纤维和黄铜纤维为导电单元，制作成功能胶合板进行了研究，结果发现黄铜纤维填料的胶合板 SE 值能达到 35dB。

（5）电磁屏蔽油漆材料

俄罗斯捷科公司的专家在航空航天工艺基础上，研制出了能吸收电磁辐射波的油漆材料。该油漆所有成分不含任何金属，可吸收或反射电磁辐射，打破了防辐射必须含金属材料的传统，不仅使用轻巧方便，而且生产成本较低。这种油漆还具有良好的粘结性能，能与各种固体表面粘结，将该漆刷涂在金属或钢筋混凝土结构上，不仅能保护内部房间不受电磁辐射，而且可防止自身结构金属腐蚀。

4. 电磁波屏蔽材料的发展趋势

随着电磁污染的日益严重，人们对其危害的认识不断提高，自身的防护意识越来越强，高性能电磁屏蔽建材不断产生。建筑用电磁屏蔽材料的品种很多，基本能满足建筑物的一般屏蔽需要。金属材料屏蔽效能很好，但存在重量大、价格昂贵、易腐蚀、难于调节屏蔽效能等缺点；复合型材料具有易加工、电导率易于调节、成本低、易大面积施工等优点，能够弥补传统金属屏蔽材料的不足，在某些方面是一种非常理想的替代传统材料的新型电磁屏蔽材料。在建筑工程应用中只有经过科学设计、合理选材，搭配使用，充分发挥金属材料和复合型材料各自的性能特点，才能使建筑的电磁屏蔽达到最佳效果。

但现有材料也存在以下问题：

1）电磁屏蔽频段窄，材料单一，难以同时足低、中、高频率范围内电磁屏蔽的要求；

2）屏蔽机理单一，多依靠反射电磁波来实现屏蔽，这种屏蔽模式容易造成电磁波回波的二次干扰；

3）屏蔽填料颗粒粗且密度大，填充阈值高，影响材料的力学性能和轻量化。

针对上述问题，建筑用电磁屏蔽材料的发展方向应在于：对材料内部组织和结构进行优化，改善填料的电磁性能，改进复合工艺，减轻材料重量，提高材料强度，拓宽材料的屏蔽范围，大大提高材料包括电磁屏蔽效能在内的综合性能，并且降低成本，扩大材料的应用领域，进一步满足不同环境和应用场所的需求。

在我国，研究具有电磁屏蔽功能的建材起步较晚，因此在理论、技术和设备方面与西方发达国家有一定的差距，并且由于制备工艺和成本的原因，国内所研制的一些电磁屏蔽材料只能使用于一些特殊领域，未能普及。目前，国内研究人员正致力于改善制备工艺，降低成本，从而使新型的电磁屏蔽材料能够普及应用到各种建筑中。另外，电磁屏蔽材料与纳米相结合也是未来研究的重点和难点。在电磁辐射污染愈发严重的今天，研制具有电磁屏蔽性能的建筑材料具有广阔的发展空间和应用前景，对社会的发展有着重要的意义。

6.2.3　电磁辐射防护石膏板研究

纸面石膏板是以建筑石膏为主要原料，掺入适量添加剂与纤维做板芯，以特制的板纸为护面，经加工制成的板材，具有重量轻、隔声、隔热、加工性能强、施工方法简便的特点，且表面平整，可以锯割，便于施工，主要用于吊顶、隔墙、内墙贴面、天花板、吸声板等，是建材行业中的绿色环保材料。

随着经济的快速发展，电子、通信、计算机与电气设备等进入家庭，导致城市空间人为电磁能量逐年增长，而广播电视台、无线通信发射站，各类天线、电网！城市交通运输、个人无线通讯手段以及家用电器等，把人们带进一个充满电磁辐射的环境中。同时电子设备的高频化、数字化，干扰信号的能量密度增大，使有限空间内的电磁环境更为恶化。所以，继大气污染、水污染和噪声污染之后，电磁辐射已成为人类第四污染源。恶化的电磁环境不仅对人们日常的通信、计算机、运输业和其他电子系统造成危害，而且会对人们的身体健康带来威胁。

为了消除电磁干扰，使建筑物内的设备得以正常运转，同时为防止电磁污染，减轻人类受电磁波辐射的危害，对建筑物采取电磁屏蔽或吸收电磁波等措施就显得非常的重要，而研究防辐射纸面石膏板则是解决电磁波辐射危害的一种有效途径之一。

（1）石膏板材料设计研究

将具有吸波功能的材料掺入纸面石膏板中，制成具有一定强度的板材，是研发具有吸波功能产品的最常用方法。使吸波性能达到最佳，需要对吸波材料在板材中的分布结构有所了解。

纸面石膏板结构分为下面护面纸和芯材，芯材由半水石膏水化结晶而成，本课题研究将粉末的吸波材料与原材料脱硫石膏进行干混合，然后再进行后续反应。制作板材的物理性能、内部结构等与吸波材料的种类及形貌有关。在众多实验研究中，青岛石墨掺量为8%时，制作的吸波板材粘接效果较好，断裂载荷强度较高，板材颜色较浅，吸波效果最佳，是今后生产线的首选材料，现以青岛石墨为例分析板材防护结构。青岛石墨的微观形貌如图 6-8 所示。

如图 6-8 所示，石墨为 325 目，呈片状结构，形状不太规则，但厚度很薄。将石墨掺入板材，其微观形貌如图 6-9 所示。

图 6-8　青岛石墨的微观形貌　　　　　图 6-9　吸波板材的微观形貌

从图中可以看出，石墨分散在石膏中，石墨本身形貌仍为片状，但分布很不均匀，部分地方石墨连成一片，层层叠加分布，部分地方则无石墨。石墨的片状结构，在石膏的长柱状图中很容易区分，本课题使用元素分布图 6-10，大概描述石墨与石膏的分布情况：

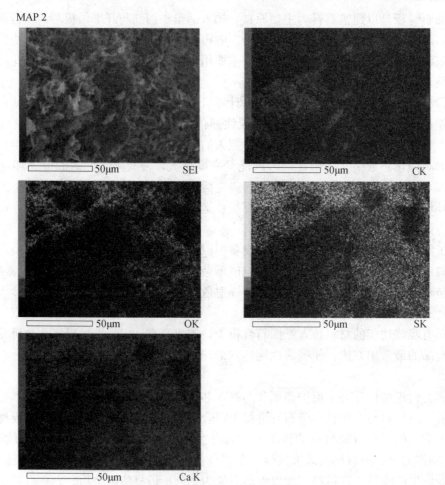

图 6-10　元素分布图

此分布图更加确定了石墨分布的不均匀性，进而会对板材的吸波效果有影响，针对此现象，生产时要特别注意石墨的分散及混合情况。根据无限网理论，石墨颗粒含量增加时，石墨导电网逐渐形成，但过程中反射偏大，吸收较少；当石墨达到一定含量时导电网络形成，吸波性能达到最大，再增加石墨含量，反射又开始逐渐增强，吸波性能略微下降。设想板材中石墨的分布均匀，且在同一平面，其吸波效果会更好，石墨的分布则会成为本课题今后研究的一个方向。

（2）防电磁辐射石膏板的研发

防电磁辐射纸面石膏板是在石膏板中掺入吸波剂而使其具有吸收电磁波功能的一类新型材料。在民用方面，它既可以用来屏蔽电磁波对人体的辐射，达到净化电磁波污染环境的目的；还可以用来防止计算机中心的数据泄露，起到保密作用。

大然鳞片石墨，其形似鱼磷状，属于六方晶系，呈层片状结构。作为一种介电损耗型的吸波剂具有良好的耐高温、导电、导热、润滑、可塑及耐酸碱等性能，同时它价格低廉，非常适合工业生产。

铁氧体是一种优良的吸波剂，它具有吸收强、频带宽及成本低等特点，同时，与石膏复合而成的板材还可能具有隔声的效果。其中六角晶系磁铅石铁氧体在吸波材料中应用比较广泛，效果突出。但它存在密度大、单位厚度吸收低等缺点。目前铁氧体的一个研究方向就是铁氧体粉末向超细化方向发展，使其比重明显降低，并改变其电、磁、光等物理化学性能，以提高吸波能力。由于纤维的形状各向异性和退磁化极化效应，吸波纤维的复介电常数、复磁导率也具有各向异性，这一独特的性质非常有利于吸波。

1）石墨单组分系统吸波性能的研究

根据石墨本身特性，经多次试验，确定石墨不同掺量下纸面石膏板的配比见表 6-5。

表 6-5　石墨不同掺量下纸面石膏板的配比

样品编号	石膏（g）	石墨（g）	缓凝剂	水（g）	水固比
S1	450	50	0.2%	350	0.7
S2	425	75	0.2%	400	0.8
S3	400	100	0.2%	450	0.9
S4	375	125	0.2%	550	1.1
S5	350	150	0.2%	600	1.2

利用 HP-8720B 网络分析仪采用弓形反射法进行吸波性能的测试。板材吸波性能如图 6-11 所示。

根据实验结果，石墨掺量为 25% 时，吸波带宽最宽为 6.057GHz，增大或减小石墨掺量，吸波宽度都有比较窄。所以实验室研究防电磁辐射的板材，石墨掺量选择为 25%，后期研究对石墨料浆进行改性。

2）石墨改性实验

石墨有很多优点，但应用在石膏板中有很多需要解决的问题。

首先，石墨作为一种质轻的层片状的疏水材料，应用在胶凝材料会漂浮在料浆表面，不宜混合。同时石墨在体系中大量吸水，会导致水的用量大幅提高，成型后在石膏板的内部留下许多孔洞，导致体系强度大幅降低。

其次，石膏与石墨在体系中共存，并不发生反应，所以两种材料之间会产生界面效应，进一步降低体系的力学性能。

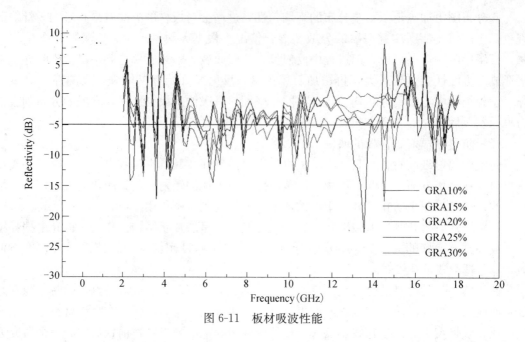

图 6-11　板材吸波性能

为了改善石膏、石墨的结合，减少体系水的用量，本实验采用 AES（脂肪醇聚氧乙烯醚硫酸钠）、聚羧酸减水剂、钛酸酯偶联剂以及硅烷偶联剂四种表面活性剂改性石墨-石膏体系。希望通过减少水的用量、改善石墨与石膏的结合，最终提高体系的力学性能。

① 硅烷偶联剂处理石墨

硅烷偶联剂改性无机材料的质量分数为 0%～1.5%，石墨含量占固体材料的 25%，其标稠的水固比为 1.1，对料浆各项性能进行检测。

流动性：随着硅烷偶联剂增加石墨-石膏体系流动性增加，当硅烷偶联剂质量分数达到 1.5% 时，体系的流动性最佳，这是由于偶联剂改善了石墨粉体与水的结合。但加入偶联剂后体系水化时产生少量较大气泡。

② 钛酸酯偶联剂处理石墨

钛酸酯是一种常用的表面活性剂，用钛酸酯改性石墨-石膏体系，其质量分数为 0%～2%。结果显示：随着钛酸酯偶联剂掺量的增加石墨-石膏体系流动性增加，但增加得并不明显。实验过程中浆体中还漂浮着没有溶于水的钛酸酯偶联剂粉末，这说明钛酸酯偶联剂与体系的结合性并不好。

③ AES（乙氧基化烷基硫酸钠）处理石墨

AES 质量分数为 0%～3%，其他条件不变，结果显示：随着硅烷偶联剂增加石墨-石膏体系流动性先增加后减少，当 AES 质量分数达到 2% 时，体系的流动性最佳。随着 AES 质量进一步增加，体系流动性不再增加，说明 AES 在体系中趋于饱和，不再增加石墨与体系的相容性。同时，加入 AES 体系会产生大量的较大气泡。

④ 聚羧酸减水剂处理石墨

聚羧酸减水剂所带的极性阴离子活性基团如—SO_3—、—COO—等通过离子键、共价键、氢键及范德华力等相互作用紧紧地吸附在强极性的颗粒表面，从而使颗粒带电，根据同性电荷相斥原理，阻止了相邻水泥颗粒的相互接近，增大了体系颗粒与水的接触面积，从而达到减水的效果。用聚羧酸减水剂质量分数为 0%～3%。结果为：随着聚羧酸减水剂增加石墨-石膏体系流动性增加，当聚羧酸减水剂质量分数达到 2.5％时，体系的流动性最佳。当进一步加入聚羧酸减水剂至 3％时，体系流动性不再增加，静置 5min 后，浆体外围溢出多余的黄色聚羧酸液体，说明此时聚羧酸减水剂已经趋于饱和。当加入聚羧酸偶联剂时，体系只产生少量较细的气泡。

经过上述流动性测试后，选取各组实验中流动性最好的配料比例进行力学性能测试，在此之前已进行标稠需水量测试。力学性能的测定按照《建筑石膏》（GB/T 9776—2008）标准执行，将相应配比的石膏与吸波剂按照一定的工艺搅拌后制成 40mm×40mm×160mm 的试件，在 60℃下干燥至绝干，之后进行抗压、抗折强度测试。

从测试结果来看，加入钛酸酯偶联剂后体系与原始体系力学性能变化不大；表面活性剂选择硅烷偶联剂与 AES 则可明显改善体系的力学性能，其中 AES 的效果略好于硅烷偶联剂；而加入聚羧酸减水剂后体系的力学性能更加优于加入表面活性剂。这可能是由于加入硅烷偶联剂或 AES 后体系出现较大气泡，引起胶凝后材料内部出现空洞，影响其力学性能，加入聚羧酸偶联剂的体系气泡较小，而且较少，故胶凝后体系强度较高。

　3）铁氧体单组分吸波性能的研究

采用同轴法利用矢量分析仪测定铁氧体的电磁参数。图 6-12 到图 6-15 分别是 2～18GHz 时铁氧体的复介电常数 εr、介电损耗角正切 $\tan\delta_e$、复磁导率 μr 和磁损耗角正切 $\tan\delta m$ 随频率变化曲线。

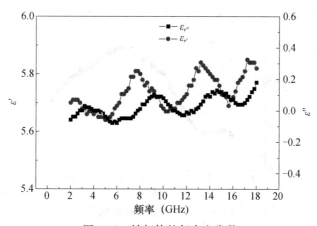

图 6-12　铁氧体的复介电常数

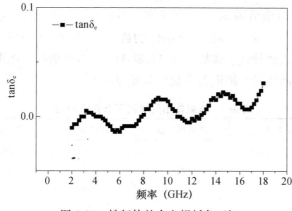

图 6-13　铁氧体的介电损耗角正切

由图 6-12 和图 6-13 可以看出：铁氧体的 ε' 的数值范围在 5.64 到 5.85 之间，ε'' 的数值几乎为 0，ε'' 随频率的变化趋势与 ε' 随频率的变化趋势相似，均出现两个波峰和三个波谷，且两条曲线出现波峰及波谷的位置相近。$\tan\delta_e$ 的数值范围几乎为 0，实验中所用铁氧体基本不具备介电损耗的能力。

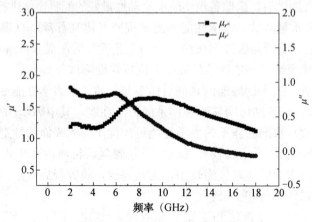

图 6-14　铁氧体的复磁导率常数

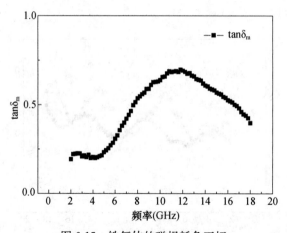

图 6-15　铁氧体的磁损耗角正切

由图 6-14 和图 6-15 中可见：铁氧体的 μ' 整体上随着频率的增加而下降，数值范围在 $0.7\sim1.6$ 附近；μ'' 的数值范围在 0.29 到 0.77 之间；$\tan\delta_m$ 的数值在 0.19 到 0.69 之间，随频率增大呈现先增大后减小的趋势。$\tan\delta_m$ 的数值在 11.8GHz 附近取得最大值 0.6911，这表明，在石膏中掺入此种铁氧体后，在 11.8GHz 频率时很有可能出现吸收峰。经多次试验，确定铁氧体不同掺量下纸面石膏板的配比见表 6-6。

表 6-6　铁氧体不同掺量下石膏板的配比

样品编号	石膏（g）	铁氧体（g）	缓凝剂	水（g）	水固比
F1	450	50	0.2%	300	0.6
F2	425	75	0.2%	300	0.6
F3	400	100	0.2%	300	0.6
F4	375	125	0.2%	300	0.6

板材吸波性能如图 6-16 所示：

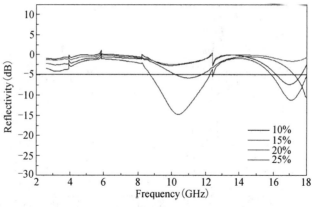

图 6-16　掺入铁氧体板材的吸波性能

铁氧体属于磁滞损耗吸波方式，当入射电磁波达到铁氧体的谐振频率时，铁氧体内部的磁畴产生共振，大量将电磁波衰减成热能。随着铁氧体逐步掺入，体系的磁导率有所增加，吸波性能随铁氧体掺入量的增加，很可能会出现短暂的阻抗不匹配的现象，导致掺入 15% 铁氧体的试样较掺入 10% 铁氧体的试样吸波性能下降。继续掺入铁氧体后，铁氧体的磁滞损耗增强，体系的吸波性能增加。根据试验结果，铁氧体掺量为 25% 时，吸波带宽最宽为 5.586GHz。

4）铁氧体石墨复合石膏板的研究

制备铁氧体、石墨、石膏的三元复合材料，在 2～18GHz 频率范围内，研究试样的吸波性能以及力学性能。对于三元系统，由于石墨在 8～18GHz 具有较为良好的吸波性能，而铁氧体在 2～10GHz 有较强的吸收峰，将两种吸波剂混合，希望能够得到具有比单独掺入铁氧体或者石墨更加优良吸波性能的复合材料。

① 将石墨掺入选择石墨单组分试验进行对比。配料及结果见表 6-7。

表 6-7　复合石膏板的配料比

实验编号	石墨（质量分数）	铁氧体（质量分数）	石膏（质量分数）	水固比	缓凝剂（质量分数）	减水剂
H1	10%	0%	90%	0.7	0.2%	0%
H2	30%	20%	50%	0.9	0.2%	2.5%
H3	25%	5%	70%	0.85	0.2%	2.5%
H4	15%	15%	70%	0.8	0.2%	2%
H5	10%	10%	90%	0.4	0.2%	0%
H6	5%	25%	70%	0.5	0.2%	0%

图 6-17 为铁氧体石墨石膏体系反射率与频率关系曲线，从图中可以看出，复合体系的吸收峰所在频率比较分散，其中 H1、H5、H6 的吸收峰较为明显。从图中可以看出，复合体系中 H5 的吸波带宽最大，为 7.1311GHz，该试样在 3.89GHz 频率有最大的吸收峰-18.467dB；与其余试样相比 H3、H7 的吸波性能不佳。

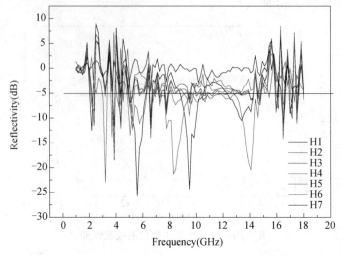

图 6-17　铁氧体石墨石膏体系反射率与频率关系曲线

6.2.4　石膏填充蜂窝结构吸波材料的性能研究

随着建筑空间电磁环境的恶化日趋严重，建筑用吸波材料的需求不断提高。目前对建筑吸波材料的研究，主要是通过填充一定比例的碳系吸波剂、铁系吸波剂以及新型吸波剂等来使建筑材料获得吸波性能。但是仅仅以添加吸波剂制备的吸波材料通常伴随着吸收效率低、频宽窄等问题。结构型吸波材料具有承载和吸波双重功能，通过合理的结构设计制备出的结构型吸波材料，包括层板结构、蜂窝结构、角锥结构等，可以解决填充吸波剂型吸波材料存在的频宽窄、吸收强度小等缺陷，拓宽吸收频宽，提高吸波效率。

石膏是三大胶凝材料之一，也是一种低能耗的胶凝材料，石膏制品也因其具有环保、轻质、高强、隔热、阻燃、保温等特性而受到广泛关注。近年来，研究人员对石膏基体吸波材料进行了一些研究，通过在石膏基体中添加一定量的吸波剂来制备具有吸波性能的石膏基材料，此类材料在 2～18GHz 范围内具有一定的吸波效果，但不是十分理想。目前石膏基体吸波材料的研究存在吸波性能差、吸收频宽窄的问题。课题组成员从材料内部结构研究入手，开发了石膏填充蜂窝结构吸波材料制备的吸波功能石膏板，获得具有宽频吸收特性的石膏基体吸波材料，并对吸波机理进行了简要的探讨。

1) 蜂窝结构吸波材料的吸波原理

吸波材料具有好的吸波性能需要满足两个条件：一是具有与自由空间阻抗的良好匹配，使入射电磁波尽可能多的进入吸波材料内部；二是具有良好的损耗性能，使进入吸波材料内部的电磁波尽可能多的被衰减。对于电损耗型材料作为吸波剂的蜂窝结构材料，其等效介电常数是影响阻抗匹配性能的主要因素。蜂窝结构孔格单元如图 6-18 所示，根据图 6-18 可知，蜂窝壁吸波剂涂层的占空比为

$$g = 1 - T^2 / P^2 \tag{6-29}$$

式中　T——蜂窝孔格内壁之间的距离；

　　　P——蜂窝孔格外壁之间的距离。

在蜂窝孔格单元中填充石膏，则石膏的占空比为 $1-g$。根据文献可知计算蜂窝结构等效电磁参数的计算公式：

$$\sum_{i=1}^{n} \frac{g_i (g_{ix} - \varepsilon_x)}{\varepsilon_{ix} + \varepsilon_x} = 0 \tag{6-30}$$

$$\varepsilon_z = \sum_{i=1}^{n} g_i \varepsilon_{ix} \tag{6-31}$$

$$\sum_{i=1}^{n} \frac{g_i (g_{iy} - \varepsilon_y)}{\varepsilon_{iy} + \varepsilon_y} = 0 \tag{6-32}$$

式中　ε_x、ε_y、ε_z——蜂窝结构在 x、y、z 方向上的等效介电常数；

　　　g——不同介质的占空比。

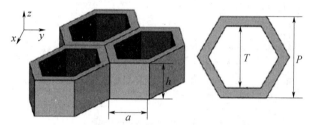

图 6-18　蜂窝孔格结构示意图

由于吸波剂为电损耗型材料，且填充材料石膏也不具有电磁损耗性能，只需研究等效介电常数即可。由于纸蜂窝蜂窝骨架厚度很薄，因此近似将蜂窝骨架和吸波剂涂层的总厚度当做吸波剂涂层厚度处理。令涂层介电常数为 ε_a，填充材料介电常数为 ε_b，根据图 6-18，把填充材料石膏的介电常数近似为 5 进行计算，将 ε_a、ε_b 代入式（6-30）～（6-32）中可以求出，平行于蜂窝结构 z 轴的介电常数 ε_p 和垂直于 z 轴的介电常数 ε_r：

$$\varepsilon_p = 5g + (1-g)\varepsilon_a \tag{6-33}$$

$$\varepsilon_r = \frac{1}{2}\left[(1-2g)(5-\varepsilon_a) + \sqrt{(1-2g)^2 (5-\varepsilon_a)^2 + 20\varepsilon_a} \right] \tag{6-34}$$

蜂窝结构吸波材料对电磁波的损耗主要来自 3 个方面：（1）蜂窝壁涂层中的电磁波吸收剂对电磁波的损耗；（2）电磁波在蜂窝内壁间发生多次反射产生损耗；（3）上下表面反射的电磁波发生干涉相消，损耗一部分电磁波。根据以上分析，蜂窝结构的孔格边长、高度、蜂窝壁吸波涂层的损耗性能等都会影响吸波性能。

2）原材料微观结构及电磁性能的研究

1. 石膏性能的研究

石膏以三种相态存在于自然界中，包括二水石膏（$CaSO_4 \cdot 2H_2O$）、半水石膏（$CaSO_4 \cdot 1/2H_2O$）以及无水石膏（$CaSO_4$）。石膏材料可以在三种相态之间转化，半水石膏水化形成二水石膏，二水石膏经加热又可转化成为半水石膏或无水石膏。而半水石膏由于制备方法的差别还可以分为 α-半水石膏和 β-半水石膏，前者被称为高强石膏，后者被称为建筑石膏。本试验选用建筑用 β-半水石膏为基体材料，其质量符合我国的《建筑石膏》标准（GB/T 9776—2008）的要求，各项性能指标见表 6-8 所示。

表 6-8　半水石膏的基本性能

性能指标	初凝时间（min）	终凝时间（min）	3d 抗折强度（MPa）	3d 抗压强度（MPa）	28d 抗折强度（MPa）	28d 抗压强度（MPa）
数值	6	30	4.2	8.9	7.1	18.8

图 6-19 为 β-半水石膏水化前后的 XRD 图谱。XRD 测试分析采用磨细的复合材料粉末，铜靶，扫描速率为 $10°/\text{min}$，扫描范围为 $10°\sim80°$。图 6-19（a）表示水化前石膏的 XRD 图谱，图中的衍射峰主要为 $CaSO_4 \cdot 1/2H_2O$ 的特征衍射峰，因此水化前石膏的主要成分为 $CaSO_4 \cdot 1/2H_2O$。图 6-19（b）表示水化后石膏的 XRD 图谱，图中的衍射峰主要为 $CaSO_4 \cdot 2H_2O$ 的特征衍射峰，因此水化后石膏的主要成分为 $CaSO_4 \cdot 2H_2O$。

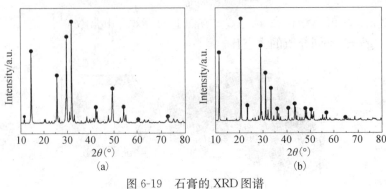

图 6-19　石膏的 XRD 图谱

（a）水化前；（b）水化后

图 6-20 为石膏水化前后的 SEM 照片。扫描电镜测试条件为 20kV 低真空模式，分辨率为 3.5nm。从图中可以发现，水化前 β-半水石膏微观结构呈细小的蠕虫状颗粒晶体，结晶很细；β-半水石膏水化后形成二水石膏晶体微观结构呈长径比较大的短柱状或针状晶体，且交错无序排列。

图 6-20　石膏的 SEM 照片

（a）水化前；（b）水化后

石膏的电磁参数测试结果如图 6-21 所示。根据图 6-21 可以看出，石膏的介电常数实部不随频率变化而变化，在 $2\sim18\text{GHz}$ 频率范围内在 5.3 左右，虚部为 0。而磁导率的实部为 1，虚部为 0。由于石膏中存在主要成分为 $CaSO_4$，不具有电磁损耗特性，因此其复介电常数的复磁导率的虚部值为零，是一种不具备损耗电磁波的能力的材料。

2. 乙炔炭黑的性能研究

课题组选用的吸波剂为乙炔炭黑，该吸波剂是通过乙炔放热裂解制取的，相比于其他炭黑，乙炔炭黑具有小比重、高结构性、大比表面积、高导电性等特性，其部分理化参数见表 6-9。乙炔炭黑是一种电阻损耗介质，主要通过电阻损耗来吸收和衰减电磁波。同时乙炔炭黑的结构特征对其导电性以及电磁性能具有较大影响。

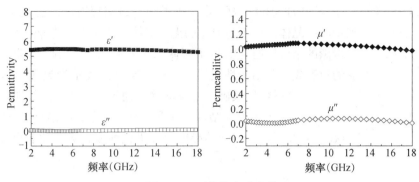

图 6-21　石膏的电磁参数

（a）介电常数；（b）磁导率

表 6-9　乙炔炭黑的部分理化参数

参数	指标
电阻率（Ω·cm）	2.0
烧失量（%）	≤0.3
灰分（%）	≤0.2
吸碘值（g/kg）	≥280
*DBP 吸附值（mL/100g）	≥260
颗粒直径（nm）	30—50

*DBP——Dibutyl Phthalate 邻苯二甲酸二丁酯

乙炔炭黑的微观形貌图如图 6-22 所示。由图 6-22 可见，乙炔炭黑颗粒呈规则的球形，颗粒直径为 30nm～50nm。由于颗粒粒径较小，分散时容易形成团聚，呈链状或葡萄状聚集态结构。与传统粒子相比，纳米级颗粒由于颗粒的尺寸小而具有大的比表面积，从而使颗粒表面原子比例增加，悬挂键增多，更易导致界面极化效应以及散射和多次反射的发生，这也是纳米粒子对电磁波的一种重要损耗机制。同时纳米级材料的量子尺寸效应使电子能级发生分裂，电子能级的分裂间隔刚好处在微波能量范围，因此而产生微波吸收通道。

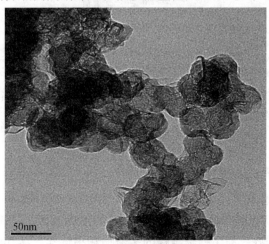

50nm

图 6-22　乙炔炭黑的微观形貌图

图 6-23 表示的是乙炔炭黑的 XRD 衍射图谱。根据图 6-23 可以看出，乙炔炭黑主要是非晶态的碳，它既不是典型的结晶体，也不是典型的无定形体。乙炔炭黑特殊的结构特征，使其具有较高的结构性。炭黑的结构性通常用 DBP 吸附值来表示，DBP 值越大则结构性越高，DBP 值大于 1.25mL/g 的炭黑成为高结构性炭黑。结构性越高，表示炭黑颗粒呈现链状或葡萄状的结构越发达，更易形成不容易被破坏的空间网络通道。由表 6-9 可知，乙炔炭黑的 DBP 值大于 2mL/g，因此乙炔炭黑为高结构性炭黑，作为吸波剂添加到基体材料中形成的链状或葡萄状结构数目较大，具有更强的导电性和极化性能，吸波性能更好。

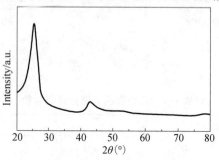

图 6-23　乙炔炭黑的 XRD 图谱

乙炔炭黑的电磁参数测试结果如图 6-24 所示。由图 6-24（a）可以看出，乙炔炭黑是一种具有较大介电常数的电损耗型吸波剂，复介电常数的实部在 38～180 之间，虚部在 40～130 之间，介电损耗角正切值随频率的增加而增加，其值在 0.67～1.08 之间，随频率的增加，乙炔炭黑对电磁波的损耗性能增强。由图 6-24（b）可见，乙炔炭黑的复磁导率实部为基本 1，虚部基本为零，说明乙炔炭黑基本不具有磁性。炭黑对电磁波的损耗主要依靠电阻损耗，损耗机理如下：（1）导电的炭黑粒子相当于偶极子，做阻尼振动来衰减电磁波；（2）炭黑粒子对电磁波的多重散射效应损耗电磁波；（3）炭黑粒子之间的漏电效应，对电磁波造成损耗。

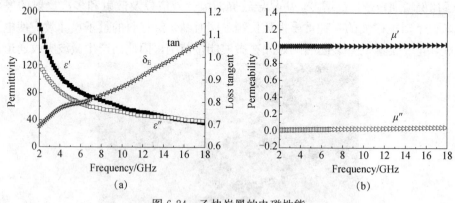

图 6-24　乙炔炭黑的电磁性能
（a）复介电常数与电损耗；（b）复磁导率

3. 蜂窝结构的性能

如图 6-25 所示为仿真的一蜂窝结构吸波材料的反射系数，从图中可以看出，该结构的反射系数有多个谐振峰。利用蜂窝结构的多谐振频率特性，在其内部再设计新的结构单元，使其吸波效能以谐振频率为出发点向两边延拓，将使得新结构的吸波材料有更宽的工作频段。基于这一思想，提出了内嵌蜂窝结构吸波材料的设计思路，通过改变材料内部结构，即内嵌蜂窝结构，使原来结构致密的石膏板具有更好的吸波效能和更宽的工作频段。

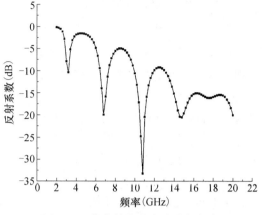

图 6-25　蜂窝结构的多个谐振频率

3）吸波功能石膏板的吸波性能研究

1. 普通结构吸波石膏板的电磁性能

根据原材料电磁参数，计算了炭黑含量分别为 1％、2％、3％的炭黑/石膏基复合材料的电磁参数，结果如图 6-26 所示。图 6-26（a）、（b）、（c）分别表示炭黑/石膏复合材料的复介电常数实部、复介电常数虚部以及电损耗角正切值。

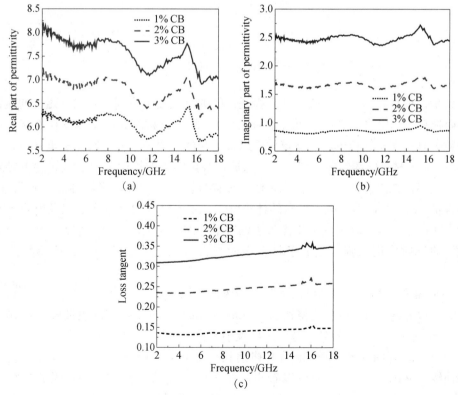

图 6-26　普通结构吸波石膏板的电磁参数

（a）介电常数实部；（b）介电常数虚部；（c）电损耗正切

由图 6-26 可以看出，炭黑的加入增大了石膏材料的复介电常数值，随炭黑/石膏复合材料中炭黑含量的增加，复合材料的复介电常数实部、复介电常数虚部以及介电损耗角正切均增大。炭黑含量每增加 1%，复介电常数的实部值增大 1 左右，复介电常数虚部值增大 0.8 左右，介电损耗角正切值增大 0.1 左右。由于炭黑的复介电常数较大，根据 $\ln\varepsilon_{eff} = \sum_{i=1}^{n}(p_i\ln\varepsilon_i)$（式中 P_i 为第 i 组分的体积分数），炭黑与石膏的复合会增大石膏材料的介电常数，并随炭黑含量增大而增大。这与介电常数的计算结果一致。

2. 普通结构吸波石膏板的吸波性能

炭黑含量为 0～4% 的炭黑/石膏复合材料试样在 2～18GHz 频率范围内的吸波性能测试结果如图 6-27 所示。由图中反射率曲线可以看出，炭黑的加入使石膏材料具备了明显的吸波性能，随炭黑含量的增加，吸波性能先增强后降低。炭黑含量为 1% 的 C1 试样的反射率曲线吸收峰比较明显，但是吸收频宽窄。炭黑含量为 2% 时，整体吸波性能最好，小于 −5dB 的吸收频宽达到 17GHz 左右。继续增加炭黑含量至 3% 时，C3 试样的吸波性能相比于 C2 试样，呈现出吸波性能降低的趋势。

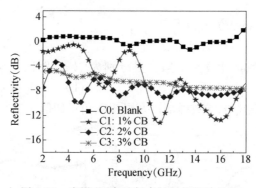

图 6-27　炭黑/石膏基复合材料的吸波性能

炭黑是一种具有高介电常数以及强损耗性能的电磁波吸收剂，其对电磁波的损耗主要依靠电阻损耗。当复合材料中炭黑含量为 1% 时，复合材料的介电常数损耗性能较低，因为炭黑粒子只依靠相邻粒子间的隧道效应以及自身的阻尼振动来衰减少量电磁波；当炭黑含量为 2% 时，材料内部的导电网络基本形成，炭黑粒子的极化散射效应、漏电导效应以及隧道效应等损耗机制共同发挥作用，使其损耗性能明显增强，吸波性能达到最佳水平；当炭黑含量为 3% 时，根据电磁参数的计算可知，复合材料的介电常数以及电损耗正切值都比较大，但是随复合材料内部炭黑粒子的数量增加，使其体电导率增大，导致复合材料对电磁波的反射作用增强，造成了材料表面与自由空间的阻抗失配，从而降低了吸波性能。

3. 石膏填充单层蜂窝结构吸波石膏板的吸波性能

以石膏填充 6mm、8mm 孔格边长，5mm、7mm、9mm 高度的吸波蜂窝结构，制备了 1#～6# 试样，在 2～18GHz 范围内的反射率曲线如图 6-28 所示。

图 6-28（a）表示石膏填充 6mm 孔格边长，不同高度吸波蜂窝结构吸波材料试样的反射率曲线。从图 6-28（a）中可以看出，在 1#、2# 和 3# 试样中，吸波蜂窝高度为 7mm 的 2# 试样的吸波性能最好，在 2～18GHz 范围内反射率小于 −5dB，小于 −10dB 有效带宽大 10.4GHz。1# 试样在 2～18GHz 频段内吸波性能微弱，3# 试样在 2～18GHz

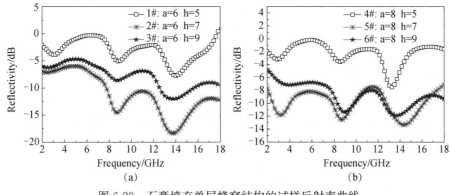

图 6-28　石膏填充单层蜂窝结构的试样反射率曲线

(a)：1#～3#；(b) 4#～6#

范围内的反射率值在－4～－12dB 之间，小于－10dB 的有效频宽仅为 2GHz 左右。图 6-28（b）为石膏填充 8mm 孔格边长，不同高度吸波蜂窝吸波材料试样的反射率对比曲线。通过对比图中三条曲线发现，5#试样的吸波性能优于 4#和 6#试样。5#试样在 2～18GHz 频率范围内吸波性能在－7dB 以下，小于－10dB 的吸收频宽为 6.5GHz 左右，而 4#试样的平均反射率值仅为－2dB 左右，6#试样反射率小于－10dB 的吸收频宽仅为 3.5GHz。

分析蜂窝结构孔格大小和高度对吸波性能的影响机理可以从阻抗匹配和损耗特性两个方面进行综合考虑。蜂窝结构的孔格边长和高度的变化都可以引起石膏填充吸波蜂窝结构吸波材料的等效介电常数的变化，进而影响材料的阻抗匹配；同时蜂窝结构的孔格边长和高度的变化也会影响电磁波在蜂窝结构内壁间的多次反射作用的强弱，进而影响材料的损耗性能，而阻抗匹配和损耗特性综合作用改善吸波性能。当蜂窝高度较低（5mm）时，吸波材料的等效介电常数较低，与空气的阻抗匹配较好，但是电磁波在材料内部发生的多次反射机会也降低，综合作用中多次反射的影响占主要地位，导致 1#和 4#试样吸波性能较差。当吸波蜂窝结构的高度较大（9mm）时，则是阻抗匹配对吸波性能的影响作用占主导地位，由于等效介电常数的增大，导致吸波材料与空气介质的阻抗产生失配，降低了电磁波的入射率，导致 3#和 6#试样吸波性能下降。当高度蜂窝结构为 7mm 时，阻抗匹配特性较好、损耗较强，在两者的综合作用下，使 2#和 5#试样的吸波性能优于其他试样。

通过比较图 6-28 中的各个反射率曲线可以发现，在 2～8GHz 频率范围内，蜂窝孔格较大试样的吸波性能较好，而在 8～18GHz 频率范围，蜂窝孔格较小试样的吸波性能较好。造成这一现象的原因是：吸波蜂窝结构孔格边长较大时，有利于较长波长的电磁波在孔格内发生多次反射而被损耗，因此对波长较大的低频电磁波损耗能力较强；对于波长较短的电磁波，在较小的蜂窝孔格中可以发生更多次数的多次反射，导致蜂窝孔格较小的试样对高频电磁波的损耗较强。

根据以上分析，蜂窝结构的孔格边长大小会影响材料对不同频率电磁波的吸收性能，而蜂窝结构的高度对材料整体的吸波性能影响较大，过大或者过小的蜂窝高度都不利于对电磁波的吸收。

4. 普通结构吸波石膏板与填充单层蜂窝结构吸波石膏板的吸波性能对比

掺加相同比例的炭黑制备普通结构吸波石膏板与填充单层蜂窝结构石膏板，厚度均为 10mm，对比两者的吸波性能，如图 6-29 所示。

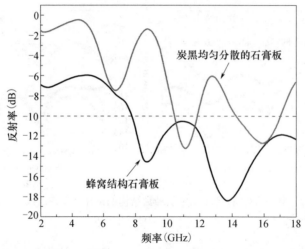

图 6-29　普通吸波石膏板与单层蜂窝结构吸波石膏板的吸波性能

从图 6-29 中反射率曲线可以看出，炭黑含量相同情况下，在 2～10.5GHz 以及 12～18GHz 范围内，填充蜂窝结构的石膏板吸波性能明显优于普通结构石膏板的吸波性能。填充蜂窝结构吸波石膏板在 2～18GHz 频率范围内反射率值均低于－5dB，在 7.6～18GHz 内反射率达到低于－10dB 的水平，最小反射率值达到－18.5dB；而普通结构的石膏板在 2～5GHz 频段基本不能实现对电磁波的吸收，小于－10dB 的吸波频宽仅仅为 4.5GHz。通过对石膏板进行蜂窝结构的设计，可以明显改善吸波性能，实现在较宽频段内对电磁波的有效吸收。

对于普通结构的吸波石膏板，炭黑均匀分散在石膏基体中相互接触，容易形成大面积的发达导电网络，有可能造成石膏板与自由空间的阻抗失配，影响电磁波的入射量；此外，炭黑均匀分散的石膏板中，电磁波的损耗路径单一，仅仅依靠炭黑自身的电阻损耗以及上下表面反射波之间的相互干涉来损耗电磁波，只在炭黑自身损耗电磁波的特定频段以及干涉相消发生的特定频率实现较强吸收，难以实现在宽频范围内的有效吸收。

填充蜂窝结构的石膏板，石膏填充在蜂窝结构的孔格空隙中，炭黑均匀地分散在蜂窝的内外壁上形成导电层。当电磁波进入到石膏板内部后，会在具有导电性的蜂窝孔壁之间发生多次反射，同时蜂窝孔壁上的炭黑还会以自身的电阻损耗特性来对电磁波进行吸收衰减，未被吸收的电磁波会在石膏板的上表面与表面反射波发生干涉相消。由此可见，经过蜂窝结构设计的石膏板中电磁波的损耗路径较多，因此在较宽的频率范围内都可以对电磁波实现有效吸收。

5. 填充双层蜂窝结构吸波材料的吸波性能

匹配层和吸收层组成的双层结构吸波材料相比于单层结构具有更好的吸波性能。因此，课题组分别以不同规格的吸波蜂窝结构组合成具有匹配层和吸收层的双层结构，再以石膏填充双层吸波蜂窝结构制备了 7♯、8♯和 9♯试样，并测试了 2～18GHz 频率范围的吸波性能，结果如图 6-30 所示。

图 6-30（a）比较了匹配层吸波蜂窝结构孔格大小不同的 7♯和 8♯试样的吸波性能，从图中可以看出，匹配层蜂窝孔格边长为 6mm，高度为 7mm 的 7♯试样，反射率最大值为－7.7dB，最小值为－11.8dB，反射率曲线比较平缓。而匹配层蜂窝孔格边长为 8mm、

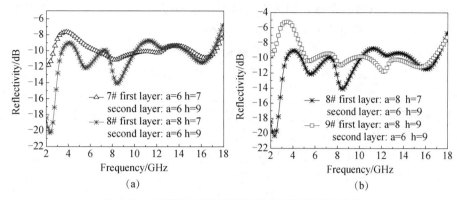

图 6-30　石膏填充双层蜂窝结构的试样反射率曲线

高度为 7mm 的 8＃试样的吸波性能则要优于 7＃试样。8＃试样的反射率曲线存在多个吸收峰，2.2GHz 附近的吸收峰值低于－20dB，在 2～18GHz 频率范围内反射率小于－10dB 的吸收频宽达 11GHz。7＃试样与 8＃试样吸波性能存在差异的原因主要是：相比于 8＃试样，7＃试样的匹配层蜂窝结构孔格较小，增大了匹配层蜂窝结构的等效介电常数，影响了材料与空气介质的阻抗匹配，进入 7＃试样内部的电磁波数少于进入 8＃试样的电磁波数，因此 7＃试样的吸波性能低于 8＃试样。

图 6-30（b）表示匹配层蜂窝结构高度分别为 7mm 和 9mm 的 8＃和 9＃试样的吸波性能比较曲线。9＃试样的吸收峰很小，并且相比于 8＃试样，9＃试样的吸波性能较差。9＃试样匹配层蜂窝结构高度较大，导致等效介电常数增大，影响材料的阻抗匹配性能；同时由于电磁波在蜂窝结构高度较大的匹配层中发生多次反射较多，降低了进入吸收层以及反射回表面的电磁波数，降低了发生干涉相消的电磁波数，因此 9＃试样吸波性能较差且不具有明显的吸收峰。根据以上分析，在制备的石膏填充双层吸波蜂窝结构试样中，8＃试样的吸波性能要明显优于其他两个试样。

6.3　电磁辐射防护结构

吸波材料按照其工艺和承载力可分为结构型和涂层型吸波材料两大类。涂层型吸波材料使用方便、工艺简单、易于调节；而结构型吸波材料具有承载和减小电磁波反射两种功能，既能作为承载结构件，具备复合材料轻质高强的特点，又能吸收和透过电磁波。

6.3.1　电磁辐射防护结构原理

结构型吸波材料主要是依靠相消原理来吸收电磁波的。相位相消型吸波材料是按照电磁波的干涉原理来设计的，四分之一波长吸波原理是很有效的，若波长较长，则材料也会较厚，很厚的吸波材料在绝大多数场合很难应用，且价格也不能接受。所以根据波的折射、反射原理，发现波的折射和反射系数跟空气和入射材料介质的性质有很大关系。假定空气的介电常数和磁导率为 1，则可得到下式：

$$\lambda_1 = \frac{\lambda_0}{\epsilon_1 \mu_1} \tag{6-28}$$

这就是电磁波在介质中实际传播波长。若控制材料的介电常数和磁导率，使其乘积值大于 1，就可以减少材料的厚度，制成实际可以应用的吸波材料。由此，真正的吸波材料技术就转变成了控制材料介电常数和磁导率的技术。

电磁波的干涉原理也应用在结构吸波材料的设计中，如：在几层夹芯结构吸波材料（由复合面板、夹芯和衰减片组成）中，控制衰减片（起主要的吸波作用）的阻抗和衰减片之间的距离，使各次反射波相位相反，就可以产生相消干涉，从而衰减反射波的能量。

对于任何材料的可应用性还应包括材料的物理和机械性能，吸波材料也不例外。对于这种有效性，人们的常用办法是在不同基体材料中添加有效粒子成份来制造吸波材料，因而吸波材料制造技术的分析实际上是在分析填充粒子的种类、密度同使用电磁波频段的关系，辅以结构性和基材的分析，以及在窄频和宽频应用时考虑吸收能效的综合的实验型技术。

6.3.2 电磁辐射防护结构的研究现状

为了提高结构型吸波材料的吸波性能，常常会设计一些特殊的结构来增加对电磁波的吸收，如：层板型结构、夹芯结构、频率选择表面结构、电路模拟结构以及铁氧体栅格结构和复合角锥结构等复杂的结构形式。

1. 层板型吸波结构

结构型吸波材料具有承载和吸收电磁波的双重功能，通常是将吸收剂分散在层状结构材料中，而且可以通过调节各层的厚度及电磁参数使材料阻抗匹配或复合不同的吸波剂并改变其配比以达到高吸收的目的。

（1）单层吸波平板结构设计

为了增加材料的吸波性能，最常见的是在平板的底部覆上一层强反射的金属板，然后通过吸波剂的加量来调节材料整体的电磁参数，使之与空间的阻抗匹配。还可以采用类似于 SALISBURY 屏的结构，即平板的厚度设为目标波长的 1/4 大小（图 6-3），这种结构不仅能有效消减进入材料内部的电磁波，而且入射的电磁波和经材料底部金属板反射的电磁波由于相差半个波长而引起干涉相消，形成波段较窄的吸收尖峰。

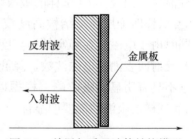

图 6-3 单层匀质吸波体结构模型

（2）多层层板结构设计

层板结构吸波体这种吸波结构由多层具有不同电磁参数和不同厚度的平板构成，有的多达十几层材料。为了减小电磁波在界面的反射和提高平板材料的吸波性能，这种结构一般由三个不同结构层次构成。透波层：使电磁波能够尽量射入材料平板而减小反射；吸收层：是吸收电磁波的主要部分，一般是填充吸波粒子，形成均匀或非均匀的吸波机构衰减电磁波；反射层：一般由导电性强的金属板或填充足量的导电粉末组成，其作用是反射到材料底部的电磁波，使其在材料中二次衰减或/和入射波形成干涉来衰减电磁波。

与这种结构类似的还有一种梯度结构，通过添加不同的吸波剂种类和含量，沿吸收体的厚度方向改变有效阻抗以获得最小反射，层板型的吸波性能由整个平板材料的复合阻抗、每层材料的电磁参数、各层及材料的整体厚度等因素共同决定。

2. 夹芯型吸波结构

为了进一步增加吸波体的吸波性能，还可以在层板结构的基础上加以改进，比如把吸波层设计成夹层，用透波性好的介质材料将吸波材料分成多个夹层，然后在夹层中填充吸波材料，构成多个小的吸波区域。如图 6-4 所示。

此结构是将透波层和吸波层设计成夹层结构，在夹层结构中再填充吸波材料。吸波材料可制成呈絮状、泡沫状、球状或纤维状，如果用空心微珠经过表面处理作为吸波剂效果更佳。此处详细介绍波纹板夹芯结构和蜂窝夹芯结构（单层）。

波纹板（图 6-5）为两个斜面相交的结构形式，有利于多次吸收。夹芯中填充含有石墨的发泡聚苯乙烯，发泡聚苯乙烯比重小、重量轻，同时可以增加结构的刚度。将石墨按一定比例混合在发泡聚苯乙烯中，可以改变发泡聚苯乙烯的电特性，使发泡聚苯乙烯和石墨的混合物具有电磁损耗特性。

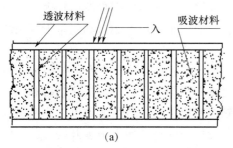
(a)

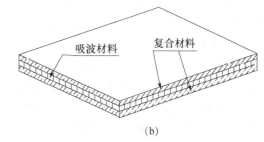
(b)

图 6-4　夹层吸波结构

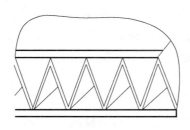

图 6-5　波纹板结构

蜂窝夹芯结构（图 6-6）为正六边形蜂窝芯材，具有最优强度/重量比、刚度/重量比和可设计性，可较全面地满足结构部件轻、强、刚的要求。夹芯中填充物与波纹板类似，从而具有吸波效果。

据报道，美国 B-1B 战略轰炸机所采用的夹芯结构型复合吸波材料竟占整个结构材料的 30％；美国的 A-12 飞机的机身边缘、机翼前缘和升降副翼等均采用了蜂窝夹芯结构复合材料；F-22 的翼面前缘、副翼、襟翼、安定面、机身边条、进气道均采用了形式各异的雷达吸波结构复合材料。

图 6-6　蜂窝夹芯结构

英国 PLESSEY 公司和美国杜邦公司都开发 NOMEX 蜂窝结构吸波材料，PLESSEY 公司研制的 K-RAM 是一种新型的可承受高应力的宽频结构型雷达吸收材料，其主要性能特点是力学强度高。该材料由含损耗填料的芳纶组成，并衬有碳纤维反射层，可在 2～40GHz 内响应 2～3 个频段。日本东丽工业公司和美国赫格里斯公司正在联合开发下一代隐身飞机 APC-2/NOMEX 蜂窝结构材料。两公司还准备用东丽的 T800/3900 碳纤维和经韧化的环氧或经韧化的双马来酰亚胺制造蜂窝结构型吸波复合材料。

3. 电路模拟吸波结构

电路模拟吸波结构材料是由在吸波材料中放置周期性金属条、栅或片构成的薄片（电路屏）制成。周期性金属条、栅或片由于其对特定的频带有小的反射系数，而在此频带外反射很大，即能反射一个或多个频率，而对其他频率是透明的。栅格单元的有效电阻由材料类型、栅格尺寸、间距、几何形状等决定，通过优化设计不同厚度的隔离层来获得优越的吸波效果。在现有的吸波复合材料中键入一层或者多层电路屏，能够在相同的厚度下，展宽频带，或在相同频带宽度和相同吸波性能下降低厚度。电路模拟吸波结构因为具有滤波作用在电磁领域具有广泛的应用前景，特别是可以应用于飞行器隐身和卫星天线系统。

4. 频率选择表面结构

频率选择表面（Frequency Selective Surface，FSS）是由大量无源单元按照某种特定的分布方式周期排列而成的分层准平面结构，它对具有不同工作频率、极化状态和入射角度的电磁波具有频率选择特性。按照对电磁波的频率响应不同，FSS 大致可分为两类：一种是金属贴片型，另一种是与贴片型结构互补的孔径型，即在金属平板上开槽（缝隙）的结构。FSS 由于位相调制对电磁波的透射和反射具有良好的选择性，对于其通带内的电磁呈现全通特性，而对其阻带内的电磁波呈现全反射特性，具有良好的空间滤波器功能。为了达到精确设计的要求，以便于更好地控制电磁波反射和传输的频带，FSS 除了通过设计选用复杂的单元图形外，还使用多屏表面，双层频率选择表面相对于单层在电磁散射特性上有较大的改善，而且双层之间的介质夹层对夹心 FSS 结构的中心谐振频率、传输带宽和传输损耗等都具有很重要的影响作用。

频率选择表面结构的应用广泛且形式多样，其范围已经涉及了大部分的电磁波谱，有些产品已经应用于手机的电磁辐射防护甚至已应用到太赫兹（THz）技术中的准光系统、雷达罩、导弹和电磁屏蔽中。将 FSS 与雷达罩结合可以有效地缩减雷达自身的 RCS，从而起到雷达隐身的作用，同时也屏蔽掉了工作频段以外的有害电磁波而提高了抗干扰能力，目前美军的 F-22 战机已经应用这种隐身技术。频率选择表面结构还可以克服由于距离遥远，电磁波传输损耗较大的难题，FSS 可以让同一部反射面天线实现多馈源、多频段同时工作，进而有效提高飞行器上天线额利用率，对卫星通信具有重要的意义，如 1997年发射的 CASSINI 号土星探测器就利用了这一技术。

5. 角锥结构

角锥吸波材料是微波暗室中应用最广的一类吸波材料，吸波体是把具有一定尺寸和屏蔽性能要求的电磁屏蔽室变为微波暗室的关键。屏蔽壳体隔绝了内外电磁波，而吸波材料则用于吸收来自微波暗室内部的电磁波，使得该入射电磁波不在反射回到暗室中。

20 世纪 60 年代，锥形吸波体成为当时常见的吸波材料，为了良好的吸收效果，通常锥的高度至少为最低频率波长的四分之一。这些吸波材料都是依靠碳对电场能量的吸收而工作的，因此，属于电损耗型吸波体。为了在低频时也具有较好的吸波效果，日本在 20世纪 60 年代末开发了铁氧体瓦。铁氧体瓦非常薄，其阻抗和空气的波阻抗比较接近，磁导率又比较大，对磁场具有较好的吸收效果（属于磁损耗型吸波体），但铁氧体瓦在1GHz 以后的吸波性能变差，因此近年来把角锥和铁氧体瓦相结合，构成了"铁氧体瓦＋角锥"的复合吸波体。但随着科技的发展，又出现了新型的吸波材料，如中空锥体、壳状吸波体、无纺布吸波材料和薄磁层吸波材料等。

如图 6-7（a）所示的角锥结构吸波材料是微波暗室中应用最广的一类吸波材料，特殊的几何形状有利于电磁波在锥体之间的多次反射，因此其吸波性能比平板类材料大大提高。角锥材料的吸波性能与角锥的高度、顶角的角度、入射波的入射角度以及材料的电磁参数等因素存在复杂的配比关系。合理的角锥尺寸，适当的电磁参数对提高材料对入射电磁波的反射率至关重要。同时，角锥可以与其他结构复合使用，如图 6-7（b）所示，通过调整角锥材料的炭含量及角锥和铁氧体的尺寸大小，可以设计整个复合吸波结构的吸波性能。当电磁波的频率变高以后，吸波体的角锥结构开始起作用。为了保证具有良好的吸收效果，角锥的高度不能小于底座边长，或者角锥顶部交角不能大于 60℃；实用中，角锥尖部的夹角通常都会小于 25°。

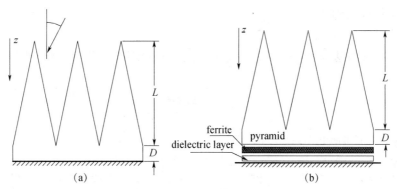

图 6-7　角锥吸波体示意图
（a）角锥吸波体示意图；（b）三层复合角锥结构

由角锥的结构，可以研发多种其他新型吸波材料，如铁氧体锥、钝口聚氨酯角锥，空心、空壳聚氨酯角锥，混合吸波体等。铁氧体锥的反射率比平面铁氧体瓦的效果要好，而且频率越高，锥形结构带来的效果越好。把聚氨酯角锥制作成钝口，牺牲高频性能来换取低频性能，因为聚氨酯角锥的低频反射率非常差，而高频反射率非常好，只要稍微改进聚氨酯角锥的低频性能就可以显著改进安装了聚氨酯角锥的微波暗室的性能。空心聚氨酯角锥重量轻，且长时间应用角锥不会弯曲变形，还可进一步优化，制成空壳状角锥，将大小两个壳状锥体嵌套即可构成双层壳状角锥，也可以达到重量轻、不变形的特点。将铁氧体瓦与聚氨酯角锥结合起来，构成复合型吸波体，其反射性能在 30～1000MHz 的整个频段范围内都很好，即复合吸波体的性能最好，然而，其价格也最高。

6. 铁氧体栅格结构

铁氧体栅格结构是一种以铁氧体瓦为基体的二维结构，它的复合结构中具有一个附加参数。通过合理调整铁氧体栅格结构吸波体的厚度、铁氧体的参数和填充因子，可以使设计的吸波体有更宽的频段和更好的吸波性能，同时可以在某一固定频率实现材料表面零反射。

这种栅格结构在 600MHz 以下频段内吸收性能较好，但当频率超过 1000MHz 时，其吸收性能会随着频率的增加而逐渐下降，通过在其底面附加一层介电常数为 2.0 的层压介质板，可以明显改善这种情况。美国 20 世纪 70 年代的第二代隐形飞机 F-117 在进气道口安装了栅格屏，对进气道和发动机进行了隐身。

6.3.3　电磁辐射防护结构研究的发展趋势

随着航空电子技术的迅猛发展，对材料的吸波性能要求越来越高，结构吸波材料作为一种多功能复合材料，经过合理的结构型式设计，可以满足越来越高的吸波要求。但是反隐身技术的迅速发展对吸波材料提出了更高的要求。例如，要求吸波材料具备宽频带特性，即用同一种材料对抗多波段电磁波的探测。实用的吸波材料在应用时应满足工作频带内的规定吸波性能与工作环境下的高使用性能。所以由同一种材料满足宽频带吸收特性，应用时兼顾各种技术指标，是结构吸波材料研究及其结构型式设计的研究方向。总结起来要把握下面三个方向：

(1) 复合材料面板和芯材的研制及其介电性能的设计匹配；

(2) 介电梯度结构的设计；

(3) 结构性能质量比的综合设计；

(4) 优化设计方法与结构型式设计紧密结合，综合考虑，优化组合与匹配。

参考文献

[1] 增立志. 吸波材料抑制电磁干扰研究：[D]. 西安：西安电子科技大学，2007.

[2] 郭硕鸿. 电动力学 [M]. 北京：高等教育出版社. 1997，137-141.

[3] 赵灵智，胡社军，等. 吸波材料的吸波原理及其研究进展 [J]. 现代防御技术，2007，2 (35)：1.

[4] 冯林，陆丛笑. 新型宽频带吸波涂层研究 [J]. 电子科学学刊，1992，14 (6)：618-23.

[5] F. Terracher, G. Berginc. Thin electromagnetic absorber using frequency selective surfaces [J]. Antennas and Propagation Society International Symposium, IEEE, 2000, vol. 2：846-869.

[6] G. T. Ruck, D. E. Barrick, W. D. Stuart, et al. Radar Cross Section Handbook [J]. Plenum Press, New York. 1970, vol. 2：616-622.

[7] 廖章奇，聂彦，王鲜等. 频率选择表面谐振特性在吸波材料中的应用 [J]. 电子元件与材料，2010 (6)：44-47.

[8] 戈鲁，赫兹若格鲁著，周克定. 等译. 电磁场与电磁波 [M]. 北京：机械工业出版社. 264-265.

[9] 葛副鼎，朱静，陈利民. 吸收剂颗粒形状对吸波材料性能的影响 [J]. 宇航材料工艺，1996 (5)：42-49.

[10] 闫春娟. 多层纳米吸波涂层的阻抗匹配及优化设计. [D]：南京：南京理工大学. 2007.

[11] 王桂芹，陈晓东，段玉平，刘顺华. 炭黑粒子表面改性及其电磁特性研究 [J]. 材料科学与工程学报，2006，12 (24)：6.

[12] S. A. Maksimenko, V. N. Rodionova, et al. Lambin Attenuation of electromagnetic waves in onion-like carbon composites [J]. Diamond and Related Materials. 2007，16 (4~7)：1231-1235.

[13] Kyung-Sub Lee, Yeo-Chun Yun, Sang-Woo Kim, et al. Microwave absorption of λ/4 wave absorbers using high permeability magnetic composites in quasimicrowave frequency band [J]. Journal of applied physics. 103：504-508.

[14] 王晓红，刘俊能. 碳纤维复介材料的微波反射特性研究 [J]. 功能材料，1999，30 (4)：387-388.

[15] 何燕飞，龚荣洲，何华辉. 角锥型吸波材料应用新探 [J]. 华中科技大学学报（自然科学版），2004，32 (11)：56.

[16] Naiqin Zhao, Tianchun Zou, et al. Microwave absorbing properties of activated carbon-fiberfelt screens (vertical-ar-ranged carbon fibers) /epoxy resin composites [J]. Materials Science and Engi-

neering B，2006，127（2～3）：207-211.

[17] 程海峰，陈朝辉，李永清. 碳化硅短切纤维电磁特性改性研究 [J]. 宇航材料工艺.1998，(2)：55.

[18] Hongtao Zhang，Jinsong Zhang，Hongyan Zhang Electromagnetic properties of silicon carbide foams and their composites with silicon dioxide as matrix in X-band [J]. Applied Science and Manufacturing，2007，38（2）：602-608.

[19] 王桂芹，陈晓东，等. 钛酸钡陶瓷材料的制备及电磁性能研究 [J]. 无机材料学报，2007，3（22）：2.

[20] 赵振声，张秀成，冯则坤，等，六角晶系铁氧体吸收剂磁损耗机理研究 [J]. 功能材料，1995，26（5）：401-404.

[21] Nedkow I，Petrov A. Microwave absorption in SC-and CoTi substituted Ba hexferrite powders [J]. IEEE Transactions on Magnetics，1990，26（5）：1483-1488.

[22] 午丽娟，沈国柱等. 掺杂铁氧体和 SiC 纤维水泥基复合材料的吸波性能 [J]. 硅酸盐学报，2007，35（7）：904-908.

[23] 汪忠柱，李民权，娄明连. 安徽大学学报（自然科学版）[J]，2002，26（4）：51-55.

[24] Rastislav Dosoudil，Jaroslav Franek，et al. RF electromagnetic wave absorbing properties of ferrite polymer composite materials [J]. Journal of Magnetism and Magnetic Materials. 2006，(304)：755-757.

[25] Baoshan Zhang，Gang Lu，et al. Electromagnetic and microwave absorption properties of Alnico powder composites [J]. Journal of Magnetism and Magnetic Materials. 2006，(299)：205-210.

[26] Qiu J X，Shen H G，Gu M Y. Microwave absorption of nanosized barium ferrite particles prepared using high-energy ball milling [J]. Powder Technology，2005，154（2～3）：116-119.

[27] QIU J X，GU M Y. Magnetic nanocomposite thin films of $BaFe_{12}O_{19}$ and TiO_2 prepared by sol-gel method [J]. Applied Surface Science，2005，252（4）：888-892.

[28] Ki-Yeon Park，Sang-Eui Lee，Chun-Gon Kim，et al. Fabrication and electromagnetic characteristics ofelectromagnetic wave absorbing sandwich structures [J]. Composites Science and Technology，2006，(66)：576－584.

[29] Fu Xuli，D. D. L. Chung. Submicron carbon filament cement-matrix composites for electromagnetic interference shielding [J]. Cement and Concrete Research，1996，26（10）：1467-1472.

[30] Wen Sihai，D. D. L. Chung. Electromagnetic interference shielding reaching 70 dB in steel fiber cement [J]. Cement and Concrete Research，2004，34（2）：329～332.

[31] Jingyao Cao，D. D. L. Chung. Colloidal graphite as an admixture in cement and as a coating on cement for electromagnetic interference shielding [J]. cement and concrete research，2003，33（12）：1737-1740.

第7章 建筑室内电磁辐射防护技术的应用

近十年来，移动通信可以说是在疯狂地发展，目前在大中型城市，几乎每隔150m到200m就会有一个通信发射塔。同时随着城市的快速扩张，原先远离人群的广播电视发射塔，现已成为城市中心地带。加上高压电力线和变电站也在逐步向居民区延伸靠近，电磁辐射已经对人们的身体健康构成了严重威胁，如何构建一个健康的居住环境已成为当今世界面临的重大课题。

7.1 河南某中波广播电磁辐射防护技术应用

中、短波天线和调频广播、电视塔是通过向空中发射电磁波来传输有用信号，同时对周围环境产生电磁辐射。虽然广播电视发射台数量不多，但发射功率很大，对其周围的电磁环境会产生一定的影响。

7.1.1 电磁辐射防护技术应用方案设计

室内电磁辐射防护技术应用主要包括以下步骤：吸波材料、复合吸波材料基体、复合吸波材料的制备、复合吸波材料制备工艺确定、复合吸波材料的性能检测、复合吸波材料示范应用（图7-1）。吸波材料可以初步通过检测材料的介电参数和电磁参数选择，通过与基体材料制备成的复合材料进行吸波性能检测后，若不合格，则重新选择吸波材料或对

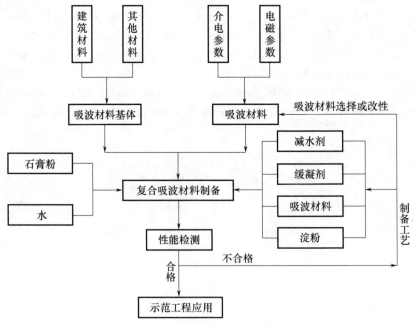

图 7-1　电磁辐射技术应用方案流程图

材料进行一定的改性。吸波材料基体主要是针对室内使用的建筑材料及其他材料进行选择。最后，确定复合材料的制备工艺。

7.1.2　电磁辐射防护示范工程选材

1. 复合吸波材料基体的选择

建筑室内可以作为复合吸波材料基体的主要分为 3 类：（1）外墙：承重墙的砖块或混凝土，外墙及保温材料，承重墙上的砂浆或腻子；（2）内墙：内墙板及其表面施工用的腻子，矿棉板等吊顶材料；（3）窗户玻璃或窗帘，各种材质的家具和地板等。

第一类材料目前主要用于制作电磁波反射屏蔽材料，阻止电磁波进入室内；第三类材料，作为传统的装饰材料，其引入吸波材料后，势必会在增加生产成本的同时，其作为人们生活的消耗品，相对来说容易受到损坏，从而破坏复合吸波材料的性能；第二类材料，目前装修用的常用材料主要是纸面石膏板和矿棉板，这两种板材是废物循环利用产业，在生成工艺环节上很容易实现与吸波材料的结合，从而不会大幅增加生产设备成本及工艺流程改动；其次作为人们生活广泛使用的装修材料，占室内的面积也相对比较好，能很好地增大有效吸波面积。

因此，纸面石膏板和矿棉板是室内复合吸波材料基体的较佳的选择对象。

2. 吸波材料的选择

石膏板和矿棉板作为建筑室内常用的装修建材，其室内特性决定了防辐射材料最好选用电磁波吸收材料。吸波材料按研究时期分为传统和新型两种，作为成本低廉的建材，使用新型的吸波材料，必然会增加其生产成本，不利于吸波建材的推广，因此最好选择传统的吸波材料。传统吸波材料主要有：铁氧体、钛酸钡、金属微粉、石墨、碳化硅、导电纤维等。其中铁氧体是一种磁介质型损耗材料，吸波性能比较好，目前对这种吸波材料的研究较多；石墨是一种电阻型损耗材料，主要是将电磁能转化为热能。这两种材料都具有电磁吸收频段相对较窄的缺点，本防护技术是通过石膏基体与这两种吸波材料进行复合，来制备吸收频段宽的室内吸波板材。

从板材的成型方面，本防护技术将分别制备涂覆型矿棉吸波板材和结构型石膏吸波板材。矿棉板作为常用的吊顶材料，在其表面喷涂一层复合吸波剂，能很好地利用材料与空间的结合，起到吸波的作用；结构型石膏吸波板材是将吸波材料均匀分散在石膏浆体中，制备成具有承载和吸波的双重功能，既能减轻结构质量，又能提高有效载荷的内墙板材。

7.1.3　电磁辐射防护工程建设

1. 中波传播特性分析

中波广播的频率范围是 531～1602kHz（相应的波长为 565～186.3m）。发射天线绝大多数采用拉线塔，高度为 0.25～0.5 波长，辐射垂直极化波。发射塔分为单塔形式、双塔形式、四塔形式和八塔形式等。单塔形式其水平面辐射是全向的，双塔形式为弱定向，四塔和八塔形式为强定向。

中波又称为百米波，由于波长较长，在传播过程中绕射能力较强。当遇到建筑物或山体时，电磁波沿障碍物表面上升，从其顶部掠过继续向前传播。在绕射过程中将消耗电磁波的能量，在建筑物顶层或高层将形成较高场强。但电磁波随着距离的增加，场强随之减弱，距离发射塔较远的高层建筑物顶层场强较距离较近的高层建筑物顶层场强要小的多。

2．电磁辐射源概况

示范工程附近的辐射源为广播电台某发射台，具有三套中波发射设备：第一套100kW，塔高230m；第二套100kW，塔高147m；第三套200kW，塔高110m（双塔，发射角285°）。中波沿地表传播，由于波长较长，有一定绕射能力，可绕射山体和地面建筑（一定高度）。发射塔近场有较强场强，随着距离增加而逐渐衰减。

课题组在辐射源附近的某村完成了建筑室内电磁辐射污染防护示范工程建设，工程地址距广播发射台主塔西约200m的位置。工程内容主要为六户居民建筑的室内外电磁辐射防护，示范工程与辐射源的位置如图7-2所示。

图7-2　发射天线与监测建筑物卫星图

示范工程建设主要包括四个方面：房屋外墙防护工程、房屋内墙防护工程、房屋门窗建设工程、房屋吊顶建设工程。经检测，防护工程对电磁辐射污染治理具有良好效果，电磁辐射强度降低70%以上。

3．施工工艺

外墙防护砂浆施工工艺流程

（1）基层处理：将墙面上残存的砂浆、污垢、灰尘等清理干净。

（2）阴阳角找方，设铁筋、分格缝：

①同一墙面上的檐口线、窗台线、腰线等水平线条以及垂直线条都必须拉通长线，墙面灰饼也应一次拉通线，必须保证线角的平直和墙面垂直。

②所有阴阳角、门窗口抹灰都应先按标准冲筋，使自身的方正顺直得到保证，然后以边口和阴阳角为准控制墙面平整度。

③冲筋设置距离为1～1.5m。

④分格缝按要求进行设置。

（3）铺设铜网，并进行锚固。

（4）分层赶平、修整、压光：

①外墙采用1∶3水泥混合浆料打底。

② 防辐射砂浆应统一配料，施工中严格控制砂浆配合比、和易性和粘结强度。

③ 面层应待底层五、六成干时进行，抹平后，初凝前（无明水）用海绵刷子垂直向下轻拉一遍，使面层毛面细腻、平滑、颜色一致、刷纹一致。

④ 砂浆找平层施工完 24h 后，宜用喷雾器对墙面喷淋，保持墙面湿润 7d 以上。

纸面石膏板施工工艺流程

（1）放线：根据设计施工图，在已做好的地面或地枕带上，放出隔墙位置线、门窗洞口边框线，并放好顶龙骨位置边线。

（2）安装门洞口框：放线后按设计，先将隔墙的门洞口框安装完毕。

（3）安装沿顶龙骨和沿地龙骨：按已放好的隔墙位置线，按线安装顶龙骨和地龙骨，用射钉固定于主体上，其射钉钉距为 600mm。

（4）竖龙骨分档：根据隔墙放线门洞口位置，在安装顶地龙骨后，按罩面板的规格 900mm 或 1200mm 板宽，分档规格尺寸为 450mm，不足模数的分档应避开门洞框边第一块罩面板位置，使破边石膏罩面板不在靠洞框处。

（5）安装龙骨：按分档位置安装竖龙骨，竖龙骨上下两端插入沿顶龙骨及沿地龙骨，调整垂直及定位准确后，用抽芯铆钉固定；靠墙、柱边龙骨用射钉或木螺丝与墙、柱固定，钉距为 1000mm。

（6）安装横向卡挡龙骨：根据设计要求，隔墙高度大于 3m 时应加横向卡挡龙骨，采用抽芯铆钉或螺栓固定。

（7）安装石膏罩面板。

1）检查龙骨安装质量、门洞口框是否符合设计及构造要求，龙骨间距是否符合石膏板宽度的模数。

2）安装一侧的纸面石膏板，从门口处开始，无门洞口的墙体由墙的一端开始，石膏板一般用自攻螺钉固定，板边钉距为 200mm，板中间距为 300mm，螺钉距石膏板边缘的距离不得小于 10mm，也不得大于 16mm，自攻螺钉固定时，纸面石膏板必须与龙骨紧靠。

3）安装墙体内电管、电盒和电箱设备。

4）安装墙体内防火、隔声、防潮填充材料，与另一侧纸面石膏板同时进行安装填入。

5）安装墙体另一侧纸面石膏板：安装方法同第一侧纸面石膏板，其接缝应与第一侧面板错开。

6）安装双层纸面石膏板：第二层板的固定方法与第一层相同，但第三层板的接缝应与第一层错开，不能与第一层的接缝落在同一龙骨上。

（8）接缝做法：纸面石膏板接缝做法有三种形式，即平缝、凹缝和压条缝。可按以下程序处理：

1）刮嵌缝腻子：刮嵌缝腻子前先将接缝内浮土清除干净，用小刮刀把腻子嵌入板缝，与板面填实刮平。

2）粘贴拉结带：待嵌缝腻子凝固原形即行粘贴拉结材料，先在接缝上薄刮一层稠度较稀的胶状腻子，厚度为 1mm，宽度为拉结带宽，随即粘贴拉结带，用中刮刀从上而下一个方向刮平压实，赶出胶腻子与拉结带之间的气泡。

3）刮中层腻子：拉结带粘贴后，立即在上面再刮一层比拉结带宽 80mm 左右厚度约 1mm 的中层腻子，使拉结带埋入这层腻子中。

4）找平腻子：用大刮刀将腻子填满楔形槽与板抹平。

（9）墙面装饰、纸面石膏板墙面，根据设计要求，可做各种饰面。

矿棉板吊顶施工工艺流程

（1）弹线：根据标高水平线，用尺竖向量至顶棚设计标高，沿墙四周弹顶棚标高水平线，并沿顶棚的标高水平线，在墙面划好龙骨分档位置线。

（2）吊杆安装：先在吊杆的一端配装好吊杆螺母，再根据弹好的顶棚标高水平线及龙骨位置线，确定吊杆下的端头的标高，按主龙骨位置及吊挂间距，将吊杆的另一端与楼板连接固定。吊杆距主龙骨端部不得超过300mm，否则应增加吊杆。吊顶灯具、风口及检修口等应设附加吊杆。

（3）主龙骨的安装：在主龙骨上预先装好吊挂件，将组装吊挂件的主龙骨，按分档线位置使吊挂件穿入相应的吊杆螺母，拧好螺母。主龙骨之间采用连接件连接，拉线调整起拱高度。主龙骨平行房间长向安装，起拱高度为房间短跨的1/200～1/300，主龙骨的悬臂端不应大于300mm，否则应增设吊杆，主龙骨的接长应采用对接，相邻龙骨的接头要相互错开。

（4）次龙骨安装：按已弹好的次龙骨分档线，卡放次龙骨吊挂件，按设计规定的次龙骨间距，将次龙骨通过吊挂件吊挂在主龙骨上，设计无要求时，一般间距为500～600mm。

（5）面板安装：顶棚面板按设计选用，将面板直接搁于龙骨上。安装时应注意板背的箭头方向和白线方向一致，以保证花样图案的整体性。

门窗防护技术施工工艺流程

（1）在结构面中将门、窗框的安装位置线放出，根据洞口位置线检查结构预留洞口是否有偏位、洞口大小不符现象，发现问题，及时处理。

（2）安装时，先将门、窗框按线就位，用木楔上下左右固定好，检查及校正窗框的位置、垂直度。混凝土墙采用射钉枪将窗框连接板穿透与结构混凝土连接牢固，砌体墙采用内置式膨胀螺栓与窗框内侧穿孔固定。

（3）吸波材料安装，对门上吸波材料进行压面，窗上的材料进行固定。

（4）窗框与结构固定完毕后，将定位木楔撤除，对窗框与结构之间的缝隙，用专用膨胀发泡胶封严。

7.1.4 电磁辐射防护效果分析

1. 工程建设前测试结果

建设前示范工程的情况如图7-3所示。根据示范工程周围环境的实际情况和本次监测的目的，测试前后共布设监测点位57个，点位位置如图7-4所示。于2014年10月18日

图7-3 示范工程建设前

晚上 19：00～20：30，对示范工程的环境电磁辐射情况进行了监测，结果见表 7-1，表中 MAX 表示最大值，RMS 表示有效均值。

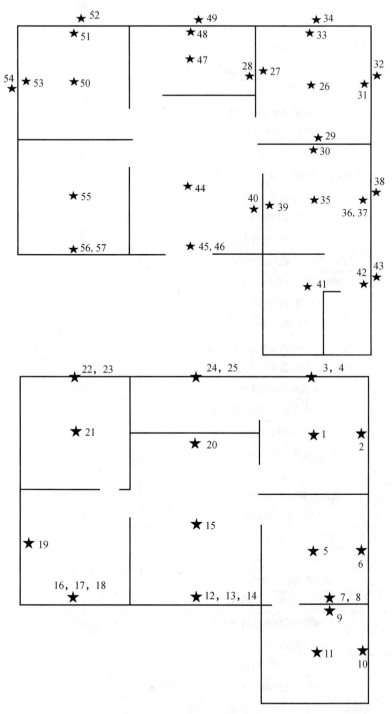

图 7-4　示范工程电磁辐射环境监测布点示意图

表 7-1   554 台电磁防护示范工程环境电磁辐射监测结果

序号	测量点位	2014 年 10 月 18 日监测数据 （V/m）	
		MAX	RMS
1	二层东北角房间中间	80.62	78.74
2	二层东北角房间东边墙体表面	81.96	79.53
3	二层东北角房间北边窗户内侧表面（塑窗）	78.51	77.82
4	二层东北角房间北边窗户外 50cm	82.75	81.84
5	二层东南角房间中间	100.21	99.32
6	二层东南角房间东边墙体表面	81.64	79.38
7	二层东南角房间北边窗户中间（玻璃）	67.86	62.11
8	二层东南角房间北边窗户下边缘（铝合金）	142.60	140.52
9	二层东南角房间北边窗户外 50cm	98.45	97.30
10	二层东南角阳台东边	118.18	116.84
11	二层东南角阳台中间	97.57	96.73
12	二层中间房间南边窗户中间（玻璃）	116.85	115.30
13	二层中间房间南边窗户下边缘（铝合金）	147.35	146.58
14	二层中间房间南边窗户外 50cm	92.85	91.37
15	二层中间房间中间	84.47	83.24
16	二层西南角房间南边窗户中间（玻璃）	86.32	85.41
17	二层西南角房间南边窗户下边缘（铝合金）	114.15	113.69
18	二层西南角房间南边窗户外 50cm	90.62	89.20
19	二层西南角房间西边墙体表面	88.65	87.27
20	二层中间房间北边墙体表面	85.21	84.49
21	二层西北角房间中间	86.23	85.45
22	二层西北角房间北边窗户内侧表面（塑窗）	84.67	83.12
23	二层西北角房间北边窗户外 50cm	86.13	85.54
24	二层楼梯间北窗内表面（木窗）	15.70	15.35
25	二层楼梯间北窗外 50cm（木窗）	27.49	26.80
26	一层东北角房间中间	86.35	80.15
27	一层东北角房间西边墙体表面	69.43	68.75
28	一层中厅北边房间东边墙体表面	69.16	68.44
29	一层东北角房间南边墙体表面	70.65	68.94
30	一层东南角房间北边墙体表面	68.47	67.93
31	一层东北角房间东边墙体表面	74.09	68.16
32	一层东北角房间墙外	85.58	84.61
33	一层东北角房间北边窗户内侧表面（塑窗）	84.72	83.65
34	一层东北角房间北墙外	80.26	79.73
35	一层东南角房间中间	70.64	58.02
36	一层东南角房间东边窗户内侧表面（塑窗）	141.69	140.75

续表

序号	测量点位	2014 年 10 月 18 日监测数据（V/m）	
		MAX	RMS
37	一层东南角房间东边窗户下 1m 墙体表面	65.37	62.68
38	一层东南角房间墙外	77.45	76.31
39	一层东南角房间西边墙体表面	66.43	65.82
40	一层中厅东边墙体表面	64.68	64.27
41	一层东南角厨房中间	63.40	62.58
42	一层东南角厨房东边窗户下 1m 墙体表面	48.57	32.86
43	一层东南角厨房墙外	75.92	74.35
44	一层中厅中间	60.49	58.23
45	一层中厅南边大门内表面（铁质防盗门）	16.43	15.86
46	一层中厅南边大门外 50cm（铁质防盗门）	18.24	17.79
47	一层中厅北边房间中间	77.46	76.32
48	一层中厅北边房间北边墙体表面	82.56	81.48
49	一层中厅北边房间北边墙外	80.45	79.63
50	一层西北角房间中间	77.64	75.87
51	一层西北角房间北墙内表面	79.08	78.53
52	一层西北角房间北边窗户外 50cm	80.11	79.85
53	一层西北角房间西墙内表面	75.82	73.95
54	一层西北角房间西墙外	77.53	75.46
55	一层西南角房间中间	63.14	61.93
56	一层西南角房间南边窗户中间（玻璃）	52.71	51.30
57	一层西南角房间南边窗户外 50cm（玻璃）	58.44	56.37

2. 示范工程建设后测试结果

示范工程建设完成后如图 7-5 所示。示范工程建设完成后，于 2015 年 4 月 25 日晚上 19：00～20：30，又对建设前点位的电磁辐射情况进行了检测，结果见表 7-2。

图 7-5　示范工程建设后

表 7-2　554 台电磁防护示范工程环境电磁辐射监测结果

序号	测量点位	2015 年 4 月 25 日监测数据（V/m）	
		MAX	RMS
1	二层东北角房间中间	22.45	20.38
2	二层东北角房间东边墙体表面	22.99	20.72
3	二层东北角房间北边窗户内侧表面（塑窗）	22.73	20.59
4	二层东北角房间北边窗户外 50cm	80.28	78.61
5	二层东南角房间中间	26.87	25.45
6	二层东南角房间东边墙体表面	13.54	13.07
7	二层东南角房间北边窗户中间（玻璃）	21.68	20.74
8	二层东南角房间北边窗户下边缘（铝合金）	41.55	39.87
9	二层东南角房间北边窗户外 50cm	23.56	21.93
10	二层东南角阳台东边	35.27	34.70
11	二层东南角阳台中间	22.95	22.44
12	二层中间房间南边窗户中间（玻璃）	21.86	21.23
13	二层中间房间南边窗户下边缘（铝合金）	28.44	27.39
14	二层中间房间南边窗户外 50cm	25.34	24.68
15	二层中间房间中间	21.80	20.54
16	二层西南角房间南边窗户中间（玻璃）	22.48	20.53
17	二层西南角房间南边窗户下边缘（铝合金）	22.07	21.58
18	二层西南角房间南边窗户外 50cm	89.24	86.33
19	二层西南角房间西边墙体表面	21.83	20.04
20	二层中间房间北边墙体表面	21.32	20.86
21	二层西北角房间中间	15.09	14.57
22	二层西北角房间北边窗户内侧表面（塑窗）	18.60	17.85
23	二层西北角房间北边窗户外 50cm	60.72	58.78
24	二层楼梯间北窗内表面（木窗）	14.52	13.82
25	二层楼梯间北窗外 50cm（木窗）	25.77	23.31
26	一层东北角房间中间	2.82	2.73
27	一层东北角房间西边墙体表面	3.05	2.92
28	一层中厅北边房间东边墙体表面	2.87	2.73
29	一层东北角房间南边墙体表面	3.19	3.06
30	一层东南角房间北边墙体表面	2.73	2.51
31	一层东北角房间东边墙体表面	4.42	4.34
32	一层东北角房间墙外	85.24	84.33
33	一层东北角房间北边窗户内侧表面（塑窗）	80.16	79.55
34	一层东北角房间北墙外	65.54	63.30
35	一层东南角房间中间	3.52	3.46
36	一层东南角房间东边窗户内侧表面（塑窗）	140.86	139.33

续表

序号	测量点位	2015 年 4 月 25 日监测数据（V/m）	
		MAX	RMS
37	一层东南角房间东边窗户下 1m 墙体表面	50.44	46.96
38	一层东南角房间墙外	36.26	34.60
39	一层东南角房间西边墙体表面	3.22	3.16
40	一层中厅东边墙体表面	2.90	2.75
41	一层东南角厨房中间	2.92	2.81
42	一层东南角厨房东边窗户下 1m 墙体表面	14.25	14.08
43	一层东南角厨房墙外	73.18	72.46
44	一层中厅中间	3.38	3.26
45	一层中厅南边大门内表面（铁质防盗门）	16.85	17.02
46	一层中厅南边大门外 50cm（铁质防盗门）	17.58	17.01
47	一层中厅北边房间中间	3.65	3.44
48	一层中厅北边房间北边墙体表面	20.44	18.76
49	一层中厅北边房间北边墙外	78.27	77.22
50	一层西北角房间中间	18.75	17.29
51	一层西北角房间北墙内表面	21.46	20.73
52	一层西北角房间北边窗户外 50cm	79.64	78.50
53	一层西北角房间西墙内表面	18.55	17.64
54	一层西北角房间西墙外	76.22	75.91
55	一层西南角房间中间	17.28	17.05
56	一层西南角房间南边窗户中间（玻璃）	19.85	18.12
57	一层西南角房间南边窗户外 50cm（玻璃）	18.72	18.24

3. 电磁防护效果分析

课题组委托河南辐射环境安全技术中心对辐射源进行了监测，从出具的监测报告可知，示范工程建筑物采用防护设施以后，室内环境可以满足《电磁环境控制限值》（GB8702—2014）中规定限值的要求。在 100kHz～3MHz 范围内，室内电磁辐射场强水平有了显著下降，大部分测点的电场强度值下降量大于 70%，说明该防护技术效果显著可行。

同时，在建设示范工程前，由于发射台电磁辐射的影响，该村村民家中经常出现水龙头"唱歌"、电磁炉失效、电话机播放广播节目、电视信号紊乱等现象，严重影响了村民的正常生活。本地普遍存在拉一根天线接地后就能照明的"空气灯"现象，这种强电磁辐射转化为电能的状况对村民的健康构成了极大危害。工程完成后，电磁辐射强度降幅达 70% 以上，取得了显著的防护效果，消除了人们日常生活中由于电磁辐射产生的各种干扰和不便，降低了对某村居民人体健康的危害。该工程解决了长期困扰村民的电磁辐射干扰生活、危害身体健康的问题，彻底解决了长期以来困扰人们的电磁辐射危害问题。

7.2 北京某中波广播电磁辐射防护技术应用

7.2.1 工程概况

选取广电总局 491 台的中波发射塔，其东南侧为两个短波天线塔，西南侧为两个中波天线塔，如图 7-6 所示。针对这 4 个天线塔对附近建设项目的影响及防护进行研究。图中，各位置的经纬度见表 7-3（由 google earth 获得）。

表 7-3 建设项目与天线塔的经纬度

名称	纬度	经度
短波 1 号塔	39.89500278	116.5572389
短波 2 号塔	39.89476944	116.558625
中波 1 号塔	39.89006389	116.5769111
中波 2 号塔	39.88557222	116.5770389
1 号楼	39.89921389	116.5672056
2 号楼东	39.89931389	116.5664
2 号楼西	39.89940278	116.5637611
3 号楼	39.89983889	116.5662056

将表 7-3 中各天线与建设项目位置转换为大地坐标，见表 7-4 所示。

表 7-4 建设项目与天线塔的大地坐标（坐标系：北京 54）

名称	X（m）	Y（m）
短波 1 号塔	4417486.2446	20463812.2705
短波 2 号塔	4416987.4609	20463820.8386
中波 1 号塔	4418042.7882	20462132.3738
中波 2 号塔	4418016.2934	20462250.7949
1 号楼	4418506.1922	20462987.0523
2 号楼东	4418517.6299	20462918.2141
2 号楼西	4418528.5987	20462692.5809
3 号楼	4418613.4700	20462935.5462

根据 491 台和北京京铁房地产开发公司提供的资料得知，4 个天线塔的相关参数见表 7-5。

表 7-5 491 台 4 个主要天线的相关参数

名称	天线功率（kW）	发射主向	天线高度（m）	工作频率（MHz）	天线型式	工作波长（m）
中波 1 号塔	50	全向	147	0.639，0.72	拉线式铁塔	469.5，416.7
中波 2 号塔	200	全向	184	0.72	拉线式铁塔	416.7
短波 1 号塔	120	北偏东	55.6	5.4	HR4/1/0.5	55.6
短波 2 号塔	120	北偏东	25.4	11.8	HR4/1/0.5	25.4

7.2.2　现场电磁环境现状监测

1. 拟建 1♯楼、2♯楼电磁环境现状监测结果

由于 491 台的中波发射频率为 639kHz 和 720kHz，按照表 7-5 的要求，在此频率范围内，电磁辐射限值在任意连续 6min 内的平均值小于 40V/m。短波发射频率为 5.4MHz 和 11.8MHz，在此频率范围内，电磁辐射限值在任意连续 6min 内的平均值小于 $67/\sqrt{f}$，约为 19.5～28.8V/m，取其低限 19.5V/m 作为现状场强限值。

在拟建 1♯楼附近公路处和 2♯楼空场地进行了测试，点位分布如图 7-7 所示。各点测量的电场强度见表 7-6 所示。

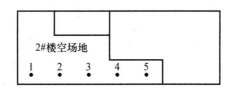

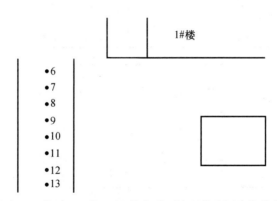

图 7-7　拟建 1♯楼、2♯楼电磁环境现状监测点位分布

表 7-6　拟建 1♯楼、2♯楼电磁环境现状监测结果

场强值（V/m）＼点	1	2	3	4	5	6	7	8	9	10	11	12	13
第 1 次测量	0.83	1.05	0.84	1.20	1.21	1.37	1.22	1.24	1.15	0.95	0.71	0.55	0.59
第 2 次测量	0.86	0.93	0.92	0.99	1.38	1.25	1.19	1.48	1.18	0.98	0.60	0.48	0.50
平均值	0.85	0.99	0.88	1.10	1.30	1.31	1.21	1.36	1.17	0.97	0.66	0.52	0.55

测量结果表明，1♯楼、2♯楼的电场强度水平较低，在 1V/m 左右，这是因为 1♯楼、2♯楼所在区域被周围建筑物遮挡的结果。

2. 拟建 3♯楼电磁环境现状监测结果

在拟建 3♯楼所在的双桥站前广场进行了测试，测试的点位分布如图 7-8 所示，各点测量的电场强度见表 7-7。

表 7-7　拟建 3♯楼所在的双桥站前广场电磁环境现状监测结果

点 场强值 （V/m）	1	2	3	4	5	6	7	8	9	10	11	12
第1次测量值	2.39	2.57	2.39	2.56	2.87	2.90	3.08	3.07	2.92	2.61	1.79	1.58
第2次测量值	2.61	2.55	2.22	2.72	2.76	2.83	3.16	3.11	2.85	2.82	1.84	1.56
平均值	2.5	2.56	2.31	2.64	2.82	2.87	3.12	3.09	2.89	2.72	1.82	1.57

点 场强值 （V/m）	13	14	15	16	17	18	19	20	21	22	23	24
第1次测量值	2.73	2.87	2.69	2.86	3.14	3.45	3.47	3.38	3.15	2.63	1.66	2.29
第2次测量值	2.86	2.91	2.78	2.38	3.18	2.92	3.50	3.43	3.57	3.62	1.74	1.89
平均值	2.80	2.89	2.74	2.62	3.16	3.19	3.49	3.41	3.36	3.13	1.7	2.09

点 场强值 （V/m）	a	b	c	d	e	f	g	h				
第1次测量值	1.31	2.71	2.78	3.60	3.74	3.30	2.96	2.19				
第2次测量值	1.25	1.98	2.73	3.33	3.43	3.34	3.07	2.34				
平均值	1.28	2.35	2.76	3.47	3.59	3.32	3.02	2.27				

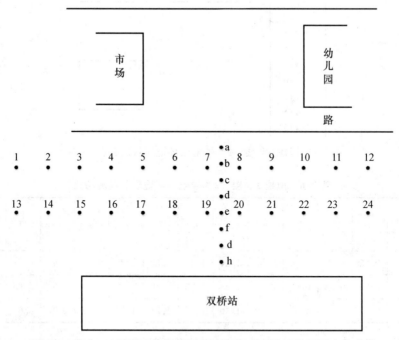

图 7-8　拟建 3♯楼所在的双桥站前广场电磁环境现状监测点位分布

测量结果表明，3♯楼的电场强度水平较高，在 3V/m 左右，这是因为 3♯楼所在区域较为空旷，周围建筑物较矮。

3. 电磁环境监测结论

（1）1♯楼、2♯楼的电场强度水平较低，在 1V/m 左右，这是因为 1♯楼、2♯楼所在区域被周围建筑物遮挡的结果。

（2）3♯楼的电场强度水平较高，在 3V/m 左右，这是因为 3♯楼所在区域较为空旷，周围建筑物较矮。

（3）总体来说，建设项目所在区域的电场强度都低于中波和短波对应频段的标准限制。

7.2.3　电磁辐射防护方案设计

进一步分析表明，建设项目所在区域的电场强度随高度增加稍有增加，且等标污染指数也稍有增加，这是因为，根据半波振子天线方向图和短波天线的方向图可知，总体上天线的方向系数随观察点的仰角增大而增大。另外，虽然不同高度情况下整个建设项目所在区域均不超标，但其值以超过标准一半，尤其是在离天线较近的区域其等标污染指数已接近 1。据美国能源部（DOE）资料介绍，生活环境中电场通常低于 1V/m，因此，长期居住在这种高场强的环境中对人体健康会有很大的影响，需要采取相应的防护措施以降低广播天线对室内的电磁辐射。

对于中波和短波电磁辐射，有两种行之有效的防护措施：一是在建筑体内增加金属网（钢筋网），利用钢筋网对中波和短波电磁辐射进行有效的屏蔽；二是采用电磁屏蔽/吸收建筑砂浆作为建筑材料，结合建筑物自身特点制定施工方案，对电磁波污染进行综合防治。

1. 金属网电磁屏蔽防护

（1）金属网屏蔽效能的估算

图 7-9 为一金属网示意图，对金属网的屏蔽效能进行估算时，取波长为 11.8MHz 的短波。

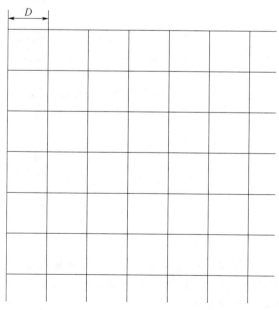

图 7-9　金属网示意图

取金属网钢管厚度 $t=5mm=0.5cm$，如果希望金属网的屏蔽效能至少要达到 10dB，则需屏蔽矩形孔径为 0.2m＝20cm，估算过程如下：

首先，金属网状结构屏蔽网的屏蔽效能按下式计算：

$$SE = A_a + R_a + B_a + K_1 + K_2 + K_3 \tag{7-1}$$

式（7-1）的各项分别计算为：

$$A_a = 27.3\frac{t}{W}(dB) = 0.0683(dB) \tag{7-2}$$

$$R_a = 20\lg\frac{|(1+K)^2|}{4|K|} \qquad (dB) \tag{7-3}$$

式中，$K = j6.69 \times 10^{-5} fW = j6.69 \times 10^{-5} \times 11.8 \times 200 = j0.1579$

由此可得：

$$R_a = 20\lg\frac{|(1+K)^2|}{4|K|} = 4.2059 \quad (dB) \tag{7-4}$$

由于 $A_a < 10dB$，多次反射修正项

$$B_a = 20\lg\left[1 - \frac{(K-1)^2}{(K+1)^2} \times 10^{-0.1A_a}\right] = -36.1418 \quad (dB) \tag{7-5}$$

由于孔眼为正方形，孔眼个数修正项为 0。

$$K_1 = -10\lg an \quad (dB) \tag{7-6}$$

由于孔眼为正方形，孔间导体宽度为 0，孔间导体宽度与趋肤深度之比为 0。

$$K_2 = -20\lg(1 + 35p^{-2.3}) \quad (dB) \tag{7-7}$$

$$K_3 = 20\lg\left(\coth\left(\frac{A_a}{8.686}\right)\right) = 42.0945 \quad (dB) \tag{7-8}$$

该矩形孔金属网的屏蔽效能为：

$$SE = A_a + R_a + B_a + K_1 + K_2 + K_3 = 10.2269 \quad (dB) \tag{7-9}$$

结论：要使金属网对频率为 11.8MHz 的电磁波的屏蔽效能达到 10dB，需要网孔不大于 0.2m。

另一方面，由表 2.3 可知，本项目涉及的中短波频率有 4 个，采用同样的方法，可计算出网孔为 0.2m、0.75m 和 1m 时对不同频率电磁波的屏蔽效能，见表 7-8。

表 7-8　不同网孔金属网对不同频率电磁波的屏蔽效能

频率 孔径（m）	0.639MHz	0.72MHz	5.4MHz	11.8MHz
0.2	35.3413	34.3048	16.8480	10.2269
0.75	23.8687	22.8345	5.9372	1.1423
1.0	21.3768	20.3445	3.8886	0.2407

表 7-8 可以看出，频率越高，相同孔径的金属网的屏蔽效能越低；孔径越小，相同频率下金属网的屏蔽效能越高。由于实际存在 4 个频率的中短波，金属网对电磁波的屏蔽是对多个波段电磁波屏蔽的综合效果。

（2）屏蔽效能测试

为更清楚了解金属网对电磁波的屏蔽，我们与建设单位一同在 491 台附近某栋 6 层居民楼楼顶实际搭建钢管，模拟建筑物内的金属网，对屏蔽前后同一位置的电场强度进行了

测试，测试仪器为 EMR-300 综合场强仪。

金属网屏蔽效能的计算公式为：

$$SE = 20\lg \frac{\sqrt{E_1^2 - E_0^2}}{\sqrt{E_2^2 - E_0^2}} = 10\lg \frac{E_1^2 - E_0^2}{E_2^2 - E_0^2} \qquad (7\text{-}10)$$

式中　E_0——背景电场强度，即非 491 台天线辐射的电场强度，为获得背景电场强度，
我们在远离 491 台的某地测试了一组数值取其平均，作为背景电场强度，
为 0.87V/m；

E_1——钢管屏蔽前的电场强度；

E_2——钢管屏蔽后的电场强度。

表 7-9 为搭建不同钢管（铁丝网）孔径时屏蔽前后的电场强度值。

表 7-9　不同孔径钢管（铁丝网）电场强度测量值

场强值（V/m）		背景值（多次测量）	平均值	屏蔽后（多次测量）	平均值
材料	规格（m×m）				
铁管网	2×3	4.25、4.33、4.32、4.18、4.41、4.68、4.80	4.24	2.90、2.83、2.87、2.92、2.87、2.84	2.87
	2×1.5	4.41、4.37、4.50、4.40、4.33、4.50、4.46、4.64、4.54、4.49、4.51	4.47	2.56、2.54、2.52、2.51、2.53、2.38	2.51
	1×1.5	4.71、4.74、4.76、4.68、4.75、4.76、4.81、4.84、4.92、4.90、4.93、4.91	4.81	2.18、2.19、2.17、2.24、2.22、2.24、2.23、2.16	2.20
	1×0.75			2.22、2.24、2.18、2.17、2.13、2.10、2.09、2.06、2.11、2.10、2.06	2.13
铁丝网	1×1.5	4.50、4.57、4.65、4.53、4.54、4.59、4.48	4.55	2.70、2.74、2.72、2.76、2.87、2.84	2.61
	1×0.75	4.59、4.62、4.54、4.48、4.53、4.55、4.74、4.68	4.59	2.59、2.54、2.66、2.68、2.67、2.65、2.63、2.66、2.60、2.61、2.68	2.63

考虑背景电场强度为 0.87V/m，利用式（4-10）可计算出不同孔径钢管（铁丝网）的屏蔽效能，见表 7-10 所示。

表 7-10　不同孔径钢管（铁丝网）的屏蔽效能

材料	规格（m×m）	屏蔽效能（dB）
铁管网	2×3	3.6
	2×1.5	4.9
	1×1.5	6.7
	1×0.75	7.7
铁丝网	1×1.5	5.2
	1×0.75	5.2

从表 7-10 的数据可以看出，随着钢管网孔径减小，其屏蔽效能明显增大，另一方面，

对比钢管网和铁丝网的屏蔽效能可以发现，在 2m×1.5m 钢管上缠绕铁丝形成铁丝网的屏蔽效能没有改善，其原因有两点：一是铁丝本身太细，没有好的屏蔽效果；另一个比较重要的原因是纵横交错的铁丝网之间并没有导通，导致并没有形成有效的铁丝网孔径。

2. 电磁波吸收防护建材

从前面的分析和讨论可以看出，要使带金属网的墙体所有频段尤其是短波频段的电磁波都有 10dB 以上的屏蔽效能，需要钢筋金属网的孔径不超过 0.2m，这对实际施工来说有一定难度和较高的成本，为此，可根据建筑物的电磁环境、污染程度和治理目标要求，进行电磁污染防治的选材和结构设计，以屏蔽或吸收电磁波功能建筑材料为主体，结合建筑物自身特点制定施工方案，对电磁波污染进行综合防治。更进一步，根据金属网能有效屏蔽低频电磁波的特点，直接用带有金属网的屏蔽或吸收电磁波功能建筑材料代替现有的墙体外建筑材料，最终实现对多个频段电磁波进行有效的屏蔽和吸收，以减小室内的电磁辐射水平。

课题组有针对性地选择了电磁屏蔽/吸收建筑砂浆，对防护效果进行了研究。这种建筑砂浆具有电磁波屏蔽与吸收功能，根据吸波剂的种类及添加量的不同形成吸波梯度层，不仅具有电磁波吸收功能，而且质轻、密度小（导热系数小），具有保温功能。可以依据吸收电磁波能力的大小和保温性能的要求，选择吸波砂浆的厚度与层数。

制备的建筑砂浆样板如图 7-10 所示。

图 7-10　电磁屏蔽/吸收建筑砂浆样板

测试主要考察建筑砂浆的屏蔽效能。基于《电磁屏蔽材料屏蔽效能测试方法》（GJB 6190—2008）的测试方法，结合实验室的测试仪器和低频段工作天线，在 250kHz～2GHz 频率范围内对水泥屏蔽板测试样品屏蔽效能进行检测。采用的天线包括：低频段环形天线（频段：1kHz～30MHz，型号：SAS-563-B）和对数周期天线（频段：25MHz～2GHz，型号：SAS-521-2）。利用这两种天线，在 250kHz～2GHz 范围内进行了测试。

考虑到实际制备的建筑砂浆样板面积太小（1m * 1m）而待测的低频电磁波波长较长，如果严格按照远场条件测试，会出现电磁波绕过样品传播的问题，这样接收天线接收到的大部分是直耦电磁波，因此，实际测试时，将天线靠近样品而测试近场屏蔽效能，如图 7-11 和图 7-12 所示。

为了避免因发射和接收天线距离过远而导致信号耦合的现象产生，在保证天线在空间损耗不大的前提下，合理放置发射和接收天线位置。选取放置建筑砂浆到发射、接收天线水平距离分别为 290cm、42cm。两个天线中心位置对准，天线离地面高度为 45cm；环形天线发射、接收天线距屏蔽板水平距离为 9.5cm，距地面垂直高度为 65.5cm。根据屏蔽效能的计算公式，测试过程包括屏蔽前和屏蔽后电磁波的测试。图 7-13 为建筑砂浆在 250kHz～30MHz 的屏蔽效能测试结果。

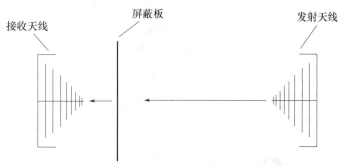

图 7-11　建筑砂浆屏蔽效能测试示意图

图 7-12　建筑砂浆屏蔽效能现场测试

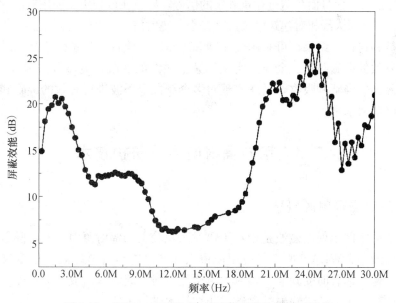

图 7-13　0kHz～30MHz 建筑砂浆屏蔽效能测试结果

图 7-14 为建筑砂浆在 25MHz～2GHz 的屏蔽效能测试结果。

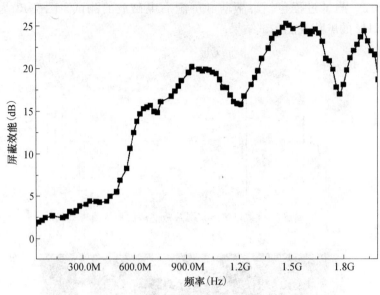

图 7-14　MHz～2GHz 建筑砂浆屏蔽效能测试结果

从图 7-13 可以看到，在 250kHz～30MHz 频段，建筑砂浆的屏蔽效能值大部分在 10～15dB。从图 7-14 可以看到，在 25MHz～2GHz 频段，建筑砂浆的屏蔽效能值大部分在 15dB以上，且随着频率的增加，建筑砂浆屏蔽效果越来越理想。通过对比两天线在交叉频段（25MHz～30MHz）的测试结果，发现在 25MHz～30MHz 频段，采用对数周期天线测量结果很差，而环形天线却很好。主要原因是制备的样品尺寸太小，且对数周期天线的两翼在低频段起作用。在测试的过程中，由于建筑砂浆尺寸相对对数周期天线两翼较小，导致在测试的过程中，低频段对数周期天线的两翼信号可以绕过建筑砂浆被接收，即天线接收到的信号大部分是直耦信号而非透过建筑砂浆的信号，导致在该频段，采用对数周期天线测试的结果偏小，而环形天线相对建筑砂浆尺寸过小，绕射信号小，因而测试的结果较好。

根据分析和讨论的结果，可采用金属网和电磁防护建材（建筑砂浆）相结合的方案对该工程实施有效的电磁防护：金属网实现低频电磁波的屏蔽，电磁屏蔽/吸收建筑砂浆则实现高频电磁波的屏蔽和吸收，最终实现对多个频段电磁波进行有效的屏蔽和吸收，以减小室内的电磁辐射水平。

7.3　定向辐射电磁波防护技术

7.3.1　定向电磁辐射源概况

这里所说的定向辐射电磁波是相对于辐射面积较大的辐射源而言的。随着信息化的加快，移动通信设备、WLAN 的大量应用使得人居环境充斥着电磁波。很多家庭为了家人的身体健康，避免休息时受到电磁辐射，希望儿童房、起居室内成为无电磁波区。针对这类需求，课题组对定向传输辐射的电磁波防护技术进行了研究。

图 7-15 为建筑物屋顶的移动基站照片，随着手机通信的普及，为了保障通信畅通，越来越多的移动基站出现在人们的周围。移动基站的电磁波传播方式是沿每一个扇区正对

的方向进行发射，覆盖一定的范围。因此正对基站扇区的方向辐射强度最高。目前普遍的观点认为移动基站的辐射强度对人体尚构不成危害（无医学实验数据支撑），但是此类观点是针对身体健康的正常人而言，当人体免疫力处于较弱的状态时，如病人、孕妇或儿童等人群，其对电磁波辐射的耐受程度要远远低于健康的成年人，因此家里有该类人群的居室内还是应该注意，尽量避免接触过多的辐射源。同样的道理也适用于居室内的 WIFI，如图 7-16 所示。

图 7-15　屋顶移动基站

图 7-16　居室 WIFI 示意图

定向辐射的电磁波对于居室的辐射一般作用于一面墙体之上，如图 7-17 所示。

防护技术基本是基于既有建筑的墙体进行防护治理。针对这种特点，课题组采用如下设计思路：

1. 对应波面进行防护处理。定向辐射源与需进行防护的室内接触面集中于墙面之上，因此只需对接触墙面及墙面上的门窗进行防护处理即可达到效果。

2. 采用电磁波吸收进行预防。电磁屏蔽会使其他空间内产生电磁波反射，形成干涉衍射，造成更大的电磁污染，因此室内电磁辐射防护应以吸收为主。

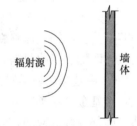

图 7-17　定向辐射电磁波
作用示意图

3. 对室内进行防护设计，需采取对既有建筑进行再次施工的方案，较为便捷的方式是采用预制板进行施工，课题组选择具有电磁吸收功能的水泥砂浆预制板对已有墙体进行防护处理。

7.3.2　定向辐射防护技术方案设计

1. 定向电磁辐射源概况

课题组结合青岛某基地内建筑物对雷达波的防护项目，对定向辐射防护技术进行研究。选择 X 波段雷达波作为辐射源，相对于移动基站与 WLAN 信号，雷达波辐射强度高，治理难度相对较大，演示效果明显。

（1）X 波段雷达波的特点

根据 IEEE 521—2002 标准，X 波段是指频率在 8～12GHz 的无线电波波段，在电磁波谱中属于微波。所谓 X 波段雷达（XBandRadar，简写为 XBR）是对火控、目标跟踪雷达的统称，其波长在 3cm 以下。XBR 有上下左右各 50°的视角，并且该雷达能够 360°旋转侦查各个方向的目标。XBR 雷达发射和接受一个很窄的波束，绝大部分的能量都集中在主波束里，每一束波都包含一系列的电磁脉冲信号。XBR 的波束将在环雷达 360°角内，但是不会引导到与地平线水平位置。

雷达波段代表的是发射的电磁波频率（波长）范围，非相控阵单雷达条件下，高频（短波长）的波段一般定位更准确，但作用范围短；低频（长波）的波段作用范围远，发现目标距离大。X 波段雷达一般作为短距离的火控雷达。XBR 平均功率 170kW，雷达面积 123m²，X 波段雷达在 150m 上的电磁辐射相当于距微波炉 5cm 的电磁辐射，或者距对讲机 10cm 距离。

随着我国军事实力的不断增强，目前很多航海舰队基地都配备了 X 波段雷达系统，在提升能力的同时，电磁波辐射也对官兵的健康造成了一定的影响。因此利用技术降低辐射污染的危害是当务之急，使用建筑材料对基地建筑物进行电磁波辐射防护，从应用效果及成本核算方面综合考虑，是目前最行之有效的一种防护措施。

（2）常用 X 波段雷达波防护材料

对雷达波进行防护最常用的是电磁波吸收材料。电磁波吸收材料要具备与自由空间的阻抗匹配特性和对电磁波的衰减特性等两个特性，通过各种损耗机制将电磁波能量转化为热能或其他形式的能量而损耗掉，从而实现对入射电磁波的有效吸收。

用于雷达波防护常用的吸波材料主要有铁氧体类吸波材料、羰基金属粉类吸波材料、金属纤维类吸波材料、导电高聚物类吸波材料以及纳米类吸波材料。

① 铁氧体类吸波材料

铁氧体类吸收剂应用最为广泛的是尖晶石型铁氧体，其吸收机理主要是自然频率共振和畴壁共振。铁氧体材料具有良好的频率特性，其介电常数较小，磁导率较大，适合作为吸波体匹配层吸收材料，在拓宽频带方面具有良好的应用前景。

② 羰基金属粉类吸波材料

羰基金属粉类吸收材料是一种传统吸波剂，在吸波材料领域应用广泛，其磁导率实部、虚部频散效应弱，温度稳定性好，对雷达波具有强烈的吸收，是应用较早的一类磁性金属粉吸收剂。

③ 金属纤维类吸波材料

金属纤维吸波材料按照元素组成主要包括铁纤维、钴纤维、镍纤维及其合金纤维等，金属纤维的特殊形状决定了其具有较高的磁导率和较小的电阻率，在交变电场作用下，纤维内自由电子因振荡运动产生振荡电流，将电磁波能量转变为热能的同时还具有较强的介电损耗。

④ 导电高聚物类吸波材料

20 世纪 70 年代后期，MacDiarmid Heeger 研发团队首次成功制备出了具有金属电导率掺杂聚乙炔的高分子材料。由于导电高分子材料都具有较好的微波吸收性能，各国科学家加大了在该领域的研发力度，各种导电聚合物如聚苯胺（Polyaniline，PANI）、聚吡咯（Polypyrrole，PPy）、聚乙炔（Polyacetylene，PA）、聚噻吩（Polythiophene，PTh）、视黄基席夫碱盐类聚合物相继问世。

⑤ 纳米类吸波材料

纳米材料具有非常大的比表面积，量子尺寸效应、界面效应明显，电磁波与其发生相互作用产生界面极化、多重散射作用以及磁滞损耗和分子分裂能级激发等物理现象，进而有效损耗电磁波能量，达到吸波效果。目前，纳米吸波材料主要包括：纳米铁氧体、纳米碳化硅、纳米氮化铁、纳米金属和合金、纳米金属膜等。

2. 防护技术设计

课题组主要对某使用雷达设施的建筑物进行防护设计，因此选用施工便捷、防护效果良好的吸波功能砂浆进行防护设计。多层吸波材料的有效组合可以改善吸波材料的磁阻抗匹配性能，拓宽吸波频率范围，提高吸波性能，具有更好的应用范围。因此，课题组选择利用不同的防护材料制成不同的防护层，可有效提高防护效果，同时还可降低材料成本。

课题组制成 5 种样板，分别标记为 1、2、3、4、5，样板尺寸为长×宽×厚＝50cm×50cm×2cm。

3. 现场效果测试

为了寻找样板之间最佳的组合方案，课题组利用雷达输出装置在青岛进行了现场效果测试。

测试地点：青岛市胶州职业技术教育学院校区外马路，如图 7-18 所示。

图 7-18　X 波段雷达波现场测试

测量设备：航海用雷达发射源与探测器，输出频率为 X 波段，如图 7-19 所示。

图 7-19　雷达发射源与探测器

图 7-20 为雷达探测目标。该目标为固定于支架正中部位的一块 30cm×30cm 的铁板。选择马路中央空旷地带放置样品支架，距离雷达波发射源距离 30m。支架材料选取对雷达波无吸收材料，便于雷达探测器寻找到目标信号。如图 7-21 所示。若该目标在雷达探测

器上消失，则表明发射出去的雷达波被测试样板完全吸收，达到防护效果。

图 7-20　雷达探测目标

图 7-21　测试样板的放置

（1）不同样板组合对雷达波的防护效果

将砂浆样板按照不同掺量及数量进行组合搭配，观察探测器显示屏上的目标信号（图 7-22），当信号完全消失（图 7-23）时，记录砂浆样板数量及叠放顺序。

图 7-22　放置样板前

图 7-23　放置样板后目标消失

（2）不同距离样板对雷达波的防护效果

从 1）的结果中选择一组距离发射源 30m 时没有吸收效果的样板组合，通过改变目标距离发射源的距离，测试样板在不同距离点对雷达波的吸收效果。

测试结果：

1）不同样板组合对雷达波的防护

最终确定五组样板组合，探测器屏幕上的信号完全消失，此时发射源的信号完全被样板吸收，达到对 X 波段雷达波的防护效果。结果见表 7-11。

表 7-11　不同样板组合防护测试结果

序号	砂浆样板搭配结果
1	4 4 3 3 2 2 1 〔〔〔〔
2	5 4 3 3 2 2 〔〔〔〔
3	4 3 3 2 2 1 〔〔〔〔
4	3 3 2 2 1 〔〔〔〔
5	3 2 2 1 〔〔〔〔

由表中可以得知，以上五种组合均会对雷达波的防护产生良好的效果。在实际施工中，相邻的同一配比可以叠加，进行一次性施工，提高施工的便捷性。

2）样板的不同距离对雷达波的防护

选择测试（1）中无效果的一组样板组合，2 2 1 〔〔〔〔。该组合在距离发射源 30m 时，探测器上的影响无变化。改变支架及样板距发射源的距离，测试距离对防护效果的影响。

测试结果见表 7-12：

表 7-12　样板不同距离对雷达波防护的测试结果

序号	距发射源距离（m）	测试效果
1	30	有影像
2	40	影像变小
3	60	无影像

由表中可知，不同的防护距离也会对样板的防护效果产生一定的影响。因此在实际的工程应用中，可充分考虑建筑物对发射源的距离，有目的地选择适当的防护材料，提高防护效果，降低施工成本。

7.4　陕西广播电视塔发射设备电磁辐射防护技术应用

7.4.1　辐射源概况

电视发射机房射频设备情况见表 7-13。

表 7-13　电视发射机房射频设备情况

波段	频道	频率（MHz）	功率（kW）	发射形式	每天工作时间（h）
米波	CH-8	184.25	15	模拟	22
分米波	CH-16	495.25	1	数字	24
	CH-19	519.25	10	模拟	20
	CH-22	543.25	20	模拟	21
	CH-27	623.25	3	数字	18

发射机房共有 5 部电视发射机同时工作，总功率超过 49kW，在机房内部每部发射机包括：激励器、功放板、合成器、滤波器、硬馈、双工器、三工器等射频设备，每个设备都产生不同程度的电磁辐射，所产生的复合场强对值班人员危害极大。

《电磁辐射防护规定》GB 8702—2884 规定广播电视发射机房（属于产生电磁辐射污染的单位）必须对辐射体所在的工作场所及周围环境的电磁辐射水平进行监测。监测原则是：当电磁辐射体的工作频率低于 300MHz 时，应对工作场所的电场强度和磁场强度分别测量。当电磁辐射体的工作频率大于 300MHz 时，可以只测电场强度。测量仪器应尽量选用全向性探头的场强仪或漏能仪。使用非全向性探头时，测量期间必须不断调节探头方向，直至测到最大场强值。仪器频率响应不均匀度和精确度应小于＋3dB。测量仪器探头应尽量置于没有工作人员存在时工作人员的实际操作位置。职业照射的基本限值为：在每天 8h 工作期间内，任意连续 6min 按全身平均的比吸收率（SAR）应小于 0.1W/kg。当工作场所的电磁辐射水平超过限值时，必须对电磁辐射体的工作状态和防护措施进行检查，并采取有效治理措施。

7.4.2　防护技术方案设计

屏蔽就是采用一定的技术手段，将电磁辐射的作用和影响限制在所规定的空间内，防止传播与扩散。通常可采用板状、片状或网状的金属组成的外壳来进行屏蔽。同时为了保证高效率的屏蔽作用，防止屏蔽体成为二次辐射源，屏蔽体应该有良好的接地。科学的接地，可以将感应电流迅速流入地层，从而起到很好的降低辐射的作用。

陕西广播电视发射塔在机房改造时，针对机房的四周及地面、吊顶六个面采用了不同的屏蔽材料。

走廊采用丝网夹芯型屏蔽玻璃，丝网夹芯型屏蔽玻璃是在高温下将经特殊工艺制成的金属屏蔽丝网合成在两层玻璃中间，通过特殊工艺处理，对电磁干扰产生衰减。机房选用了 8mm＋8mm 双层夹胶玻璃，内置 100 目铜网，透光率为 65％。产品屏蔽能效见表 7-14。

表 7-14　产品屏蔽效能

检测频段	屏蔽效能
10～1000kHz	13～25dB
1MHz～3GHz	65～68dB
3～18GHz	55～58dB

地面采用 600mm×600mm×35mm 的高架通路防静电地板，表面粘贴耐磨防静电贴

面，四周镶贴防静电边条，表面电阻≤$1×106Ω$。防静电接地采用 $40×0.3mm$ 的紫铜带在机房地面上呈 $600mm×600mm$ 网状排列，交叉处使用铁钉连接，并与机房接地相连接，确保地面全部敷设接地网络。

除走廊外其余三面墙采用表面烤漆的铝板连接而成，连接处进行接地处理。

顶面由于改造时没有破坏原屋顶，保留了原顶面内部的金属网，并完好保持了与地面接地相连，确保了顶部的屏蔽作用。

机房内部使用的设备，包括 8 部发射机、供配电、假负载、风机等所有设备外壳均与地网接地相连。

7.5　输变电设施的电磁防护

输变电设施电磁环境影响和防护工作，是一个需要统筹考虑的复杂问题。为达到有关输变电工程电磁环境的国家环保标准的要求，通常在设计阶段根据国家相关标准所规定的控制指标采取相应的改善输变电工程电磁环境的技术措施，使之达到环保的要求。

7.5.1　从源头上避免和减小电磁环境的影响

为降低输变电设施对电场、磁场环境的影响，电力企业应遵循预防为主的指导思想，从工程建设阶段入手，依据我国相关的环境保护法律法规及设计技术规程，从站址选择、输电线路规划等开始，采取有效的防护措施，从源头上避免和减小对环境的影响。

（一）选线、选址时尽可能避让环境敏感目标

在选线、选址过程中，对于环境敏感区（如居民集中区、学校等）可采用全数字化摄影测量、全球定位等高新技术，通过路径和站址选择尽量避让居民集中区等环境敏感目标，真正做到从源头上减缓工程建设对敏感目标的影响。电磁环境不能满足标准要求并且影响到线路附近居民的正常生活的，则予以拆迁，以远离输电线路。同时输电线路径应选为尽量能够避开茂密的森林、经济作物林区和耕种区域、以及风景名胜和文化古迹建筑等的设计。其目的一是为了最大限度减少地表植被遭受的破坏，防止施工及其运行维护阶段给自然环境造成过大的损害，其次也是为了降低由此增加的赔偿费用。

（二）在设计中积极采用环保方案和新技术

我国现行的各项设计技术规程中均对环境保护及推广利于环境保护的新技术予以明确的规定。这些规定的制订及推广也有力地促进了电力企业采用有效的环保措施，以降低输变电设施对电场、磁场环境的影响。

近年来，$500kV$ 及以下电压等级的各类变电站在建设过程中，电力企业全部采用了低电场、磁场的先进设备，以保证变电站周围的电磁环境满足标准要求。在变电站选址时，变电站的进出线方向尽量避开居民密集区。大量位于城市区域的变电站，通过采用与周边环境相协调的设计方案，仅从外观上很难辨认出是变电站。

例如，某 $750kV$ 线路工程采用地质遥感技术和海拉瓦选线技术优化路径方案，采用了 6 分裂导线、扩径导线、大吨位绝缘子、刚性跳线和高强钢杆塔等先进技术；$750kV$ 变电工程中合理确定空气间隙，选用安全可靠、技术先进和经济合理的简化 GIS 设备，采用计算机监控系统和设备状态在线检测装置提高变电站自动化水平，钢管格构式变电构架结构新颖。

另外，通过优化塔杆对地高度，采用多分裂、增大导线截面积，采用同塔双回路、同塔多回路以及特殊塔型等措施，可以保证输电线路周围的电磁场满足相关标准要求。同时同塔双回路、同塔多回路等输电技术，不仅可以提高输电塔杆的利用率，而且减小了输电走廊占用以及输电线路走廊宽度得到有效压缩，同时也有效的利用土地资源。

7.5.2　加强施工管理，严格执行环保法律法规

为了加强施工管理，将路径和站址选择及设计中的各项环保措施落实到实际工程中去，国家制订并出台了相关的法律法规，如《110kV～500kV架空送电线路施工及验收规范》（GB50233—2005）。

工程竣工后，要严格执行环保法律、法规，通过环评、公众参与、环保验收等过程管理，保证各项环保措施的落实。

电力企业应严格执行《中华人民共和国环境保护法》、《中华人民共和国环境影响评价法》、《中华人民共和国电力法》、《建设项目环境保护管理条例》、《电磁辐射环境保护管理办法》等法律法规，所有建设项目均执行环境影响评价制度，并通过环保宣传、征求公众意见等方式吸引公众参与，科学合理的采纳公众提出的意见；加强工程项目的竣工环境保护验收，通过查漏补缺，完善环保措施。

7.5.3　电磁屏蔽技术

采用电磁屏蔽技术可以有效地解决输变电设施局部电场和磁场超标的现象。严格的电磁屏蔽是用导电或导磁的物体构成封闭面，将其内外两侧空间进行点磁性隔离。但是，对于输变电设施周边的工频电场和工频磁场，完全没有必要采用如此严格的屏蔽措施。房屋对电场的屏蔽就能使电场降低到允许的水平，但对于居民日常活动频繁、场强不能达标的阳台等区域，可采用增设屏蔽线来降低电场强度。

（1）增设屏蔽线降低局部电场强度

我国目前在高压输变电线路设计阶段就对电磁环境有严格的控制指标，所用的塔形和导线对地高度都要经过认真计算，如果在某些特殊区域电场强度仍不能满足要求，特别是已经架设运行的线路。一般采取架设接地屏蔽线的方法，有效降低地面场强。对于少数民房和阳台等地电场强度超标，可以在此类平台的边缘架设接地金属围栏来降低平台上的电场强度。屏蔽设施经过精心设计后，不仅能降低电场强度，而且可以起到美化住宅外观的作用。

（2）种植适宜的植物以屏蔽电场

对于运输道路等特殊地点，可采用种植适宜的植物来减少输电线路在地面的电场强度。由于树干和灌木有显著的导电性，实验表明3～4m高的植物可以将地面1.8m处的电场强度降到原来的1/3～1/4。可以改善输变电线路附近的环境状况。

（3）同杆架设不同电压线路以减小地面电场强度

同杆架设不同电压线路也是一项可行的技术措施，将较低电压等级的输电线路架设在下层，一方面提高了高电压线路的架设高度，减轻了其地面的电场强度，另一方面低电压等级的线路对高压电场起到了一定的屏蔽作用。

（4）对工频磁场的屏蔽

工频磁场是由导线中的电流产生的，其大小决定于磁场闭合环路中各种介质的导磁能

力。要想达到屏蔽工频磁场的效果，必须采用磁性介质做外壳。在实际中主要有两种屏蔽磁场的方法，即磁屏蔽法和涡流屏蔽法。为了实现有效的屏蔽，需要进行复杂的设计和计算，而且还需要使用昂贵的材料，所以目前仅在科研、医疗或某些特殊设备必须排除电磁干扰影响的少数场合使用。

7.5.4　特殊改善措施

在北京、上海这种具有国际影响的大都市中，由于土地供应紧张，同时也为了改变城市的外貌，常采用地下变电站和入地电缆的这种特殊的供电方式。客观的讲，地下变电站和入地电缆对可听噪声和地面电场等电磁环境水平有所改善，但这并不是值得普遍推广的。

第一，目前 500、220、110kV 及以下不同电压等级和类型的变电站，其周边的电磁场均低于标准限值要求，从此意义上来说就没有必要采取电磁环境防护措施。

第二，改变城市的外貌，常采用架空线路改为地下电缆的方式。地下电缆的外护套一般为非高导磁率材料组成，对工频磁场不起屏蔽作用。另外，由于地下电缆的埋深远小于架空线路的高度，因此，地表处的工频磁感应强度有可能会大于架空输电线路在地面产生的磁感应强度。

第三，采用地下变电站和地下电缆将大幅度提高电网的建设和维护成本。一般情况下，半地下站的建设成本是户外站的 1.7～2.6 倍。而地下站的成本远高于半地下站；同等规模的地下电缆的投资是架空线路的 2～3 倍。另外，地下电缆的最大输送容量也远低于架空线路。

总之，输变电工程电磁环境的影响和防护工作，是一个需要统筹考虑的复杂问题。只有严格执行输变电工程的电磁环境相关国家标准，在规划、立项、设计、施工、验收到运行等各个环节中，始终坚持把有关标准落实到实处，输变电系统的电磁环境才不会对公众生活带来不利影响。

7.6　移动通信基站的电磁防护

移动基站，特别是城市移动基站问题，是社会关注的热点问题。随着社会的进步、人们生活水平和环保意识的不断提高，引发移动基站选址的矛盾日益突出。伴有电磁辐射的移动通信的正当实践发展与防止电磁辐射污染、保护人居环境的矛盾日渐成为引发争论的社会难题。

电磁辐射防护的基本原则，合理规划布局，避让环境敏感区域；确定标准限值，明确防护距离。基站电磁辐射防护与电磁辐射暴露限值应当是一个整体，电磁辐射暴露限值是电磁辐射防护的基础。其实基站电磁辐射防护的根本目的是寻求保护公众身体健康和促进通信电磁辐射产业健康发展矛盾的统一，在于一个"度"的把握。所以，"最优化"成为基站电磁辐射防护时最重要的原则。

电磁辐射防护主要防护对象是人群，防止基站的电磁辐射影响到人群的健康，主要包括公众和职业人群。职业暴露人群对基站电磁辐射是已知的，能自主的采取电磁辐射防护措施。本书主要讨论公众的基站电磁辐射防护，由于公众处在充满电磁辐射的开放环境中，设立防护区是公众电磁辐射防护最有效的基本方法。

7.6.1 防护距离

由于基站的辐射频率属于微波频段，所以根据《辐射环境保护管理导则—电磁辐射监测仪器和方法》（HJ/T 10.2—1996）对微波频段远场轴向功率密度 P_d 按式 7-11 计算。根据 7-11 推出天线主射线方向距离与功率密度的关系。

$$P_d = \frac{PG}{4\pi r^2} \times 100 \quad (\mu W/cm^2) \tag{7-11}$$

式中：Pd——功率密度，$\mu W/cm^2$，当计算基站水平保护距离（即功率密度达到评价标准时的水平距离）时，$Pd = 8\mu W/cm^2$。

$$r = \sqrt{\frac{100 \times P \times G}{4\pi P_d}} \tag{7-12}$$

式中：P——天线出口功率，W；

G——天线最大辐射方向的功率增益，倍数；

r——离天线直线距离，m。

由于天线具有方向性，天线在的不同方向上的防护距离不同，这里主要讨论两个方向的防护距离，分别是水平防护距离和垂直防护距离。基站水平、垂直防护距离见图。

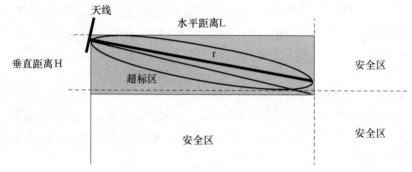

图 7-24　基站防护区域示意图

由图 7-24 可知：

$$L = r \times \cos\theta \tag{7-13}$$

$$H = r \times \sin\left(\theta + \frac{\varphi}{2}\right) \tag{7-14}$$

式中：L——水平防护距离，m；

H——垂直防护距离，m；

θ——天线架设倾角，度；

φ——发射天线垂直半功率角，度。

根据式 7-12、7-13、7-14 计算本文所选择的 6 个典型基站的防护距离结果见表 7-15。

表 7-15　典型基站电磁防护距离

典型基站	天线倾角	垂直半功率角	直线防护距离/m	水平距离/m	垂直距离/m
GSM900	2°	8°	11.9	11.89	1.24
GSM1800	7°	10°	17.9	17.77	3.72
TD-SCDMA	7°	10°	7.0	6.95	1.45
WCDMA	5°	10°	11.4	11.36	1.98

续表

典型基站	天线倾角	垂直半功率角	直线防护距离/m	水平距离/m	垂直距离/m
GSM900 和	3°/3°	10°	13.4	13.38	1.86
TD-SCDMA 共址					
GSM1800 和	5°/6°	10°	20.8	20.72	3.97
WCDMA 共址					

注：TD-SCDMA 典型基站经式 7-12 计算结果为 4.5m，但远场区以 7m 为界，因此选定直线防护距离为 7m；
　　GSM1800 和 WCDMA 共址水平防护距离计算时天线倾角选择 5°，水垂直防护距离计算时天线倾角选择 6°。

7.6.2　防护措施

基站电磁辐射防护可从两方面着手，源头防护和距离防护。鉴于基站工作的特殊性，不能对其电磁波进行防护屏蔽。源头防护可从控制基站发射功率出发，开启动态功率调整功能，以在满足信号覆盖的前提下，降低基站发射功率；从辐射防护最优化的原则出发，在技术和经济条件允许下，在保证移动通信通畅可靠的基础上，尽量架高天线，从而减小对公众正常生活范围的电磁辐射影响。

距离防护是防止电磁辐射对公众环境电磁污染最简单、最经济有效的方法，离天线越远，辐射水平越低，对公众的影响越小。同时为不限制通信电磁辐射产业的健康发展，保证基站电磁防护区域内无常住居民即可达到公众电磁防护的目的。

架高天线可以拉开居民楼与天线的距离；调整天线主射方向可以使居民楼避开基站天线增益主峰；调整天线架设倾角可调整基站电磁防护区域范围。当基站四周出现居民楼时可以通过这些方法做到距离防护。城区基站天线多位于居民楼楼顶，可以通过在通向楼顶入口处上锁、在楼顶设置控制区的措施，将公众可到达区域控制在电磁辐射水平小于单个基站目标限值 $8\mu W/cm^2$ 的区域。

综上，在基站建设中应注意以下问题：（1）基站建设时天线主波瓣方向不应正对居民楼，如无法避开，应距居民楼水平距离 25m 以上；（2）应适当增加天线架设高度，减小天线架设倾角来降低基站电磁辐射环境影响；（3）在满足覆盖要求时，应尽量降低天线发射功率；（4）移动通信基站的建设应进行统筹规划和集约化共建。

参考文献

[1] 张保增. 输变电设施电磁辐射剂量评价方法研究 [D]. 北京：核工业北京地质研究院，2013.

[2] 邵方殷. 房屋对工频电场屏蔽作用的试验研究 [J]. 电网技术，1986，4 (1)：189-191.

[3] 马树宝. 移动电话近区场电磁辐射规律及防护措施研究 [D]. 长沙：中南大学，2010.

[4] 王东. 建筑用电磁屏蔽材料研究 [J]. 建材世界，2014，4 (35)：20-24.

[5] 奚江琳，黄茜茜. 现代建筑空间电磁污染及防护设计 [J]. 四川建筑，2014，1 (34)：37-38.

[6] 赵玉峰，肖瑞，赵冬平，等. 电磁辐射的抑制技术. 北京：中国铁道出版社，1980.

[7] 刘文魁，庞东. 电磁辐射的污染及防护与处理 [D]. 北京：科学出版社，2003.

[8] 周建明. 通信电磁辐射及其防护 [D]. 北京：人民邮电出版社，2010.

[9] 刘顺华，刘军民，董星龙，段玉平. 电磁波屏蔽及吸波材料 [M]. 北京：化学工业出版社，2013.

[10] 熊国宣. 水泥基复合吸波材料：[D]. 南京：南京工业大学. 2005.

[11] 管洪涛. 石英和水泥基体平板吸波材料研究：[D]. 大连. 大连理工大学. 2006.

［12］黄忠明．水泥混凝土吸波材料及制备方法［P］．CN 1974468A．2007，06．

［13］杜纪柱．EPS基吸波球体和水泥基吸波平板的研究：［D］．大连：大连理工大学，2007．

［14］韩斌．建筑用电磁波吸收涂层的研发：［D］．天津：河北工业大学．2009，3．

［15］Hideo Oka. et al. Study of electromagnetic wave absorption characteristics and component parameters of laminated-type magnetic wood with stainless steel and ferrite powder for use as building materials ［J］．Journal of Applied Physics 2009，105（7）：701．

［16］王俊玲．电磁兼容人造板复合材料的制备及性能研究［D］．北京：北京工业大学，2008，5．

［17］郝万军．电磁波吸收性建筑密度板材［P］．CN 1789637A．2006，6，21．

［18］张雄，习志臻．建筑吸波材料及其开发利用前景［J］．建筑材料学报．2003，6（1）：72-75．

［19］田焜，丁庆军，胡曙光．新型水泥基吸波材料的研究［J］．建筑材料学报，2010，13（3）：295-299．

［20］贾兴文，吴洲，张亚杰，等．石墨膨胀玻化微珠砂浆的吸波性能［J］．建筑材料学报，2013，16（3）：396-400．

［21］Wang Baomin, Guo Zhiqiang, Han Yu, et al. Electromagnetic wave absorbing properties of multi-walled carbon nanotube/cement composites ［J］．Construction and Building Materials，46（2013）：98-103．

［22］王振军，李克智，王闯，等．羰基铁粉-碳纤维水泥基复合材料的吸波性能［J］．硅酸盐学报，2011，39（1）：69-74．

［23］张秀芝，孙伟，赵俊峰．铁氧体掺量对水泥基材料吸波性能和力学性能的影响［J］．解放军理工大学学报（自然科学版），2011，12（5）：466-471．

［24］何燕飞，龚荣洲，王鲜，等．蜂窝结构吸波材料等效电磁参数和吸波特性研究［J］．物理学报，2008，57（8）：5261-5266．

［25］颜学源，卢建，高正平．蜂窝结构吸波材料的等效电磁参数［J］．磁性材料及器件，2013，44（1）：16-19．

［26］Dishovsky N, Grigorova M. On the correlation between electromagnetic waves absorption and electrical conductivity of carbon black filled polyethylenes ［J］．Mater. Res. Bull. 2000，34（3）：403-409．

［27］刘飙，官建国，王琦等．纳米技术在微波吸收材料中的应用［J］．材料导报，2003，17（3）：45-47．

［28］Duan Yuping, Yang Yang, He Ma, et al. Absorbing properties of α-manganese dioxide/carbon black double-layer composites ［J］．J Phy D：App Phy，41（2008）：1-6．

［29］崔晓冬，刘顺华，管洪涛，李欣歌，等．双层吸波材料吸波特性研究［J］．材料科学与工程学报，2006，24（5）：725-729．

［30］康青．新型微波吸收材料［M］．北京：科学出版社，2006. KANG Qin. A New Microwave Absorbing Material ［M］．Beijing：Soience Press，2006．

［31］周克省，黄可龙，孔德明，等．纳米无机物/聚合物复合吸波功能材料［J］．高分子材料科学与工程，2002，18（3）：15-19．

［32］SINGH P, BABBAR V K, RAZDAN A, et al. Complex Permittivity, Permeability, and X-band Microwave Absorption of CaCoTi Ferrite Composites ［J］．Journal of Applied Physics，2000，87（9）：4362-4366．

［33］邵蔚，赵乃勤，师春生，等．吸波材料用吸收剂的研究及应用现状［J］．兵器材料科学与工程，2003，26（4）：65-68．

［34］高海波，鲜勤，王健伦，周丽娜．雷达隐身常用电磁波吸收材料研究进展［J］．表面技术，2013，42（6）：88-91．

［35］MAKELA T, PIENIMAA S, TAKA T, et al. Thin Polyaniline Films in EMI Shielding ［J］．Synthetic Metals，1997，85：1335-1336．